庆祝河南大学建校 110 周年

内容提要

本卷从《河南大学学报（社会科学版）》2010 至 2021 年所刊发的法学论文中精选 16 篇优秀论文，包括理论法学研究、部门法学研究和权利问题研究三大版块，既有对法学基础性、根本性问题的理论思索，又有对法律制度建构和法治实践操作的考量，展现了学报法学栏目的学术品位与学术使命担当。

总 主 编　李伟昉
副总主编　赵建吉　张先飞

法律的理论之思与制度之辨

法学卷

主编　任瑞兴

静斋行云书系

河南大学出版社
HENAN UNIVERSITY PRESS
·郑州·

图书在版编目(CIP)数据

法律的理论之思与制度之辨 / 任瑞兴主编. --郑州：河南大学出版社,2022.12
(静斋行云书系；7. 法学卷)
ISBN 978-7-5649-5394-2

Ⅰ.①法… Ⅱ.①任… Ⅲ.①法律-中国-文集 Ⅳ.①D920.4-53

中国版本图书馆 CIP 数据核字(2022)第 255335 号

责任编辑	马　博
责任校对	肖凤英　展文婕
封面设计	陈盛杰
封面摄影	靳宇峰

出版发行	河南大学出版社
	地址：郑州市郑东新区商务外环中华大厦 2401 号　邮编：450046
	电话：0371-86059701(营销部)
	0371-22860116(人文社科分公司)
	网址：hupress.henu.edu.cn
排　版	郑州市今日文教印制有限公司
印　刷	广东虎彩云印刷有限公司
版　次	2022 年 12 月第 1 版	印　次	2022 年 12 月第 1 次印刷
开　本	787 mm×1092 mm　1/16	印　张	21.75
字　数	386 千字	定　价	698.00 元(全 8 册)

(本书如有印装质量问题,请与河南大学出版社营销部联系调换)

序

从 1912 年到 2022 年,河南大学走过了 110 年不平凡的发展历程,《河南大学学报》伴随着河南大学的发展也度过了 88 个春秋,并将迎来 90 周年刊庆。值此之际,河南大学学报编辑部编选的"静斋行云书系"也将面世。这既是对学校 110 周年庆典的献礼,又是对新世纪第二个十年学报编辑工作的回顾和小结。

"静斋行云书系"共分 8 卷,分别是《新时代、新理论、新思维(哲学、政治与社会学卷)》《城乡经济发展与转型(经济学管理学卷)》《法律的理论之思与制度之辨(法学卷)》《上下求索的文明考辨(历史学卷)》《品风骚之美 鉴思辨之光(文学艺术学卷)》《教育转型与教育创新(教育学卷)》《编辑学理与出版史论(教育部学报名栏编辑学研究卷1)》《媒体变革与编辑创新(教育部学报名栏编辑学研究卷2)》,其中所编选的论文均刊发于 2010 年至 2021 年的《河南大学学报(社会科学版)》。这些论文对近年来相关学科领域所关注的理论问题、学术热点多有反映和探讨,具有一定的代表性。我们之所以取新世纪第二个十年这个节点来编选该套书系,主要是因为中国在这十年里,方方面面都发生了有目共睹的巨大变化,特别是进入了习近平中国特色社会主义新时代,我们正面临的这个百年未有之大变局的动荡变革期,为中华民族伟大复兴的战略全局提供了难得的历史机遇。中国所倡导的和平发展、积极构建人类命运共同体的价值理念,因顺应当今人类社会的大趋势和总主题而不可逆转。在这一现实环境下,《河南大学学报(社会科学版)》在原有基础上迎来了新的发展与突破,获得了良好的学术品牌和学术影响,先后入选中文社会科学引文索引来源期刊(CSSCI)、教育部高校哲学社会科学学报名栏建设期刊、"中国人文社会科学综合评价AMI"核心期刊、中国人民大学《复印报刊资料》重要转载来源期刊、河南省哲学社会科学基金资助期刊，荣获了"全国高校文科名刊""致敬创刊七十年"（社会科学版与自然科学版）等荣誉称号。

这套书系按学报设置栏目为类别分别编辑，论文收录每卷控制在20篇上下。这些论文既有来自著名学者的力作，也有出于年轻学者的新构，都体现了鲜明的问题意识和创新意识，某种程度上代表着各自相关学术领域创新的思考，其中多篇被各种相关转载机构的期刊所转载。而且，透过这些学术文字，可以感知社会的发展，时代的进步，变化的焦点等等。虽然说这是对学报目前已有成绩的阶段性展示，不过，成绩面前，我们丝毫不敢懈怠自满，我们清醒地认识到，在不少方面尚有待继续改进和提升。"坚守初心、引领创新，展示高水平研究成果"，这是习近平总书记给《文史哲》编辑部的回信中对编辑工作者的殷切期望，他明确指出了期刊引领创新的重要价值和意义，为办好哲学社会科学期刊指明了方向。我们当牢记这一嘱托，提高政治站位，坚持高质量办刊，让期刊发挥支持培养学术人才成长、展现文化思想价值、促进文明交流互鉴的功能与作用。

这里有必要交代一下该套书系为何取名"静斋行云"。从河南大学南门进入右转，前行十余米，即可看到一条向北延伸的林荫小路。这条小路叫"静斋路"，路边由南向北依次排列着十幢三层斋楼，古朴典雅，别有韵味，东临明清城墙，北望千年铁塔。这十幢斋楼和周边的大礼堂、6号楼、7号楼等构成全国重点文物保护的"近代建筑群"。其中的东二斋就是编辑部的办公地址。"行云"寓意时间如空中流动的云烟，喻指过去的十年时光与绵延的思绪。常年工作在东二斋的编辑们，和这所大学里的老师们一样，有着自己的职业追求，有着编辑的智慧和情怀，同样有"又得书窗一夜明"的辛勤付出。他们怀着一颗虔诚之心，默默耕耘，敬畏学术的神圣，呵护学人的平台，坚守学报的初心，守望可期的未来。他们持之以恒地每天都做着同样单调的事情：审文稿，纠错字，改标点，核注释，通语句，润文笔，他们不人云亦云，随波逐流，却常常在文中与作者对话，在深思熟虑中帮助作者提升文章的高度与深度，带着宽阔的学术视野与前瞻眼光，用追求完美的工匠精神甘为他人作嫁衣裳。这是一种状态,一种生活,一种修炼,一种境界。"静斋"默默地矗立在"行云"般流动的岁月里,或无语沉思,或静默遐想,"静斋""行云"相看两不厌,唯有执着情。自然,这套小书凝结着编辑们的辛勤汗水,见证着他们的认真严谨。愿这套小书成为他们精神世界的折射和内心追求的表征。

明天适逢教师节、中秋节并至,借此机会,向编辑部全体同仁道一声:双节快乐!

书系编选过程中,分管学报工作的孙君健副校长很关心这项工作,多次问询进展情况,并给予出版经费鼎力支持,在此表示由衷的感谢!

是为序。

李伟昉

2022 年 9 月 9 日

目　录

理论法学研究

魅力法治所衍生的苦恋
　　——对形式法治和实质法治思维方向的反思……… 陈金钊（ 3 ）
论习近平法治思想的形成发展、鲜明特色与重大意义… 黄文艺（ 38 ）
"依法治国和依规治党有机统一"的法理意蕴与实践价值
　　…………………………………………………… 苗连营（ 59 ）
司法公正概念的反思和重构
　　——以法律论证理论为基础……………………… 王夏昊（ 76 ）
从经验中"茁生"的法律理性
　　——以魏因瑞伯的类推理论为中心………………… 雷　磊（100）
功利原则简释………………………………………… 翟小波（112）

部门法学研究

当代中国刑法体系的形成与完善…………………… 赵秉志（143）
刑法中"国家工作人员"概念的立法演变 …………… 刘仁文（161）
我国有组织犯罪刑法立法20年的回顾、反思与展望…… 蔡　军（186）
层级性：认罪认罚制度的另一个侧面 ……………… 郭　烁（201）
《民法典》规定的非法人组织制度与三国民法中类似制度的
　　关系梳理 ………………………………………… 徐国栋（213）

"司法中心"环境权理论之批判 ………………………… 张恩典（228）

权利问题研究

权利视野下的代孕及其立法规制研究 ………………… 刘长秋（253）
论动物权利在法律上的可能性
　　——一种康德式的辩护及其法哲学意涵 …………… 朱　振（269）
论我国经济与社会权利发展的"中国特色"…… 杜建明　郑智航（293）
公民权利质量的意义之维 ………………………………… 任瑞兴（317）

理论法学研究

魅力法治所衍生的苦恋
——对形式法治和实质法治思维方向的反思

陈金钊[①]

法治是当今最重要的政治理念,但是关于它的含义与作用机理却存有大量含混不清的认识。可以说,捍卫法治的人有多少,法治观念就有多少。当前,无论是否搞清楚了法治的概念与理念,人们都在高喊着法治,否定法治的声音走向式微。"全世界的政府官员都在倡导法治,同样重要的是,没有人发表拒绝法治的观点,那实属冒天下之大不韪的事。至少,即使是在法治名义之下出现的反讽性颂扬致辞的情况下,法治被反复提及这一单纯的事实就是强有力的论据,说明遵循法治是全世界范围内政府正统性的公认标尺"。[②] 尽管如此,我们还是能感觉到人们对于法治有悲观主义和乐观主义两种姿态。最为悲观的论调莫过于法治具有不可能性的理论,而最为乐观的论调是法律改造世界的理论。从世界范围内法学的主要思潮看,现在唱衰形式法治的理论占据主导地位,现实主义法学、批判法学、后现代法学的主流观点皆属此类,其代表性人物包括卢埃林、弗兰克、哈耶克、昂格尔等。在各种瓦解法治理论的打压下,特别是在中国的政法思维引导下,坚定的法治论者只能以暗恋、苦恋的方式表达对法治政治的赤胆忠心。他们在政治上被视为异己,既不为官方认同,也不被百姓理解,其内心挣扎已经成了整个社会不安气氛的组成部分。我们认为,中国社会的不稳定心理,皆源

[①] 陈金钊,法学博士,山东大学(威海)法学院教授,博士生导师。
[②] 布雷恩·Z.塔玛纳哈著,李桂林译:《论法治:历史、政治和理论》,武汉:武汉大学出版社,2010年,第4页。

于我们没有形成法治社会的现实。法治论者对政法思维的批判，以及对宪政、法治的向往，实际上也是表达对法治政治的忠心。这是以另一种方式表达对人民的忠诚，只不过他们是以捍卫法律权威的名义进行的表达。然而，这种捍卫人民利益、追求社会秩序、实现社会转型的方案，正遭遇很多人特别是一些党员干部的误解。在中国，法治论者无论在学界还是在法律实务界，都显得格外孤寂，不谙世事、迂腐机械是法治论者头上甩不掉的帽子。在法学界，以后现代法学为代表的瓦解的法治思想，正在促使法治思想的衰落。这种衰落表明，在对法治的追梦中掩盖了很多的问题。人们发现，采纳法治的治理方式使得社会和政治争议有了一个标准，但这并没有平息人们内心的抱怨，然而放弃法治则会出现专制的危险。后现代法关于法律不确定的观念，从根本上掀翻了法律思维的正当性，使得根据法律的思考——这一传统的法律思维方式变得越来越不可能了。关于在法律问题上只有不同答案，而没有正确答案观点的流行，也为各种胡乱判决提供了理论根据，司法有了更大的随意性。法治论者对此忧心忡忡。①

一、思维方向上的法治困境

现在，关于中国法治建设的倒退论的观点得到了很多人的认同。该观点是对我国现行政治挂帅的司法政策的反思，也是对中国法治建

---

① 国外对形式法治与实质法治的研究已经开展了很多年。可以说，自从有了法治实践以后，法治理论研究的主要问题基本上是在此基础上展开的，正是在形式法治和实质法治的不断争论中，促成了法律和法治的进步。但从近百年西方法治理论的发展背景来看，形式法治的一些主张一直处在被批判的境地，实质法治理论似乎占据了法治理论的优势地位。早期的自然法学，后来的社会法学、新自然法学、现实主义法学、批判法学以及后现代法学在法治理论上都支持实质法治。由于中国法治理论深受西方法学的影响，所以，我国的学界在这一问题上基本上属于跟风研究，鲜见带有中国问题意识的观点。与西方相比较，我国法治建设没有经历一个严格法治时代，规则和程序一直没有足够的权威。在这种情况下引进西方的实质法治理论来解决中国的问题属于无的放矢。本文就是在这种背景下，展开了对形式法治的褒扬和对实质法治的批判。

设现状的认识。法治倒退论既表达了对法治现状的不满,也批判了实质法治论的政法思维方式。在形式法治论者看来,如果法官能够适度坚持遵循法律的意义,奉行法律的清晰性原则,在法律意义的明确之处坚持反对解释的原则,那么,法治的运转就会好一些。关于形式法治与实质法治的观点还没有形成系统的理论,还只是人们对如何实现法治的思维特征和路径的认识,绝对的形式法治与实质法治在司法实践中很少见。但法律人奉行什么样的司法姿态,对法律判断的形成与法治的实现程度等有很大的影响。从整体思维方向上看,形式法治的姿态更利于人们的思维判断接近法治的要求,但把其绝对化就是机械司法;而实质法治的思路走向极端,就是对法治的否定。虽然实质法治也被称为法治,但从本质上看,由于放弃了法律权威的绝对性,把思维的根据从法律规范的约束下解放出来,因而在思维方向上是反法治的。

(一) 形式法治与实质法治在思维方向上的纠结

形式法治理论要求,"法官应当(1)在法律文本明白而清晰时,遵守法律文本的字面含义;(2)在法律文本模棱两可时,服从立法机关或者行政机关对法律文本的解释"[1]。在这两个应当之外,还应该加上一条,即出现在制度范围内解决不了的问题时,可以使用实质法治的方法。就像埃斯科里奇说的:"(1)法官不可避免地要做动态主义的解释;(2)那种坚持遵循清晰文本的字面含义的形式主义解释在某种意义上是不可能的。"[2]在美国,法律理论的主流观点支持法官对制定法和宪法进行充满政策意味的灵活解释,而且常常对法官在制定法解释过程中遵从行政机关持怀疑态度,通常也会反对司法机关在宪法案件中服从立法机关对宪法所作的解释。在中国,法学界也有一部分学者坚持形式法治的观点,但是我国的司法政策基本上坚持的是实质法治的立场。形式法治论者在坚持依法办事的同时,承认制度是有空隙的,认为

---

[1] 阿德里安·沃缪勒著,梁迎修,等译:《不确定状态下的裁判——法律解释的制度理论》,北京:北京大学出版社,2011年,第1页。
[2] 阿德里安·沃缪勒著,梁迎修,等译:《不确定状态下的裁判——法律解释的制度理论》,北京:北京大学出版社,2011年,第48页。

对制度的解释并不能排除法官自主因素的发挥,在实质与形式交融的法治思维中,有很多案件可以运用形式法治的解释理论予以解决。这实际上是一种温和形式法治观,与一些实质法治论者的观点有很多接近的地方。我国一些法律人也表达过此类看法。温和的形式法治的法律解释理论认为,制度本身在解释过程中存在着再生功能,主要是吸收法律外的因素进入司法判断;法律人应该尽量设法释放形式法治的能量以实现其积极价值,法治思维仅仅根据法律的思考是不够的,还必须有条件地向实质法治的方法开放。

法律解释必须向道德、政治和社会等因素开放,打开了形式法治的封闭性,法律的权威性开始失落,法律规范的地位开始下降。过去以追求法律客观性为目标的解释方法占据主导地位的情形,让位于实质主义衡量、论证、融贯等方法。现在,就连对合同的解释也开启了对外部资源的挖掘。从法律思维的走向上看,法律规范的约束力在减弱,很多人相信,任何语词离开了语境就没有确定的意义,这种语境论的解释方法抛弃了形式主义的证据规则和平意解释构建的解释机制,展开了对合同真意的探索。① 从技术角度看,法律的不确定性命题,是在揭示司法不可能有唯一正确答案,有时候还是矛盾的结论;对于法律的不确定性、规则的空缺、规则的例外以及在此基础上所实行的法律开放,构成了对形式法治的威胁,有技巧的法律人能够不费力气地构想有利于同一案件当事人的论证。这既是形式法治的衰落,也是法治危机的开始。在法律人分歧的意见中,人们很容易发现法律不确定性的存在。形式法治设想,以明确的法律指引、规范人的行为,使人的行为具有可预测性。形式法治不怀疑法律本身的合法性,不对法律的实质作出判断,只要法律的规定得到落实就行;法律可以否定人权、支持不平等,甚至设立奴隶制而不违背法治。形式法治不关心实体目标,可以服务于不同的政体。然而,那些支持实质法治的人力图超越这一视界,他们主张区分良法和恶法,并在此基础上实施法治。

然而,这种分析是存在缺陷的,因为形式法治中也有实质的意蕴,

---

① 雷继平:《论合同解释的外部资源》,北京:中国法制出版社,2008年,内容摘要第2—3页。

实质法治观中也吸收了形式的内容。① 实际上很多争论是在各执一端的学者之间展开的相互批判,实质理论中不仅包括形式视角的法治,而且包含了更多争议的内容。一般来说,对形式法治的反驳是从经验的角度或从个案的情境的角度展开的,基本是从否认法治的一般性开始。在对待形式法治的问题上,人们存在着很多的误解,好像形式法治已经走到了尽头,需要运用实质法治的思路进行提升。然而,我们的研究发现,形式法治论者并不像实质法治论者所批判的那样,认为法律文本是自明的,任何司法活动都必须先有理解和解释,尔后才有法律的运用。所谓形式法治只是解释过程的思维方式——属于那种根据法律的解释。形式法治论者强调,为了实现法治与公正,人们应该尽量遵循法律的字面含义,不能频繁地或轻易地诉诸其他的规范和社会因素。谁也不会反对在疑难案件中考虑能动司法,都会支持在不公之处进行价值衡量。但是在法治社会中,究竟是以形式法治为主,还是以实质法治为主的司法立场需要确定,法律人不能在这两种姿态之间没有原则地摇摆。这需要我们在形式法治和实质法治的优点的比较中获得正确的认识,而不能光拿着彼此的缺点和优点进行比较。

我们可以通过转型期的陷阱进一步分析实质法治与形式法治的纠结。"转型陷阱形成了混合型体制,这个体制最大的特征是权力和市场结合在一起",②既得利益者想着维持现有秩序,从而使其利益最大化并得以维持,但严重的贫富分化、社会不公以及腐败现象,使得单纯用形式法治的方法化解社会矛盾难以奏效。从这一意义上引进实质法治的思路也是必要的。但是,我国实质法治的倡导者却是以维护权力和既得利益为目标,把公平正义的目标放到了一边,当意识到形式法治对现有的权力和既得利益者的保护还是不够时,就试图用突破规则与程序的方法进行格外的袒护。这既背离了形式法治,也不是在倡导实质法治,只能使法治出现整体性危机,使人们感觉到法治在倒退。在中国,形式法治与实质法治思路的纠结,反映的是法律系统与政治系统的

---

① 布雷恩·Z.塔玛纳哈著,李桂林译:《论法治:历史、政治和理论》,武汉:武汉大学出版社,2010年,第117—118页。

② 孙立平:《转型陷阱,中国面临的制约》,《领导文萃》,2012年第4期(下)。

相互关系问题。而这一问题的关键是:法律限制权力还是法律服务权力的问题。从政治哲学的角度看,法治是一种政治措施,但法律手段可以被社会各阶层所运用,这意味着法治是可以被广泛接受的治理方式。然而,中国的统治者却更愿意在管理意义上理解法治,实施所谓依法治理,即表面上接受形式法治的治理,但实际上为了管理目标不惜牺牲法治,奉行结果证明手段正确的思维方式,这不仅很容易放弃形式法治的理想,而且极容易沦为以政府而治。管理意义上的法治是政府和政党治理社会的工具,在特殊情况下可以不受法律的约束,法律的存在不是限制权力,而是服务于权力。"由于中国的法律制度已经有了一定程度的分立与自治,政治系统对法律系统也显示出一种'欲拒还迎'的两难态度:既希望法律提供功能服务与合法化支持,但又出于自身既得利益又不愿意接受法律系统的结构性约束,这不仅导致法律功能失调,也导致了政令不畅。这个矛盾是无法单独通过政治系统或者法律系统得到解决的。指望政治系统的自我约束或者法律制度内部改良都是不切实际的,只有实现政治民主化,法治建设才会有实质性的突破"。①

对政治绑架法治的做法,形式法治论者心怀芥蒂,认为不受法律限制的政府行为是不合法的。法治是以政治行为的法律化、政治问题解决的司法化为手段的,法治也是在讲政治,但是,这是在共同遵守法律意义上讲政治。形式法治在一定程度上可以解决政治的法律化问题,通过制定政党法、宪法、行政法等为权力的行使制定规则和程序;如果出现政治纷争,也可以用司法的方式解决。如果离开了形式法律,就没有办法对国家的行为进行限制,因为以权力制约权力,也不能离开规则与程序。实质思维如果与具体的正义相连的话,人们都可以接受。但是依附于眼前政治目标的实质法治,只能强化权力行使的任意性和随机性。没有具体内容的实质法治是把权利或权力的拥有者抬到了立法者的位置,司法权演变成了立法权,这是与法治背道而驰的。立法权与司法权的分离是法治的基础,公开的法律和一律对待的程序使得政治问题也可以通过司法来解决,实现政治的法治化。由于实质法治所带

---

① 伍德志:《欲拒还迎:政治与法律关系的社会系统论分析》,《法律科学》,2012年第2期。

来的问题是人们不知道实质的具体内容而产生持续的不安全感,而形式法治则减少了这种令人不愉快的不确定状态而备受称赞。当然,如果官员们所奉行的意识形态有较大的稳定性,人们也可以增强对法官的信任,以使他们能够更好地成为法治的守护神。然而,这很难做到,人们渴望法治的原因就在于人的实质思考带有太大的不确定性。形式法治在强调法律概念、规范作用的时候,没有注意到司法过程中一些实质变量的存在,因而总显得脱离社会实际和人类的价值目标。

我们发现,形式法治运作方式的设计,是建立在人性恶或者说对司法者防范的基础上的。法律人被制度设计成防范的对象,这对法律人来说多少会产生一些悲观主义的心绪。与此相反,形式法治对立法者及法律文本采取了乐观主义的界定,要求充分尊重立法者和法律文本的权威。然而,实质法治则对立法者和法律文本持一种悲观主义的看法,认为抽象的法律难以满足人们对实质正义的追求,会出现合法不合理的情形。但无论是形式法治还是实质法治,对法官能力都采取了乐观主义态度。形式法治的解释理论不能基于形式性的理由而被证明正当,实质法治的解释理论则因为太多的实质而缺乏可靠的标准,两者的魅力一直处于相互矛盾的功能抵消之中。在疑难案件中,法律的目的难以查清,使得形式法治解释理论对客观性和确定性的追求被削弱了,法律的意义只能在文本与事实的互动、解释之中才能最终确定。魅力法治不仅包括形式法治,还包括实质法治所拥有的美好梦想。形式法治由于在思维过程中减少了对作为政治、语境因素和各种法律价值的信息处理,因而可能导致个别正义的丢失。于是,自然法观念、正义价值和情境因素在当今法学家的心目中很有市场。必须要指出的是,由于实质法治的思维方式无法将正义抽象化为一般的标准,因而也就无法转化为操作层面上的方法。政治家们经常指责司法判决过于僵化和形式主义,但他们根本就没有意识到另一种风险:法官一旦离开法律文本的约束,他们做得可能会更糟。① 法学研究应该拒绝形式主义,但是,法律人不能放弃形式法治。

---

① 阿德里安·沃缪勒著,梁迎修,等译:《不确定状态下的裁判——法律解释的制度理论》,北京:北京大学出版社,2011年,第41—42页。

(二) 法治思维的基础是逻辑规则

法治思维方法的基础是逻辑规则,包括形式逻辑和非形式逻辑。

首先,形式性法律是由概念、原则和规范等构成的体系,对这些概念、规范和原则的理解与运用,都必须使用逻辑规则,演绎推理、类比推理、论辩、论证规则都是常用的。形式法治要求严格适用法律,不承认自由裁量权,不允许在裁判中渗入自己的价值观,奉行法律解释的独断性。有人认为,像契约自由、财产所有权、侵权行为中的过错责任等这样的法律概念或者说原则,本身已经蕴涵、负载了价值,法官的任务就是识别、表达和确切地使用这些概念和原则的含义。这种形式法治的观点,在总体思路上坚持于法律明确的地方反对解释,尤其反对过度解释;而在法律存在模糊的地方,使用基本的形式逻辑的规则,把法律概念作为修辞,在司法中阐释法律的意义。"法官应该坚决地抑制自己的解释欲望,把自己限定在一小部分解释材料上并遵守限定范围内相对机械地解释规则"。[①] 这属于经典的法治,是建立在形式逻辑规则运用基础上的、"根据法律思考"的法律思维模式。这种思维模式专注于限制政府的权力,让公民做自己喜欢的事情,构成了人们向往法治的魅力之所在。

其次,实质法治所需要的论证规则也是形式性的。法律规则虽然是明确的,但对规则的解释则是不确定的。对于规则,法官不仅是可选择的,而且常伴随着意义的添加或减损。所以,一些法学家认为,要想实行法治,必须满足形式合法性、民主和个人权利等一系列要求。这种法治理念的改变,迎合了人们对政府更大的期待,要求政府应该以积极的行为方式满足社会福利、进步与发展的需要。法治对政府的限制主要表现在对公权力的尊重上,而不完全在于限制它的权力,这意味着对道德、政策排斥的形式法治多少出现了危机。虽然形式逻辑仍然是法治思维的基础,但是,完全靠形式、靠逻辑的规则,已经不能满足人们对司法实质正义的追求。特别是在一些案件中出现了形式法律与正义、

---

① 阿德里安·沃缪勒著,梁迎修,等译:《不确定状态下的裁判——法律解释的制度理论》,北京:北京大学出版社,2011年,第5页。

民意、社会情势的冲突,使得形式法治成为价值法学、社会法学等批判的对象。实质法治论者认为,法治是接受规则约束的决策策略,只能在经验论据的基础上(实质上是结果主义基础上)才能被正当化,即用经济分析的简化方法博弈出左右的结果,而不是在大量的不可能处理的信息中探寻实质正义。"如果法律理论不能从经验层面上对解释者的能力以及所选择的解释方法产生的系统性影响给予充分考虑,这种法律理论就不可能为法官、立法者以及执行者如何解释法律文本这一问题提供富有操作性的解答"。① 按照沃缪勒的说法,结果主义的解释较之于其他解释的进路而言,是一种能产生好结果的解释,然而,它需要一种价值理论,以便阐明什么是更好的结果。② 这种观点看似是值得思考的,因为除了作为理解前见的经验以外,也必须要运用实质推理的逻辑规则才能获得正当性。这些规则属于非形式逻辑的范畴,包括修辞规则、论辩规则、论证规则和解释规则等。虽然人们追求的目标是实质正义,但所使用的规则仍然是一般性和形式性的。离开了逻辑规则,法治无法实现。

再次,与形式法治和实质法治的目标相适应,存在两套法律方法系统。一套是在形式逻辑规则基础上建立的"形式"方法论,包括根据法律进行思维的司法三段论、类比推理(类型思维)、文义解释、内部证成、历史解释、语法解释、语义解释、体系解释等方法。这一套法律方法主张一元的法源论,尊重制定法或判例法的权威;奉行一般优于个别的思维倾向,主张涵摄论思维,积极在已有的法律中探寻法律的意义。另一套是在非形式逻辑基础上建立的实质方法论,包括价值衡量、利益衡量、目的解释、社会学解释、外部证成等法律方法。这一套法律方法奉行的是多元法源论,主张一个与个别具有同等重要的因素,强调情景、语境对法律意义的影响,主张在法律外探寻什么是真正的法律。现在很多学者主张实质法治与形式法治混用,就是看到了这两种法治追求

---

① 阿德里安·沃缪勒著,梁迎修,等译:《不确定状态下的裁判——法律解释的制度理论》,北京:北京大学出版社,2011年,第2页。
② 阿德里安·沃缪勒著,梁迎修,等译:《不确定状态下的裁判——法律解释的制度理论》,北京:北京大学出版社,2011年,第6页。

的合理之处。然而,我们反对统一论,认为在中国目前的形势下,首先应该补上严格法治这一课,在充分尊重形式逻辑方法论的基础上,让非形式逻辑的方法在一些疑难案件发挥作用,而不能无条件地将实质法治与形式法治统一。形式法治的魅力在中国还没有充分地展示,过早地提升实质法治方法会打乱我国的法治进程,使法治出现整体性危机。

(三) 实质法治的挑战与走向形式法治的宿命

法治的宿命在于无论是强调形式法治还是实质法治,最终之所以能称之为法治,还是因为形式化的东西在起作用。法律文本是形式性的,法律方法尽管也关注所谓情境因素和实质正义,但是也必须用形式化的法律论证规则、解释规则和修辞规则来传达。没有一种形式化的标准、规范与程序,根本就不可能有法治。"现代社会本来就是一个立场或价值分裂的社会。而之所以中国社会逐渐走向了'法治社会',其背后的根本原因,也是因为这个社会的价值共识正在减少、观念分裂日益增多的现实。我们对法治或者法律之下的生活要求有多么迫切,就意味着我们这个社会观念的分裂的程度有多大"。[①] 法律体系形成的最大意义是为人们的思维提供了形式上的根据。这种根据不在于消除价值多元的纷争,而在于为多元的价值纷争提供了规则、程序和评价标准。尽管目前法律还做不到这一点,但其努力的方向值得肯定。虽然现行法律规范中确定了诸多的价值,体现了法律的包容性,但人们感觉仍然不够,于是在实质方法论系统中显现出法治更为宽广的胸怀。在价值衡量、法律论证和社会学解释,乃至法律修辞方法中,各种价值又有了进入法律的途径。法律文本原本就是为解决价值的纷争而来,人们可以用法律作为标准来确认某一种价值,从而使纷争一断于法。然而,这只是一种理想,法治世界的现实纷争打破了"有法律纷争就会消除"的理想,法治难以从根本上消除价值本身的相互冲突。从实质的角度进行思维会发现,无论法治有这样那样的缺陷,但社会管理走向法治已经成为趋势。这是人类的一种无奈选择,甚至根本就没有办法选择,人类的思维大势必定会朝着规范之治——形式法治的方向走去。

---

① 陈景辉:《实践理由与法律推理》,北京:北京大学出版社,2012年,第2页。

社会原来没有法律,众多纷争即已存在,但有了法律后却出现了更多的新的纷争。法学家们发现,立法者在创立法律文本的时候,已经选择了一些价值,同时也舍弃了一些追求;创立了明确的法律规范,并不意味着纷争就此会消除。于是,强制性地实施形式法治,要求法律人在思维过程中价值中立,形式优于内容、一般高于个别、程序优于实体、规则高于权力;尊重法律文本的意义,强调遵守法律是法律人的内在职业道德。形式法治所有魅力都可以归结为对规则和程序的尊重。"规则可以由任何性质的内容构成。法治向任何性质的内容开放。规则本质上是形式性的;因此,法律从本质上讲是形式的;所以,法治从本质上讲是形式的"。① 形式法治的品质是由规则的性质决定的,对规则的遵守构成了形式法治的根本,规则和程序构成了行为可预测性的关键。"制度分析对于任何法律解释理论不可或缺"②。现在司法活动的不可信赖性是支持形式法治的理由。形式法治在一定意义上离不开实质法治,但也不意味着实质法治要操控形式法治,两者的分离只是思维的目标不同,实质法治只有得到形式法治的保障,才能很好地引领价值目标的实现。

　　法治能够满足多种价值目标,站在不同的角度,可以看到法治不同的服务方向,这也许是各种主体都愿意追寻法治的原因。从公民的角度看,法治的根本是保护公民的权利和自由;而对统治者来说,大局稳定的政治目标的实现是当务之急。公民和政府都希望法治有权威,但对于如何实现法律权威却有不同的认识。从公民的角度看,司法的权威来自司法公正,即使为了政治大局也不能以牺牲公正为代价。从政府的角度看,法律的权威来自于国家的强制力,为了国家利益、社会利益和政治大局,个体的权利和自由必须做必要的牺牲。公民和政府对利益的判断不仅多种多样而且差异很大,这就造成了实质法治所倡导的能动司法可能使法治在多个目标的探寻中迷失了方向。人们就是在

---

① 布雷恩·Z.塔玛纳哈著,李桂林译:《论法治:历史、政治和理论》,武汉:武汉大学出版社,2010年,第125页。
② 阿德里安·沃缪勒著,梁迎修,等译:《不确定状态下的裁判——法律解释的制度理论》,北京:北京大学出版社,2011年,第1—2页。

这种矛盾的心情中看待法治的：人们一方面渴望有法律秩序的生活，希望法律对政治和日常行为进行规范；另一方面又想突破法律的限制，使自己获取更多的自由、自主。当中央电视台的著名主持人崔永元耗时3年打了一个应该在短期内解决问题的官司以后得出结论：中国的法治没有希望，打官司不如找领导。这表达了对司法法治的不信任。从中可以发现，法治的发展需要有法治文化作为外在的环境与法治制度相适应。司法法治的目标之一是反对腐败，但是，当一个国家腐败之风盛行，以至腐败成了全社会的行为准则，并在此基础上形成一种稳定的心理的时候，腐败文化就形成了。这种腐败文化使得人们对腐败见多不怪，公众参与抵制腐败的动力不足。① 反对司法腐败不仅需要制度的完善，更需要法治文化的环境。"在选择宪法解释方法时，决定性的因素是制度性的，而不是关于宪政主义、民主或者语言性的性质等问题的高层次论断"。② 保护个人权利对社会秩序的形成是至关重要的，对统治阶级的长治久安来说也是非常关键的。但是，短视的统治者看不到这一点，反而需要法治论者上演一出曲线的对法治的苦恋。真是不可思议！

二、形式法治的衰落

形式法治的衰落是多方面原因促成的。首先是社会关系的快速发展导致稳定的法律不能适应社会变化。其次是在社会关系变化中，利益格局发生变化，使法律难以满足价值多元的要求。形式法治是以社会关系的稳定为前提的。按照韦伯的观点，形式法治是与自由主义和资本主义相适应的，社会主义和福利主义靠法治是行不通的。形式法治强调对个人权利和自由的保护，但若过度保护个人的权利和自由，而不顾社会关系的变化以及人民对正义公平等实质正义的呼声，也会招致社会公众的反对。在资本主义社会，形式法治的典型例证是私有财

---

① 吴海红：《推进社会反腐败必须突破三大困境》，《学习时报》，2012年3月5日。
② 阿德里安·沃缪勒著，梁迎修，等译：《不确定状态下的裁判——法律解释的制度理论》，北京：北京大学出版社，2011年，第1—2页。

产神圣不可侵犯,即使为了公共利益也不能侵犯。但以保护个人权利和稳定社会关系为主的形式法治,在法律社会化的背景下受到了质疑。现在,我们对实质法治应该保持一定的警惕性,但难以拒绝实质主义的思维方式。对平等与自由的追求可以代表实质主义的思维,它在唤起变革的热情的同时,也非常容易引起革命的情绪,从而引领人们的思维走向法治的反面。平等与自由在很多场景下是相互冲突的:法律上的形式平等可以同等地对待每一个人,但是,却可能因为每个人的实际情况(包括财富、相貌、机会等)差异很大,会产生实际上的不平等。实质平等意味着在承认差别的情况下的地位平等。自由也像平等一样在很多情况下含糊其辞,这很容易被改革者以实质自由的名义加以利用。一些愤青式的发泄,多来自于对法律的实质思考。过多的实质思考导致法律权威的失落,出现形式法治的危机。法治倒退论实际上是人们对形式法治出现危机的担忧。例如,最近网络上关于干部任用不公的各种质疑,根源就在于没有给人们提供平等的机会。人们渴望平等,愤恨机会不能来到他们身边。虽然现在各种考试制度给人们就业带来平等的机会,但是不透明的暗箱操作和特权聘用也使人们不安,产生了一系列的集体焦躁。法治论者对形式法治的式微心怀不满。

(一)形式法治的式微是世界性的思想潮流

虽然像中国这样的新兴民族国家还在对法律体系的建成引以为豪,但在世界范围内,重要社会关系的立法几乎是停滞的,很多法治国家对其重要法律都是以修改的面目出现的。这主要是因为,各主要发达国家的社会关系基本定型,早在100多年前甚至更早的时候,法律体系即已建成,公平与正义、自由与平等的法律价值在法律文本中已经有了明确的载明,近些年只是在环保领域、科学技术领域出现了新的立法;为保持法律的稳定性,对已经定型的社会关系很少用大规模立法手段加以解决。大规模立法活动的减少,成就了司法视角的法学在西方国家蔚然成风。法学家们面对稳定法律,不是呼吁新的立法,而是用法学流派化改变法律含义的方法把其变成司法政策,从而在司法活动中使其与社会情势、法律价值和民意相符合。对形式法治的批判,源自于德国对概念法学批判的自由法学运动,后经法律社会学的挤兑,以及美国的现实主义法学、批判法学、后现代法学等对司法真相的解释,使形式法治遭到解构。虽然法治观念已经被普遍接受,但是,证成法治的理论却每况愈下,法律的权威性、法治的可能性在理论上遇到了空前的危机。我们现在的法治信念,更多的是从历史经验中获取的。

人们已经发现,对形式法治的赞美必须适可而止,因为形式法治存在有很多自身难以克服的难题。"形式法治的空洞性违背了悠久的法治传统,而法治这一锦囊妙计在历史上一直是对主权者暴政的限制。这种限制超出政府必须制定并遵守呈现恰当规则形式的法律的思想,纳入了下述理解:有某些特定事情是政府或主权者不能从事的。法律施加的限制是实质性的,以自然法、共同习惯、基督教道德或者共同的善为基础。形式合法性抛弃了这种取向。政府能够为所欲为而不违反形式合法性,只要它能够按照事先宣布的(普遍、明晰和公开的)法律规则相符的方式追求那些愿望。如果政府被促动去做法律不允许的事情,要确保能够满足法律形式的要求,它只是必须首先修改法律而已"。① 然而在我国,形式法治有它特定的内容,法律上规定的很多权利来自于西方,是我们传统社会中所没有的,法律上规定的权利和自由有很多没有实现。所以对实质法治的思考,不是寻找法律外的实质正义,我们需要用强化形式法治的方法逼迫政府、法院去落实法律已经规定的权利,法律外的正义似乎还没有成为最紧迫的问题。我们不能拿着西方的概念硬套到中国来用。在我国,法律的稳定性很成问题,法律在被制定出来以后一次次地被修改,"中国特色"越来越突出,但离法治的目标越来越远。

按理说,对正义、道德的眷恋应该发生在形式法治全面盛行的时期,因为那时对法律规定的机械执行可能与人们感受到的公平正义发生冲突,因而需要法律人舍法而取正义。然而,我们是在政法思维还占据主导地位、法律没有得到很好地贯彻、法律上规定的权利还没有得到实行的时候,已经对法律制度的功能心怀芥蒂了,主张用实质法治的思维代替形式法治。这一方面是对法律权威、立法者能力的怀疑,另一方

---

① 布雷恩·Z.塔玛纳哈著,李桂林译:《论法治:历史、政治和理论》,武汉:武汉大学出版社,2010年,第124—125页。

面也是对法官能力的过度信赖。在没有与实质法治相对应的法律方法与之配合的时候,实质的思维就会超越法律规范,法治就会离我们越来越远。现在法院的三项重点工作之一就是化解社会矛盾,而其方法论则是讲大局、讲政治、讲法律的社会效果、政治效果与法律效果的统一,以及与之相匹配的能动司法。然而,我们必须搞清楚的是,现在所发生的矛盾,最根本的是利益冲突。这个时代正是人们对权利渴望的时期,法律规定的权利,还有很多没有实现,被称为纸上的权利。然而,我们竟置权利于不顾,迷上了更难以实现的实质公正。正义原本是超越权利的,是更高一个层面的价值,法治所说的正义主要是对权力和权利追逐的手段限制,两者有密切的联系,但显然是属于不同层面的问题。对一般的人来说,追求正义绝不是为了放弃权利,而是为了更好、更全面地实现权利。但我们现在所强调的实质正义,不是来自权利者的呼声,而是来自权力者的要求。这已经背离了法治保护个人权利的实质。虽然这种超越法律权利的实质正义确实有很大的迷惑性,但是,从实质法治的思维路径和实现过程的艰难来看,这种欢天喜地、昏天黑地的盲目呼喊,只能带来法治的悲观主义。想超越形式法治,促进法治的跨越式发展,但结果却是法治的倒退。

(二)实质法治的盛行是形式法治危机的标志

实质法治的呼声导致了司法领域公共选择理论的盛行,这意味着制度调整社会关系的失败。有两个方面的问题值得注意:一是法律的封闭性被打破,它不得不向法律外的诸多因素开放,诸多的法律价值和公共政策成了影响解释法律的因素,结果使得"法律作为书面性的规范,其内容可以由政治权力任意伸缩";[1]二是人的因素被重新认识,司法过程中的主体因素得到张扬。司法的法律成了动态的过程,丧失了作为标准的部分意义,法律的可预测性降低了。然而,实质法治的思路只是指明了思考的方向而没有普遍化的操作方法。但是在这思路之下,形式法治开始衰落了,就连一贯捍卫形式法治的分析法学也变得更

---

[1] 伍德志:《欲拒还迎:政治与法律关系的社会系统论分析》,《法律科学》,2012年第2期。

加温和了。比如,哈特等人比较关心制度的问题,开始被人们视为一种老套的、程式化、形式化、概念化的方式谈论制度,过度相信了概念的力量、程序的作用和法律规范的涵盖能力,同时也蔑视了法律的主体因素。人们看到,法律解释是一个选择的过程,法律只有被解释才能适用于现实,因而会不可避免地产生多种解释结果,甚至还会导致选择性司法或执法。在法律解释的选择理论面前,形式法治在事实上已经难以为继了,司法克制主义或者说教义学的解释方法仅仅是一种姿态。形式法治所赞赏的规则、程序对社会调整的自生能力,在复杂的社会和政治强势面前萎缩了。法官要想超越法律裁判,不借助实质的思维便无路可走,因为道德之善不可能用纯粹的法律术语加以捍卫。绝对的实质主义的判决是法官们政治道德观点的产物,它已经走到了法治的对立面,在法治论者看来这就是法治衰落的象征。法治论者相信,法治衰落的标志之一就是法律权威的动摇和法律地位的下降。在理论上对形式法治的渴求遭遇批判:其一,不能清楚地反映社会的真实情况;其二,"形式主义解释理论与语言必须根据背景才能解释清楚这一看法相悖"[1]。但是,这种批判忽视了法律意义的固定性,以及法律的规范作用。法律意义的流动性是普遍存在的,但是意义的流动范围是有限的。"如果被伽达默尔主义的美酒灌醉的话,我们可能晕晕乎乎高谈阔论,认为除非依赖于解释者视域,或者参考特定语言共同体的实践,否则没有任何文本的意义是'清楚的'"[2]。从实质法治的角度看,法律解释的最根本原则应该是"避免解释的荒谬结果",这可能是倡导实质法治的基本目标。"最佳解释制度将是一个允许法官在具体案件中基于目的、理性和衡平去防止在制定法实施过程中出现明显荒谬结果的制度"[3]。然而,这种实质法治的呼声也存在着问题。如果抛开规则与程序,法官们基于多种价值和目的的多种理解,会产生思维的混乱;这种抛开法律

---

[1] 阿德里安·沃缪勒著,梁迎修,等译:《不确定状态下的裁判——法律解释的制度理论》,北京:北京大学出版社,2011年,第49页。

[2] 阿德里安·沃缪勒著,梁迎修,等译:《不确定状态下的裁判——法律解释的制度理论》,北京:北京大学出版社,2011年,第49页。

[3] 阿德里安·沃缪勒著,梁迎修,等译:《不确定状态下的裁判——法律解释的制度理论》,北京:北京大学出版社,2011年,第22页。

的权衡决断,使法官成了立法者。对形式法治的质疑来自于立法者预见能力的有限性和可靠性,来自于法律语言表述能力存在的缺陷,来自于社会发展变化的复杂性对法律规范的挑战。但在司法过程中,法官对法律的曲解也困扰着法治论者。"在中国,政治对法律的理解被凝结'政法'这个概念中,至少在具有政治意义的社会领域法律仍然被政治在统帅。"①尽管这是政治权力凭借垄断地位对法律共同体强加的自我理解,但是有一个问题却是越来越明显,那就是随着法律体系的形成,法律变得越来越具有独立性,越来越强调合法性的重要性。一个合理的解释制度应该考虑到具有高度可能性的动态效果,但形式法治还是必要的基础。"假设说,法院根据合理的社会目标来处理问题时会产生新的决策负担,会使得法律变得高度不稳定从而使人们更难以去规划他们的事务。也假设法官如果在全然不知合理社会目标的情况下裁判将会给立法者施加更大的压力,从而使立法机关更加迅速去纠正所引发的问题。在这种情况下,形式主义难道不是最明智的选择吗?"②没有形式法治作为思维的基础,政治民主也行不通。

(三) 形式法治在中国的兴起以及面临的问题

中国人注重人际关系、礼尚往来,注重人与人之间建构情感和关联,把规则置于关系之下。像刘备托孤的时候并没有证人在场,也没有授权书,只有忠义和信任;孔乙己赊账也不用字据,只有乡里乡亲的情谊。在中国历史上没有健全的法制,也缺乏有约束力的管理机制。人们依靠的不是刚性的制度,而是弹性的关系。长期生存的经验使得人们以突破规则为荣,以遵守规则为耻。找漏洞和钻空子的国民性,在很大程度上潜入了我们的骨髓,成为集体无意识的部分而代代相传。③从历史上看,我们不是缺乏规则,缺乏的是认真对待规则的意识。规则

---

① 伍德志:《欲拒还迎:政治与法律关系的社会系统论分析》,《法律科学》,2012年第2期。

② 阿德里安·沃缪勒著,梁迎修,等译:《不确定状态下的裁判——法律解释的制度理论》,北京:北京大学出版社,2011年,第30页。

③ 参见《特别关注》2012年第4期"看点"栏目。

具有太大的灵活性,一遇到人情关系,规则就失去刚性。不改变这一思维的缺陷,无论我们的法律体系多么完善,法治都不可能实现。在对中国这种重人情不重视逻辑思维方式的批判过程中,先觉的知识分子不断地强化形式法治对中国社会的意义,所以在法学界出现了呼吁形式法治的主流思想,并在一定意义上配合了立法机关完善法律体系的努力。但是,形式法治在中国不仅存在着传统人情思维方式的羁绊,而且思想上的辩证法主导以及意识形态中的政法思维,也构成了实现法治的障碍性因素。这就是说,中国人思维的主流意识与法治思维是存在矛盾的。这是形式法治在中国兴起的困境。在司法意识形态上,要求法官要依法办事,但同时又要求"要学习和掌握辩证唯物主义系统论原理,树立司法工作为国家经济建设大局服务的理念。审判工作服从和服务于党和国家工作的大局,是人民法院讲政治的集中体现。根据辩证主义系统论原理,任何事物都是作为系统而存在的……全局决定着事物发展的方向。全局高于局部,局部服务于全局"。① 这样就事论事的服务于当事人的审判工作就变成了整体性的工作,具体的法律规范就要跟着全局工作而改变意义。并且,我们在讲了全局意识以后,还要求严格依法办事,从来没有想过既然要依法办事,还怎么把全局贯彻到依法办事的审判中?讲大局要么是一个口号,没有发挥作用;要么法律的意义在讲大局中发生变化。现在,这两种情况兼而有之。

  中国传统的整体性思维方式和正在流行的辩证思想,是与实质法治思维方式比较接近的,所以倡导形式法治在中国首先会遇到可接受性的问题。不克服这一思想,法治在中国永远是一个口号。同时,实质法治本身在任何社会都可能遇到与社会发展的矛盾问题。按照形式法治的理论,法律是实现公正的前提,正当的法律程序维护社会秩序、调解社会矛盾与平衡社会利益就能实现公正。但是,稳定的法律与变化的社会关系之间经常出现紧张关系,这就要求法律适应社会关系的不断变化,从而不断接近公正。然而,这种接近在一定程度上看,又可能与法治目标之间出现紧张关系,因而就出现了像丹宁勋爵那样的实质法治的观点,主张"随着社会的进步,法律应当不断地发展,一步一步接

---

① 刘瑞川:《司法的精神》,北京:人民法院出版社,2006年,第239页。

近公正这一人类的永恒目标……法官应该根据公正的原则,结合案件发生的具体情况灵活地解释法律,而不必拘泥于法律本身"①。法官一方面要考虑依据法律办案,另一方面也必须考虑公正,并且公正的原则高于法律条文。有责任感的法律人都应该努力去让法律和公正保持一致,以实现公正为终极目标。很多人都认为,公正就是不偏向当事人的任何一边,所有的自由都是法律下的自由,所有受伤害的权利都能得到法律的救济。然而,这时候天平倾斜了,倾向了法官所认定的公正,法律倒在了公正的名义之下。按照形式法治论者的观点,法律是公正的化身,但是在法律与公正的权衡中,公正占了上风,成了法律的对立面,似乎法律也不那么公正了。守法成了形式法治的精神,与死扣条文、机械司法混在了一起,在公正指引下的创造性解释成了司法的本质。法律与公正、权利与权力、自由与法律、平等与自由、稳定与发展、环境与资源利用之间的平衡论,或者说权衡论,成了重要的司法方法。过去的司法好像比较简单,只要正确理解法律就行了。现在对法律的理解变得越来越复杂,简便的法律推理的方法让位于复杂的论辩与证成。法官也似乎要承担更多的社会责任:在过去,一般情况下如果不是在权力、权利滥用的时候,不会动用社会效果、法律评价的方法来修正法律的意义,但现在法律的开放性要求法官要先知先觉地知道法律后果,并以此来指导案件的审判。法律越来越失去了刚性,法官的主体性在以正义的名义张扬,权力随着正义的范围而扩大,法律文本的地位、法律规范的约束作用越来越小。随着实质思维的蔓延,遵守法律已经不那么重要,追求所谓的公正成了司法的主要目标。

当法律文本具有明确无误的意义,就应当根据法律做出受规则约束的解释,法律发挥出作为制度的能力。然而,"所有法律解释方法都承认,法官在一般意义上应当考虑制定法文本,但没有任何条款为法官提供明确的指导,告诉法官灵活解释的限度以及可以用来帮助解释法

---

① 丹宁勋爵著,李克强,等译:《法律的正当程序》,法律出版社,2011年,中文本前言第9页。

律文本的渊源和因素"。① 在实质的具体内容上,我国与西方不同,我们的实质与权利、自由、人权关联不大,更多的是强调统治者所认同的社会、政治利益。形式法治的任务还很重,我们的宪法虽然号称是对胜利成果的确认,但实际上却把西方社会所认可的具有普适性的价值已经部分地规定在宪法中。通过这些年的法律移植,我国的普通法中也规定了很多权利,以至于有些人说,我们的法律超前了,脱离了中国的现实。因此,我们谈实质法治不是说用价值推动法治的进步,而是相反,我们需要用形式法治推动社会的进步,即用法律改造社会。所以,形式法治在我国承载了实质法治的目标。私法、社会法上的很多权利还受到公权的制约,私法、社会法优先远没有做到。西方的法治强调"法治是一种道德的善,因为它强化了个人自治",而我们的法治理念更多的是为了方便管理,追求的仍然是权力范围的最大化。

对于法治思想的衰落,保守主义在哀叹,而激进主义则推波助澜。激进派对法治服务于资本主义政治耿耿于怀。"自由的行使可能有害于他人,当人们受到鼓励追求他们的自我利益、沉溺于自己善的愿望时,这种可能性就更大"。②"尽管自由主义和资本主义在消除与身份相联系的传承性社会等级之不平等方面取得了重大进展,但是,基于财富和才干的不公正分配所产生的新的不平等确立起来了"。③ 在中国,市场经济也已经发展为经济精英的统治,法律的平等保护也主要为他们呼吁,物权法要保障他们权利的绝对性。在过去的政治体制下,身份等级制度强制实行的所谓平等,剥夺了这种机会,而在市场经济下身份关系被打破了,经济指标成了衡量一个人成功的标志,因而他们特别喜欢法治对他们财产的保护。但具有讽刺意义的是,他们获取财富的途径虽然靠契约,但是当权利受到侵害以后,他们都在寻求权力的庇护,

---

① 阿德里安·沃缪勒著,梁迎修,等译:《不确定状态下的裁判——法律解释的制度理论》,北京:北京大学出版社,2011年,第35—36页。
② 布雷恩·Z.塔玛纳哈著,李桂林译:《论法治:历史、政治和理论》,武汉:武汉大学出版社,2010年,第96页。
③ 布雷恩·Z.塔玛纳哈著,李桂林译:《论法治:历史、政治和理论》,武汉:武汉大学出版社,2010年,第96页。

追求不公正的结果。法官的腐败和贪婪,主要来自这些经济精英对不公正的结果的寻觅,法官寻租也主要是指向这些人。这些经济精英对法治的态度是矛盾的,他们既期望司法更加公正,也希望从目前的这种混乱中收获更多的利益。

三、形式法治与实质法治:政治上的两难选择

建成法治社会或法治国家是社会转型的目标之一,但在我们思维中却要求法治引领社会的转型。法治建设与社会转型能否同时进行?这一问题在考验着我们的智慧。在转型过程中存在着转型的陷阱:"当我们从一个起点在往中点走的时候,中间每一个点上都有可能停下来,在改革和转型的过程中,会逐步形成一种既得利益格局,尤其是像我们这样渐进式的改革,就更容易形成既得利益格局。这样的基本利益格局形成以后就要求不往前走了,要维持现状,然后希望我们认为所谓过渡型的体制因素定型化,形成一种相对稳定的体制。"[1]所以,现在呼唤法治,对既得利益者最为有利,因为法治是稳定社会的治国方略,从其主导思维倾向上是反对改革的,要捍卫现有的秩序。从这个角度说,实质法治从思维方式上要求变革现行法律是有积极意义的。然而,我国的实质法治呼吁者的心思实际上根本不在改革和正义价值上,他们要维护的是现有的以控制为主的管理意义上的实质法治——实质上还是传统的政治治理方式的延续。知识界所呼吁的形式法治与既得利益似乎没有太大的关系,其所追求的恰恰是正义、公平等法律价值,但这在实质法治的呼吁中并没有被放到最主要的位置。在中国转型期,形式法治实际上不是和正义、公平意义上的实质法治竞争,而是在和政治管理意义上的法治争宠。这就是中国社会转型期法治建设的特殊性。社会转型和法治建设有丰富的内涵,怎样使法治在变革的社会不走偏方向,最后走向法治社会,把学者和官员都放到了一个两难选择的境地。法律的稳定性是法治论者的基本姿态,这种偏执于法律意义固定性的心理,表达了对法律的忠诚,但常常被误解为是以法抗党,是对现行政

---

[1] 孙立平:《转型陷阱,中国面临的制约》,《领导文萃》,2012年第4期(下)。

治权威中变革意识的挑战。但他们考虑更多的是对党长期统治的关怀,因而形成一种对法治的苦恋心结。法治论者的苦恋心态所指向的对象是:只有法治才能使社会长期稳定,执政党才能长期执政。对法治理想的追求是想唤醒政治人对法治的认同,以维护他们的根本利益,其中所蕴涵的问题意识是真的关心公共政治,关心公民个体的权利、自由。法治的苦恋者思考的问题是:不仅公民权利需要法治,更需要法治的是中国执政党。法治论者好像是在迷恋法律与正义、公平等法律的价值,但实际上是对这个社会长期稳定的思考。

(一)法治与政治的矛盾造成了形式法治与实质法治都陷入了困境

形式法治与实质法治是魅力法治的两种思想,但却表达了相反的思维路径。现在虽然没有公开反对法治的观点,但是人治的优点或者说幽灵还会以不同的方式闯入人们的思维。从实质法治重视人的能动因素来看,其表达的基本上是贤人之治的思路。形式法治论者苦恋的还是制度(规则与程序),认为只有制度是靠得住的,贤人之治即使在司法领域也是可遇而不可求的。现在,我国对待法治的态度是矛盾的。一方面高调呼吁法治,要实行依法治国,建设社会主义法治国家,要求任何政党和社会团体都必须遵守法律;但另一方面却强调讲政治、讲大局、讲法律效果与政治效果、社会效果的统一,这在一定程度上化解了法治的权威。这时的法治与政治之间出现紧张关系,政治面临着法治的挑战,而法治也时时处在危机之中。意识形态的这种分裂使得法治和政治都难以贯彻下去。统治者本来想着法治与政治之间相互配合,但在辩证思维中法治与政治都难以产生绝对的权威。在我国,对实质法治的追求不是真的要追求正义、平等、自由等法律价值,而是想借助法治之力把权力行为合法化,但结果是为行政、政党等干预司法提供了理论支持,司法成了权力斗争的新的场所。然而,已经成为体系的法律也有令政治难受的地方,形式法治论者也经常利用法律指出政治行为的非法性。同时,高调的政治话语由于没有一套司法程序上的方法来推行,在很多场景下变成了空话。

在中国,实质法治与形式法治的分野,并不意味着自然法与实在法之间的上下位关系,而是政治与法治的较量,是要在法治之中奉行二元的评价体系,因而产生了一系列的悖论。法官因难以满足形式与实质、政治与法律双重合法性的要求,已经不知道如何办案了。政治上的选择只是看到了形式法治与实质法治的"优点",但对其自身的矛盾不予理睬。实行形式法治对政治来说也不是没有好处,如长期的稳定、明确的是非、有标准的公平正义的实现,但这实际上也是统治者给自己设置的限制权力的笼子。任何权力的拥有者都不愿意把自己的手脚捆住,于是在思考眼前利益的时候,实质法治就成了必要的借口。实质法治论者看到了在我国如果没有政治权力的介入,单纯的法律发挥不了作用,于是实质法治的理论把政治干预司法的活动理论化了,过度地强调了政治对司法的引领作用,从结果来看是权力把法律当成了工具,政治在司法过程中被过度消费了。法律的规则和程序本来为解决问题提供了非政治化渠道,但在政法思维模式之下,又成了一种政治手段。现在很多人似乎都看透了严格法治、机械司法的坏处,因而主张实行能动司法、实质法治。但还是有一些坚定的法治论者在捍卫法治,我们需要研究这些法治的捍卫者的心态以及良苦用心,认真分析法治在社会转型期的作用。

实质法治的困境可能来自对制度性规范的忽视。关于实质法治的思路带有高度的哲学化倾向,有些理论家喜欢从一些非制度化的前提,把人民、民主、正义、公平、整体、大局、实质权利、道德要求等抽象的概念当成出发点来建构法治理论,没有从制度的操作层面上考虑问题。根据这种思路解决问题,更多的是权衡或权变,很难找到符合逻辑推演方式的操作方法。然而,像民主、自由、正义这样的概念过于一般化,在实质上都存在着很大的争论,任何看似合理的解释方法都可能和这些东西扯上关系。但如果没有相应的制度形式,人们很难界定这些词汇的确切意义,像德沃金就是典型的代表。[1] 实质法治的思维贬低法律规范的作用,但对司法主体的实质判断能力给予过于乐观的支持,这实际上是一种对法院和法官过度理想化的看法,隐含着对立法权威的漠

---

[1] 阿德里安·沃缪勒 著,梁迎修,等译:《不确定状态下的裁判——法律解释的制度理论》,北京:北京大学出版社,2011年,第18页。

视。请看这样的修辞表述:"正是这样一个有着强烈使命感的法官团队,坚持司法理念,但又不拘泥于法条判案,将大局时刻放在心中,将司法审判工作同经济社会紧密结合在一起,而不是在法院内绕圈子,以有效化解社会矛盾为己任,而不是把法律当成文字游戏的竞技场的历历风采,使我们深感欣喜的同时,对法律权威,对法院维护社会稳定和经济发展的作用更加坚定了信心。"①实质法治的进路对法官的司法能力和品质给予了充分的信任,但却失去了制度性规范的约束,没有考虑立法机关的权威。实际上,关于法官都具有良好的品质和能力的假定带有浓厚的浪漫主义色彩。

(二) 摆不正形式法治与实质法治的位置,法治的前景堪忧

笔者自认为是一个法治乐观主义者,其实还有更乐观的人,例如,徐显明教授对法治的乐观主义的精神很鼓舞人。他认为,大国无一例外地选择回应性制度,在这一制度下,法治不是把法律当成工具,而是当做统治的主体,法治的连续性、稳定性和对正义的恢复功能,使其能够回应不断变化的社会情况,防止激进变革带来的秩序混乱,所以我们应该用法治推进政治转型,率先进行司法体制改革;在法治建设中,没有司法权对法治的守护,法治必将成为溃决的堤坝和无牙的老虎,是无法控制权力这只洪水猛兽的。② 在这种乐观主义的法治蓝图中,徐显明把形式法治和实质法治结合起来,主张法律对权力的限制,同时又要结束形式法治所可能维护的压制性制度,使法律能够回应社会,使司法能够独立地恢复正义。这实际上也是对主张用实质法治代替形式法治的一种回应,吸收了形式和实质法治的各自优点。

人们想了很多方法解决实质法治问题,司法民主、尊重民意就是其中之一,要求法院在司法中开放法律的封闭性规范,迫使法官从事临时性的权衡。这种权衡根据目的、政策、情势、正义、民意等等,要求根据政策的摇摆而具体问题具体分析。这样,法律解释的规则也要发生相

---

① 杨明光:《死的条文活的司法》,沈德咏主编:《应对危机看司法》,法律出版社,2009年,第18页。
② 徐显明:《走向大国的中国法治》,《法制日报》,2012年3月7日。

应的变化。目的性的法律解释以及对实质正义关注的盛行,促成法律话语的风格逐步接近寻求政治或经济论证的风格,这使得对实质正义的追求侵蚀了法律普遍性,个体化、个性化的服务使得法官更像一条变色龙。不管对实质正义如何定义,它只能通过不同情形不同对待才能实现。像形式法治一样,民主实质上是空洞的。"民主是一种愚钝且笨拙的机制,它不保证产生道德上良善的法律"。① 法律从统治者的同意那里获得权威。人民制定法律,法律服务于民主。"没有形式合法性,民主将被规避(因为政府官员能够暗中削弱法律);没有民主,形式合法性将失去正统性(因为法律的内容不是通过合法手段决定下来的)"。② 对正义信仰的丧失以及价值多元化、道德诉求的多角度,使得人们无法选择究竟什么是实质的思考,在这种情况下也许可以用民意测量的方法确定民意的向背。然而,民意的向背是我们去关注多数人的想法,少数人的权利和意志的问题可能被忽略,而法治则重在防止以多数人的名义侵犯少数人的权利。"正如形式合法性能够实行邪恶的法律,使用民主程序决定法律内容的制度也能产生邪恶的法律"。③ 形式合法性不能阻止这种情况的发生。民主制度能够体现出公众情绪与态度的急剧摇摆。"有法治的民主制度可能比稳定,但无法治的威权制度更少确定性和可预测性、更专制"。④ 民主只是更换政治领袖的最佳方式,民主与制定好法律和良好的司法没有关系。这意味着司法民主根本就不是解决司法法治的好方法,只是一个政治口号。在裁判问题上,司法民主并不能让人放心,反而为任意裁判找到了借口。

在哈耶克看来,在以民主的扩展为特征的现代社会中,法治已然衰微了。法治的衰微以及接踵而至的通往奴役之路,实是一个令人沮丧

---

① 布雷恩·Z. 塔玛纳哈著,李桂林译:《论法治:历史、政治和理论》,武汉:武汉大学出版社,2010年,第130页。
② 布雷恩·Z. 塔玛纳哈著,李桂林译:《论法治:历史、政治和理论》,武汉:武汉大学出版社,2010年,第128页。
③ 布雷恩·Z. 塔玛纳哈著,李桂林译:《论法治:历史、政治和理论》,武汉:武汉大学出版社,2010年,第130页。
④ 布雷恩·Z. 塔玛纳哈著,李桂林译:《论法治:历史、政治和理论》,武汉:武汉大学出版社,2010年,第130页。

的事实。① 在西方的法治国家,通过立法取代传统上的法律以牺牲自由和权利,法律经历了一个以牺牲自由为代价的变化过程。在中国,则是在政治大局论、社会效果论之下法治表现出对专权的宽容,已经公布的权利消解在能动司法的理念之中。人们全然没有意识到三个效果的统一无视的是法律规定的权利和自由,从没有考虑过法治的实质是对个体权利和自由的保障。在实质主义法治之下,个人主义已经逐渐退到司法的后台,成了明日黄花。法治的特征和专制之间已经没有了区别。不仅法治的衰退是通往奴役之路,而且独裁者所依据那种法律也会成为奴役的基础。② 我们需要看到,法治思想在中国与西方有着截然不同的意味。在我国,主张形式法治的人是激进主义,而主张实质法治的人则是保守主义。这与美国的情形正好相反。在美国,实质法治论者有如马丁·路德金对种族隔离制度的反抗,占领华尔街运动对道德法治缺失的愤怒,等等。这些和平抵抗的蔓延助长了对法律的不尊重,而法律对这些问题的优柔寡断,收获的是进一步的违法。法治的危机和法治的退化即将到来,立法和司法的特定考虑都会破坏法治。实质法治和形式法治的区分模糊了人们对法治的基本看法。从政治体制的角度看,民主的发展已经成为自由与法治进化的组成部分,但是民主在司法中贯彻可能会与法治的原则产生冲突。

  实质法治和后果决定论对司法能力的要求越高,这样决策的成本、错误概率和系统性的影响就越严重。由于行政面临问题的复杂性、变化性,因而要求更多的自由裁量权。但是,在行政法领域囊括了法律体系数量最多的法律,法律规则对行政行为的约束与自由裁量权之间的矛盾常常加剧。行政官员对这些规则与程序也是矛盾的姿态,在不愿意做某些事情的时候,这些规则和程序是挡箭牌,但想做这些事情的时候,规则和程序也是障碍性的因素。所以,他们有时候抱怨法律太多,而有些时候又嫌法律不够。老百姓对法律也是这种心态,时而嫌法律

---

  ① 迪雅慈著,邓正来译:《哈耶克论法治》,《西方法律哲学文选》(上),法律出版社,2008年,第208页。
  ② 迪雅慈著,邓正来译:《哈耶克论法治》,《西方法律哲学文选》(上),法律出版社,2008年,第212页。

太多,时而抱怨法律不足。怎么办?公民有时候要求严格执行法律,有时候又要求更宽泛、人性地执行法律。但总的来说,人们更希望以规则为基础进行权衡,既不破坏法律体系的特征,使人们的行为有可预测性,又能够适合在共同的文化背景下变通使用。严格法治和具体语境之间经常产生摩擦,人们的态度也经常在两者之间摇摆。

四、方法论对法治的拯救

现实主义法学首先在理论上消解了法治的绝对性,而批判法学和后现代法学落井下石,彻底地解构了法治。法治的魅力虽然在很多国家的实践中散发着光辉,但法学理论研究以及中国的司法实践使人们产生了绝望的情绪,因而需要理论与实践双重拯救。方法论的拯救是面对实践的理论拯救。面对形式法治的理论与实践,现实主义法学有两个方面的担忧:一是人的作用在司法中被忽视,产生机械司法;二是实质正义、语境因素被丢下,出现法律僵化。在形式法治和实质法治之间固守一端,还不如接受现实主义法学对法治的实用主义姿态,这样,法治与人治、形式法治与实质法治之间的对立就不会那么尖锐,使两者之间的弊端消解在方法论的融贯之中。为了克服形式法治的弊端,现实主义将司法描绘成实现社会目标的工具,认为为了实现人的目标可以对法律进行实质方法的型塑,如通过价值进行衡量,以修辞的方法进行论证。然而,在对善缺乏一致意见的情况下,要确认法律应该共同促进的目标是困难的。所以,实质思维并不能随便加以使用,在坚守法律权威性的同时,必须对司法者附加上必需的论证义务。任何人都必须讲法律,同时,也不能在法治的目标中去掉道德、正义。

(一)形式法治方法论的优点在于用法律的明确与权威限制权力的任意行使

"关于法治是什么含义的问题,在偶然使用这一短语的人们中间、在政府官员中间、在理论家中间众说纷纭。确定性的泛滥导致的危险是法治可能变成空洞的短语,其含义是如此不明确以至于邪恶的政府也能宣称自己是法治政府而不受任何惩罚"。① 法治的定义已经过剩了,想在法治概念上统一认识已经显得幼稚可笑。按照塔玛纳哈的思想,我们可以在三个方面把握法治的概念:一是法治的根本在于限权,产生法治最初念想不是对自由的保护,而是对权力任意行使的限制。权力受法律的限制是法治的永恒主题。在法律被废止修改以前法律必须得到遵守,而不是用实质法治的方式由法官临机决定。二是法治就是形式合法性。在这种意义上,法治包括公布、面向未来以及普遍性、平等适用和确定性等品质。这种法治要求政府和法院、执法和司法人员都要接受法律规范和程序的制约。这种法治观念的缺陷在于,公正的法律和邪恶的法律可以共存,实质法治的追求无法实现。但它的优势在于提高了威权国家的效率,强化了政治的控制力。三是法律的统治而不是人的统治。这意味着法治不受不可预测的率性统治,不受人类普遍弱点如偏心、偏见、贪婪等的侵害。当然,这一观念也有自身的缺陷,因为徒法不足以自行,法律不可能是自解释、自使用的,人实际上也不可能成为法律之下的奴隶。法治的这些缺陷能够通过法律方法论予以部分的解决。所有的法律方法的设计都应该围绕着法治的实现展开,法律方法对法治的拯救实际上属于广义法律的自我救赎。

法律方法论都具有限权意义。因为:

第一,法律方法都应该经过制度这一中间环节,而不能实行彻底的哲学化、道德化、政治化,不能直接从抽象原则推演出操作方法,即所有的法律解释都应该是有法律作为解释对象的诠释。以法律解释为例,"关于法律解释的高层次前提(比如关于民主与宪政以及法律、制定法或语言的性质之类的高层次前提)都过于抽象了。这些前提都定位过高,无法告诉法官应当具体采用何种解释方法……如果没有更低层次上的制度分析,那些高层次的前提是不完整的。事实上那些高层次的分歧与操作层面上的问题根本没有太大关系,甚至可以放到一边"。②

---

① 布雷恩·Z.塔玛纳哈著,李桂林译:《论法治:历史、政治和理论》,武汉:武汉大学出版社,2010年,第147页。

② 阿德里安·沃缪勒著,梁迎修等译:《不确定状态下的裁判——解释的制度理论》,北京:北京大学出版社,2011年,第69页。

如果所谓法律解释的基本含义是根据法律的解释,那么,这里的问题就在于:根据法律解释事实的法律意义没有问题,这是一个推演的思维过程,但是法律解释的另一部分是指法律本身需要解释,在这种情况下,人们能够根据法律解释法律吗? 这不是同语反复吗? 所以,我们必须说清楚,作为法律解释根据的法律,指的是法律原则、精神以及法律规范的明确部分,而被解释的对象则是模糊的法律。法律是我们思考解决法律问题的根据,这就是方法论能够约束权力的奥秘之所在。

第二,无论百姓还是官员,都不能垄断法治,法治是为政党、政府和老百姓设置共同运用的平台。法律是为权利和权力设置的共同藩篱。法治要求每一个法律判断必须有理由支撑,而法律方法作为正确理解、运用法律的工具,主要作用就是找出判断的正当理由,这对权力的任意行使是很大的限制,因而也使法律方法成为限权的工具。只要权力者的思维不按照法律的规范进行,我们就可以用违背法治思维的原则进行批判。当然,用这种方式约束权力的前提是法治思维方式的普及。现在,我国的司法意识形态还存在着问题,根据法律思维的法律至上观念还没有树立起来,可以通过法律价值衡量、法律论证弥补形式法治的不足。法律思维方式的确立可以解决人与法之间的关系。当然,需要警惕的是,法律方法的运用也具有选择性,如果不能按照法治的原则操作法律方法,法治很可能演变成法官之治。过度解释使得法律意义完全由法官确定,这也会影响法治的实现,这正如不顾后果的机械司法一样愚蠢。

第三,"法治之下,官员作为公民受规则的约束"①。然而,在法律文本中,规则是以逻辑体系的方式来表达的,法律规则体系是我们思考法律问题的根据,但不是具体的行动方案。如何在个案中适用法律,需要更加专业的解释规则、修辞规则和逻辑规则,这些规则是法律规则的运用规则,是法律方法论的主要内容。离开了对这些规则的把握或者说不掌握这些法律方法,不仅法律的实施是混乱的,而且法治也会面临思维方式上的危机,对法律不同的理解、错误的理解和含混不清的表达

---

① 玛丽安·康思特布尔著,曲广娣译:《正义的沉默》,北京:北京大学出版社,2011年,第68页。

就会出现。当然,在法律方法思维规则的约束下为司法裁判寻找正当理由,有理由支撑的判断就会削弱任意。其实,法律思维的形式性主要是指对这些思维规则的遵守,而不是说所有的法律都是不公正的。法律形式中包含着实质,只是根据法律思维的方式才展现了法治的形式性,其中最为明显的是对程序和法律方法思维规则的尊重。在这种尊重中,正义及其社会因素沉默了,引起了实质的不满,要求司法对社会情景和正义价值开放。

总之,法治的思维方式是形式性的,包括规则、程序的明确,以及制度的约束性使得人的思维可以整齐划一。规则的形式性不仅可以减少信息的成本,至少从短期看,还能够减少法律的不确定性、降低司法决策的成本。① 形式法治要求法律应该以一般的、明确的术语,事先公布且平等地适用于每一个人,使人们在法律上获得尊严。形式法治之美还在于删繁就简,为道德自救、正义伸张、多元价值思维追求、权利救济提供了途径与空间,为权力限制提供了简化的规则和程序。这是法治的优良品质之一。法治给法律人提供的是一个谨慎、理性、宽容、妥协、平和、双赢的解决纠纷的平台。在精心编织的法网之中,虽然难以泯灭很多的争论,但是这个平台是人类文明的标志,形式法治则是其制度根基。这与用政治、军事等方式解决问题有鲜明的区别。在形式法治的平台上,如果用政治方式办事,以压服为主,就会引起人们心里的怨恨,遭到普遍的谴责。形式法治就是要求大家都在这个平和的平台上说理,以法服人,以理服人,以德服人,讲究的是对法律的尊重与服从,同时重视在法律判断中价值和情景的因素。形式法治虽然有无穷的魅力,但并不能解决所有的问题,只能解决部分案件,这就使得很多学者要努力探讨穷尽其他的解决问题的办法,最集中的方案就是关于实质法治的思考。

---

① 阿德里安·沃缪勒著,梁迎修,等译:《不确定状态下的裁判——法律解释的制度理论》,北京:北京大学出版社,2011年,第74页。

(二) 实质法治方法论的优点在于关注人的能力、情境和正义价值等因素

以法律社会学为代表的法学研究,主张把法律看做一种社会现象,对规范的理解需要安放在社会经验世界才能得到正确的理解。这从思维方式上看是对实在法的超越,包含着瓦解法治的危险。但是,如果能适度运用这种方法,就可以使法律更加容易融入社会,法律论证方法的融贯论方法就是在此基础上构建的。法治的魅力在于形式和实质两个方面的兼顾。法律思维的形式性保证人们的决断接近法治,而实质思维则为正义的考量提供了契机。解决实质法治与形式法治纠结的方法是在尊重形式法治的基础上,适度运用实质法治的方法。这意味着法律必须有足够的权威,而体现正义和情境因素的实质思维也有进入司法判断的机会。人们不仅需要法治秩序,而且需要社会公平正义。实质法治论者强调,法官在司法中必须向目的、社会和正义等因素开放,同时必须坚持核心的法律导向,这意味着对实质法治的强调只能适可而止。人们已经发现,实质法治把法律拓展为更为宽泛的法,司法判断的根据更多的是来自人们的内心的善以及社会现实,法治好像就是一场骗局。在社会中不仅存在个体,还有社群,人们不知道个体与社群之间有多大的宽容空间以接纳各自立场的实质权利、正义、平等和自由。"第一,法官们越来越多地被要求使用开放性标准,如公平、诚实信用、合理和显失公平。第二,法院——不只是行政官员——越来越多地被要求从事目的性解释,即在如何最好地实现通过立法确定政策目标方面给出规定,这种过程让法官陷入了抉择之中,他们要在具有不同价值蕴涵的可选手段中做出选择"①。我们必须精心设计法律解释制度与方法,使其能够避免荒谬的法律判断与结论的得出。克服思维中荒谬结论的关键还是需要用规范和制度解决,我们应该寻找法律体系的其他组成部分对荒谬结论的消除功能。

法律解释方法中应该有对荒谬解释制度的克服方法,而不能任由

---

① 布雷恩·Z.塔玛纳哈著,李桂林译:《论法治:历史、政治和理论》,武汉:武汉大学出版社,2010年,第106页。

机械司法、死抠字眼行为的泛滥。① 波斯纳像德沃金一样,是一个对法官能力有浪漫主义看法的人。他认为,法律解释应该成为实用主义的事业,法官应该像立法者那样对法律进行想象性重构。实用主义的法官应该是一个形式法治论者,但是过度强调实质法治表达的是对立法者能力的怀疑,对司法者能力的偏爱。我们还是应该相信制度能使坏人办好事的法治格言,而不能指望所有的法官都想办好事。"一切实质法治都吸收了形式法治的要求,然后进一步补充各种内容的规定。最普遍的实质版本在法治中纳入个人权利"。② 对权利内容的争论使人们进入了实质与形式的争论,引发了司法过程中的思考。如何解决这些纷争一直是法学家努力解决的目标,如果围绕着司法问题接着争论,社会的焦点可能会离开政治的领域,最终交给法官解决这些复杂的问题。这虽然有一些反民主的意蕴,但却是最好的解决问题的方向。也许法治更加关心个人自由而不是民主的治理,法治要求当民主和个人权利发生冲突的时候,个人权利优先。这与我们强调的政治优先、大局意识正好相反。个人权利是实施民主最基本的先决条件,是维护民主所不可缺少的,只有自由的公民才能使民主权利得以实现。

在法律修辞方法的运用中,不能打压形式法治,权力话语、实质正义都必须有逻辑论辩规则在场。法律解释是在情境中理解法律方法,法律修辞是在情境中表达所理解的法律。司法者运用法律是在寻求一种通过法律契合正义、适应社会、解决纷争的方案。"人们常说,声音的缺席便是权利的缺席"。③ 在司法活动中法律和正义都不能沉默。法律沉默导致实质法治的极端思维,使形式法治遭遇毁灭性打击;而正义的沉默又会使司法失去方向,出现恶法当道。司法需要法律人恰当地运用法律逻辑方法、正义的修辞以及政治的考量,但在司法中什么样的

---

① 阿德里安·沃缪勒著,梁迎修,等译:《不确定状态下的裁判——法律解释的制度理论》,北京:北京大学出版社,2011年,第66页。
② 布雷恩·Z.塔玛纳哈著,李桂林译:《论法治:历史、政治和理论》,武汉:武汉大学出版社,2010年,第131页。
③ 玛丽安·康思特布尔著,曲广娣译:《正义的沉默》,北京:北京大学出版社,2011年,第10页。

声音也不应该压住法律声音。在我们司法意识形态中,过度的政治修辞已经淹没法律的权威,这对法治建设的伤害是严重的。我们不能把法律升格为政治,尽管它与政治有着密切的联系。在司法场景中,我们不能仅仅言说干巴巴的法律条文,而且需要生动地表达法律意义。情境中法律意义对当事人来说是真正的法律。在法律主导的社会中,把法律作为修辞,以正义的实现为目标,正义和法律之间有很大的关联。在这个意义上,我们可以把形式法治和实质法治的思维方式连接起来。

(三)探索形式法治与实质法治方法论的结合拯救法治

关于法律方法论的发展方向,笔者一直想着从复杂的理论中抽象出简洁易懂、容易操作的诸如法谚一样的思维规则,实务法律人也一直期待这种简便方法论的出台。但客观的情况是,学术研究使得法律的复杂性大大提高,法律作为一种专门的知识,其语言或概念已经成了专门的知识体系,只有入行者才能理解。法律知识量的增加,为法律人垄断对法律的理解提供了基础。其实,不仅是法学研究使得对法律的理解更为复杂,"法律制度的高度复杂性常常使得目前需要弄清楚的事实问题是超科学的;尽管这些问题原则上是事实问题,但它无法在合理的时间限度内以可以接受的成本被查清"。[①] 同时,法官们处理问题的能力也是有局限性的。就像有些人已经做的,从民主、法治以及宪政的诉求中,或从法律的权威、法律语言的性质的阐释出发,直接推演出可操作的规则。然而,这种努力只有很少的成果,诸如单独的概念不能生成规范、法治反对解释的原则,大面积的系统的成绩一直未能面世。在复杂的世界中,也许根本就不存在这样的简洁规则。"对于解释者而言,其所能选择的最佳决策程序往往随着制度能力和系统性影响方面的客观变化而变化。因而最终结果就是,最优概念论从来不能提供一个适宜于法官运行的操作层面的解释程序。法律解释的规范理论最终受制

---

① 阿德里安·沃缪勒著,梁迎修等译:《不确定状态下的裁判——法律解释的制度理论》,北京:北京大学出版社,2011年,第2页。

于经验问题和事实依据"。① 但是,我们必须探讨法治实现的法律方法。

就目前来说,如何缓解以政治控制为特征的中国法治问题,使法治能够真正地化解社会矛盾,是摆在我们面前的重要课题。正如我们前面已经描述的,形式法治和实质法治都存在着缺陷,但也都有优点。法治建设所需要的不是把两者统一或者对立起来,而是把优点利用起来,从而使法治成为化解社会矛盾的主要手段。我们不应当把法治当成政治权力延伸的修饰词,而应使权力成为法律约束的对象。"最好的办法是,对政府官员我们不妨多讲法治,对公民多讲民主和权利,努力在群体性事件和社会抗议的分析上,找出可以为体制所吸纳的制度创新的建设性意见;即使是那些看似一时无法接受的观点和行动,也要学会尊重"。② 盲目强调实质法治难以形成韧性稳定局面,但僵化的形式法治也难以解决问题,这是当下对法治建设提出的新要求。然而,关于对实质法治寄托的期望和对能动司法达到社会效果的期盼,这种以价值评价和后果决定论的思维存在着强化人的能动性因素:包含了对法官的能力抱有太高的期望。我国的法官没有能力做到这点,我们只能从方法论的角度,基于法律制度的基本规定性或规范程序的基本约束力,找到一个适度吸收实质正义的与能动的方法来建构一种形式法治与实质法治兼容的法律方法。实质主义的考虑与能动司法对法律原初目的的修改,从理想化的角度看是顺理成章的,很有诱惑性。但是,在具体案件中每一次对法律的修正或废止都是一次立法,法官们没有时间、能力来完成这一任务。还有,实质思维这种带有权变、权衡特点的思维方式并不能保证所修改的法律都是正确的。没有制度的保障,在实施能动司法和实现实质正义的过程中难免会犯错误。因而,我们不能仅从实质目的的优良就断定实质法治一定是好的东西。能动司法和实质正义要解决的都是语境中的问题,对语境的认定和实质正义的确立都需要

---

① 阿德里安·沃缪勒著,梁迎修等译:《不确定状态下的裁判——法律解释的制度理论》,北京:北京大学出版社,2011年,第3页。

② 沈阳:《法治,抑或是民主?——社会管理创新的核心》,《领导文萃》,2012年第4期(上)。

法官的素质。法治原本就是基于人性存在的问题而设置的,离开了形式法治所设定的约束,我们不敢对每一位法官放心,不能拿出一事一例来说明离开规范和程序的正义就是实质法治。所以,正义、社会等实质因素必须被考虑,但需要制度被基本遵守,能动与创新的只是局部,我们需要在法律基础上实现正义,法院和法官充当的角色是法治的保证人和正义的追求者。

原载于《河南大学学报(社会科学版)》2012年第5期,《高等学校文科学术文摘》2013年第1期全文转载

论习近平法治思想的形成发展、鲜明特色与重大意义

黄文艺[①]

  2020年中央全面依法治国工作会议最重要的成果,就是首次明确提出了习近平法治思想,并将其确立为全面依法治国的指导思想。这是以习近平同志为核心的党中央在习近平新时代中国特色社会主义思想这个总的指导思想之下正式提出的第五个分领域的指导思想。与习近平强军思想、习近平外交思想、习近平新时代中国特色社会主义经济思想、习近平生态文明思想相比,习近平法治思想的覆盖面更广、穿透力更强,包括法治国家、法治政府、法治社会、法治经济、法治文化、生态文明法治、依法执政、依规治党、依法治军、依法治港治、涉外法治、国际法治等方面的理论,贯穿到改革发展稳定、内政外交国防、治党治国治军、经济政治文化社会生态等各领域各方面,引领"中国之制"保障"中国之治"。本文主要从形成发展、鲜明特色、重大意义等三个维度对习近平法治思想作一学术考察,以期推进对这一博大精深的思想体系的研究阐释。

一、习近平法治思想的形成发展

  从人类法律思想发展史来看,那些富有重要影响力的法律(法治)理论体系,无疑蕴含着其所在的民族和时代的集体智慧,但也凝聚着其

[①] 黄文艺,法学博士,中国人民大学习近平法治思想研究中心主任、教授,博士生导师。

创立者的深沉思考和卓越贡献。作为当代中国马克思主义法治理论，习近平法治思想是中国共产党和中国人民的法治实践经验与集体智慧的理论升华，也是习近平总书记在长期的法治领导实践中执着探索与深邃思考的理论成果。习近平总书记是这一思想的主要创立者和言说者。习近平法治思想，从话语特色到理论境界，从价值理念到思维方法，从体系结构到理论观点，都体现了习近平总书记个人的鲜明风格，都凝聚着习近平总书记个人的心血智慧。

深入考察习近平法治思想的形成发展过程，必须回到习近平总书记所亲身经历的党和国家事业发展的伟大历史进程中去，必须回到习近平同志从大队党支部书记到党的总书记不同寻常的政治历程中去，必须回到习近平同志从依法治县、依法治市、依法治省到依法治国的法治领导实践中去。习近平总书记是从基层一步一步成长起来的党和人民领袖、伟大政治家、卓越思想家。"习近平总书记从下乡知青成长为党的领袖，从大队党支部书记到党的总书记，从普通公民到国家主席，从一般军官到军委主席，从政经历遍及党、政、军各个领域，历经村、县、地、市、省、直辖市，直至中央等所有层级的主要岗位，每一层级都历经几年、都扎扎实实、都政绩卓著，每一岗位都干在实处、走在前列。"①在这一历史进程中，习近平总书记矢志不渝地追求法治、谋划法治、推进法治，始终思考探索为什么要实行法治、建设什么样的法治、如何建设法治等重大问题。"在长期的领导实践中，习近平总书记积累了依法治县、依法治市、依法治省、依法治国的丰富经验，提出了许多立时代之潮头、发时代之先声的法治新思想新论断，展现出深邃思考力、敏锐判断力、卓越领导力。"②

依据上述分析，本文尝试性地把习近平法治思想的形成发展过程划分为萌芽阶段、形成阶段、发展阶段。

---

① 学习时报特约评论员：《习近平总书记的成长之路》，《学习时报》，2017年7月28日。

② 王晨：《坚持以习近平法治思想为指导 谱写新时代全面依法治国新篇章》，《中国法学》，2021年第1期。

（一）习近平法治思想的萌芽阶段

在党的十八大以前，习近平同志在长期的法治领导实践中把马克思主义法治理论和法治建设工作实际结合起来，提出了一系列具有时代性、原创性的重要思想观点，构成了习近平法治思想的雏形。如果深入考察习近平总书记从基层到顶层的政治生涯和思想历程，就会发现他在党的十八大之后所提出的全面依法治国的许多重要思想与战略，早在他在基层和地方工作期间就已生根发芽，充分体现了从基层探索向顶层设计拓展提升的历史逻辑。正是由于这样，习近平法治思想是深深扎根中国本土、观照中国现实、凝聚中国智慧，真正写在中国大地上、写进人民心坎里的科学法治理论体系。

在改革开放之初，习近平同志在河北正定工作期间，就很重视法治建设，提出了闪烁着法治理论光辉的思想观点。例如，他提出了以党纪国法为标准划清搞活经济与打击经济犯罪、勤劳致富与非法致富、党员干部带头致富和以权谋私违法乱纪三个界限的重要思想。①

在福建工作期间，习近平同志重视以法制促进改革、保障发展、维护稳定，着力推动社会主义民主法制建设，展现了深邃的法治思维和法治方式。在民主与法制的关系上，他提出，民主"是人民利益的一种法制化的体现"，"民主的问题要在法制的轨道上加以解决"②。在福建省九届人大四次会议上作政府工作报告时，他提出"将依法治省和以德治省结合起来"，"推进政府各项工作走上法制化轨道"，加快建设"法制健全"的"现代化省份"。③

在浙江工作期间，习近平同志创造性地提出了建设"法治浙江"的主张，系统阐述了"法治浙江"建设思想，领导浙江人民开创了"法治浙江"建设新局面。他指出："必须按照建设社会主义法治国家的要求，积

---

① 习近平：《知之深 爱之切》，石家庄：河北人民出版社，2015年，第130—131页。
② 习近平：《摆脱贫困》，福州：福建人民出版社，2014年，第81、82页。
③ 参见《习近平省长在省九届人大四次会议上作政府工作报告（摘要）》，http://unn.people.com.cn/GB/channel229/1645/2051/200102/09/36076.html，2020年10月8日；《福建省九届人大四次会议隆重开幕》，http://unn.people.com.cn/GB/channel229/1645/2051/200102/08/35606.html，2020年10月9日。

极建设'法治浙江',逐步把经济、政治、文化和社会生活纳入法治轨道。"①他提出了一系列富含深刻法理内涵和实践精义的法治命题,如"市场经济必然是法治经济""和谐社会本质上是法治社会""弘扬法治精神,形成法治风尚""坚持法治与德治并举""立法是法治的基础""司法工作是保障社会公平正义的最后一道防线"。他领导制定的《中共浙江省委关于建设"法治浙江"的决定》,系统地提出了一整套法治建设的新理念新思路新举措。例如,在建设法治浙江的基本原则上,提出"坚持党的领导""坚持以人为本""坚持公平正义""坚持法治统一""坚持法治与德治相结合";在建设法治浙江的主要任务上,提出"建设'法治浙江'是一项长期任务,是一个渐进过程,是一项系统工程"的命题;在加强对权力的制约监督上,提出"授予有据、行使有规、监督有效"的要求。②

在上海工作期间,习近平同志进一步深化拓展了法治建设思想。例如,在区域法治建设上,提出"建立官、学、商共同参与的,政府推动、市场驱动的对话磋商机制,在协商共识基础上,形成具有法律约束力的长三角区域合作框架协议"③;在以法纪约束权力上,提出"各级领导干部要坚持法纪原则,坚持为民用权、有限用权、公正用权、依法用权"④;在法治环境上,提出"着力优化政策环境、市场环境、法制环境、服务环境、社会环境,切实做到亲商、兴商、安商、富商,使上海成为投资创业的宝地"⑤。

(二)习近平法治思想的形成阶段

在党的十八大期间,习近平总书记在领导推进全面依法治国的崭新实践中,发表了一系列重要讲话,提出了一系列全面依法治国新理念

---

① 习近平:《之江新语》,杭州:浙江人民出版社,2007年,第202页。
② 《中共浙江省委关于建设"法治浙江"的决定》,《浙江人大》,2006年第5期。
③ 《习近平强调要自觉地把服务长三角放在突出位置》,《解放日报》,2007年7月27日。
④ 习近平:《全面推进上海反腐倡廉建设》,《解放日报》,2007年8月11日。
⑤ 习近平:《切实做到亲商、兴商、安商、富商 使上海成为投资创业宝地》,《解放日报》,2007年4月29日。

新思想新战略,标志着习近平法治思想的正式形成。

习近平总书记关于全面依法治国的重要论述集中体现于他在党的十八届三中、四中、五中、六中全会上的重要讲话中,在2012年首都各界纪念现行宪法公布施行30周年大会、2014年中央政法工作会议、2014年庆祝全国人民代表大会成立60周年大会、2015年省部级主要领导干部学习贯彻十八届四中全会精神全面推进依法治国专题研讨班开班式、2017年中国政法大学座谈会等会议上的重要讲话中,在主持十八届中央政治局第4次、21次、24次、37次等集体学习时的重要讲话中。

党的十八届三中、四中、五中、六中全会,深入贯彻落实习近平法治思想,对全面依法治国作出了一系列重大决策,提出了一系列新任务新举措,推动法治中国建设开辟新局面。其中,党的十八届四中全会是党的历史上第一次专门以法治建设为主题的中央全会,审议通过了《中共中央关于全面推进依法治国若干重大问题的决定》,对新时代全面依法治国作出了顶层设计和战略部署,提出了180多项重要改革举措,在我国社会主义法治建设史上具有里程碑意义。

(三)习近平法治思想的发展阶段

党的十九大以来,习近平总书记在领导深化全面依法治国的伟大实践中,又发表了一系列重要讲话,提出了一系列新理念新思想新战略,特别是明确提出和系统阐释了"十一个坚持",推动习近平法治思想走向体系化、成熟化。

习近平总书记关于全面依法治国的重要论述集中体现在他所作的党的十九大报告和在十九届二中、三中、四中、五中全会上的重要讲话中,体现在他在中央全面依法治国委员会第一、二、三次会议上的重要讲话中,体现在2019年中央政法工作会议、2019年全国公安工作会议、2020年中央全面依法治国工作会议等会议上的重要讲话中,体现在主持第十九届中央政治局第4次、11次、17次、20次等集体学习时的重要讲话中。

党的十九大和十九届二中、三中、四中、五中全会,中央全面依法治国工作会议和中央全面依法治国委员会第一、二、三次会议等会议,深入贯彻落实习近平法治思想,对全面依法治国作出了新的顶层设计和战略部署,引领法治中国建设阔步前行。党的十九届二中全会是党的历史上第一次专门以修改宪法为主题的中央全会,审议通过了《中共中央关于修改宪法部分内容的建议》,对新时代全面贯彻实施宪法作出了重大部署,在我国宪法发展史上具有里程碑意义。党的十九届四中全会是党的历史上第一次专门以国家制度和国家治理问题为主题的中央全会,审议通过了《中共中央关于坚持和完善中国特色社会主义制度推进国家治理体系和治理能力现代化若干重大问题的决定》,系统提出了一个气势宏伟、体系宏大的国家制度和法律制度建设的行动纲领。中共中央印发的《法治中国建设规划(2020—2025年)》《法治社会建设实施纲要(2020—2025年)》等重要规划,是运用习近平法治思想指导法治建设实践的重要成果。

二、习近平法治思想的鲜明特色

习近平法治思想从历史和现实相贯通、国际和国内相关联、理论和实际相结合上深刻回答了新时代为什么实行全面依法治国、怎样实行全面依法治国等一系列重大问题,具有坚定的人民立场、严谨的系统思维、强烈的创新精神、缜密的辩证思维、深邃的历史眼光、宽广的全球视野、高远的法理境界,是一个扎根中国大地的时代性、科学性、原创性的法治理论体系。

(一)坚定的人民立场

习近平法治思想坚持以人民为中心,把人民放在心中最高位置,始终为人民立德、为人民立功、为人民立言,饱含亲民、爱民、忧民、为民的深厚情怀。习近平总书记指出:"人民是历史的创造者,人民是真正的英雄。"[1]"全面依法治国最广泛、最深厚的基础是人民,必须坚持为了

---

[1] 习近平:《在第十三届全国人民代表大会第一次会议上的讲话》,http://www.xinhuanet.com/2018—03/20/c_1122566452.htm,2018年3月20日。

人民、依靠人民。"①习近平法治思想的坚定人民立场体现在以下三个方面：

首先，让人民成为法治建设的最大受益者。习近平总书记强调，全面依法治国的根本目的是依法保障人民权益。"要把体现人民利益、反映人民愿望、维护人民权益、增进人民福祉落实到全面依法治国各领域全过程。""要积极回应人民群众新要求新期待，系统研究谋划和解决法治领域人民群众反映强烈的突出问题，不断增强人民群众获得感、幸福感、安全感，用法治保障人民安居乐业。"②

其次，让人民成为法治建设的最广参与者。"我国社会主义制度保证了人民当家作主的主体地位，也保证了人民在全面推进依法治国中的主体地位。这是我们的制度优势，也是中国特色社会主义法治区别于资本主义法治的根本所在。""要充分调动人民群众投身依法治国实践的积极性和主动性，使全体人民都成为社会主义法治的忠实崇尚者、自觉遵守者、坚定捍卫者，使尊法、信法、守法、用法、护法成为全体人民的共同追求。"③这要求，积极探索新时代组织和发动群众的新机制，不断拓宽公民参与法治建设的渠道，更好广纳民意、广集民智、广用民力。

再次，坚持让人民作为法治建设的最终裁判者。习近平总书记在评价司法体制改革成效时反复强调："司法体制改革成效如何，说一千道一万，要由人民来评判，归根到底要看司法公信力是不是提高了。""把解决了多少问题、人民群众对问题解决的满意度作为评判改革成效的标准。"④这要求，健全法治建设成效的评价机制，把真正评判的"表决器"交到人民群众手中。

（二）严谨的系统思维

习近平法治思想坚持立足全局看法治、着眼整体行法治，加强对法

---

① 习近平：《论坚持全面依法治国》，北京：中央文献出版社，2020年，第2页。
② 习近平：《论坚持全面依法治国》，北京：中央文献出版社，2020年，第2页。
③ 习近平：《论坚持全面依法治国》，北京：中央文献出版社，2020年，第107—108页。
④ 习近平：《论坚持全面依法治国》，北京：中央文献出版社，2020年，第147页。

治中国建设的系统谋划、系统部署、系统推进,提出了科学化、明晰化、系统化的总蓝图、路线图、施工图,有力促进了全面依法治国的整体性、协同性。

首先,厘清了全面依法治国在党和国家工作全局中的科学定位。从坚持和发展中国特色社会主义的角度,将坚持全面依法治国确立为新时代坚持和发展中国特色社会主义的 14 项基本方略之一。习近平总书记指出,依法治国是中国特色社会主义的本质要求和重要保障。① 从"四个全面"战略布局的角度,把全面依法治国纳入这一战略布局,明确了全面依法治国的基础性、保障性地位。习近平总书记指出,在"四个全面"中,全面依法治国具有基础性、保障性作用。② 从国家治理现代化角度,把全面依法治国确立为国家治理体系和治理能力现代化的重要方面,把法治体系确立为国家治理体系的骨干工程。

其次,厘清了全面依法治国的整体安排。从总目标、总抓手、工作布局、重点任务等方面厘清了全面依法治国的整体部署。一是明确了全面依法治国的总目标、总抓手。总目标是建设中国特色社会主义法治体系、建设社会主义法治国家,总抓手是建设中国特色社会主义法治体系。习近平总书记指出:"全面推进依法治国涉及很多方面,在实际工作中必须有一个总揽全局、牵引各方的总抓手,这个总抓手就是建设中国特色社会主义法治体系。依法治国各项工作都要围绕这个总抓手来谋划、来推进。"③二是明确了全面依法治国的工作布局。这就是,坚持依法治国、依法执政、依法行政共同推进,法治国家、法治政府、法治社会一体建设。习近平总书记指出:"全面推进依法治国是一项庞大的系统工程,必须统筹兼顾、把握重点、整体谋划,在共同推进上着力,在一体建设上用劲。"④三是明确了全面依法治国的首要任务和重点任务。其中,全面贯彻实施宪法是全面依法治国的首要任务。"坚持依法

---

① 中共中央文献研究室编:《习近平关于全面依法治国论述摘编》,北京:中央文献出版社,2015 年,第 4 页。
② 习近平:《论坚持全面依法治国》,北京:中央文献出版社,2020 年,第 227 页。
③ 习近平:《论坚持全面依法治国》,北京:中央文献出版社,2020 年,第 93 页。
④ 习近平:《论坚持全面依法治国》,北京:中央文献出版社,2020 年,第 113 页。

治国首先要坚持依宪治国,坚持依法执政首先要坚持依宪执政。"①科学立法、严格执法、公正司法、全民守法是全面依法治国的重点任务。"准确把握全面推进依法治国重点任务,着力推进科学立法、严格执法、公正司法、全民守法。"②

再次,厘清了全面依法治国各领域各方面工作的内在逻辑。以中国特色社会主义法治体系建设为例,不仅明确了其五大子体系的整体架构,而且还进一步明晰了每个子体系的构成要素。在整体架构上,中国特色社会主义法治体系由完备的法律规范体系、高效的法治实施体系、严密的法治监督体系、有力的法治保障体系、完善的党内法规体系构成。③每一个子体系又是由若干方面构成。例如,《法治中国建设规划(2020—2025年)》将法治保障体系分解为政治和组织保障、队伍和人才保障、科技和信息化保障三大方面。④依此逻辑,这些方面还可以进一步划分。例如,《法治中国建设规划(2020—2025年)》将作为队伍和人才保障的法治工作队伍建设进一步细分为法治专门队伍建设、法律服务队伍建设、法学专业教师队伍建设。⑤

(三) 缜密的辩证思维

习近平法治思想坚持发展地而不是静止地、全面地而不是片面地、系统地而不是零散地、普遍联系地而不是单一孤立地,认真观察各种事物,妥善处理全面依法治国中的各种关系。习近平总书记强调:"坚持处理好全面依法治国的辩证关系。全面依法治国必须正确处理政治和法治、改革和法治、依法治国和以德治国、依法治国和依规治党的关系。"⑥例如,在政治和法治的关系上,他指出:"法治当中有政治,没有脱离政治的法治。""每一种法治形态背后都有一套政治理论,每一种法

---

① 习近平:《论坚持全面依法治国》,北京:中央文献出版社,2020年,第126页。
② 习近平:《论坚持全面依法治国》,北京:中央文献出版社,2020年,第113页。
③ 习近平:《论坚持全面依法治国》,北京:中央文献出版社,2020年,第229页。
④ 《法治中国建设规划(2020—2025年)》,《人民日报》,2021年1月11日。
⑤ 《法治中国建设规划(2020—2025年)》,《人民日报》,2021年1月11日。
⑥ 习近平:《论坚持全面依法治国》,北京:中央文献出版社,2020年,第230页。

治模式当中都有一种政治逻辑,每一条法治道路底下都有一种政治立场。"①在改革和法治的关系上,他强调,"在法治下推进改革,在改革中完善法治"②,既不能突破法律红线搞改革,又不能死守陈旧法律条款不改革。

除了前述四对关系外,习近平总书记还深刻论述了民主与专政、政策与法律、活力与秩序、发展与安全、维权与维稳等重大关系。例如,在活力与秩序的关系上,他指出:"社会治理是一门科学,管得太死,一潭死水不行;管得太松,波涛汹涌也不行。""不能简单依靠打压管控、硬性维稳,还要重视疏导化解、柔性维稳。"③

(四) 强烈的创新精神

习近平法治思想坚持与时俱进、以变应变,推陈出新、破旧立新,深入推进法治理论创新、制度创新、实践创新。习近平总书记强调,创新是一个民族进步的灵魂,是一个国家兴旺发达的不竭动力,也是中华民族最深沉的民族禀赋。这种创新精神贯穿于他对全面依法治国重大问题的思考上,体现为法治理论创新、制度创新、实践创新三方面。

一是推进法治理论创新。习近平总书记提出了一系列新概念、新范畴、新观点、新论断。习近平总书记提出的新概念、新范畴有:法治中国、平安中国、法治社会、依规治党、法治定力、法治体系、法律规范体系、法治实施体系、法治监督体系、法治保障体系、党内法规体系、人性化执法、柔性执法、阳光执法、阳光司法等。习近平总书记提出的新观点、新论断有:"法治和人治问题是人类政治文明史上的一个基本问

---

① 中共中央文献研究室编:《习近平关于全面依法治国论述摘编》,北京:中央文献出版社,2015年,第34页。

② 中共中央文献研究室编:《习近平关于全面依法治国论述摘编》,北京:中央文献出版社,2015年,第52页。

③ 中共中央文献研究室编:《习近平关于社会主义社会建设论述摘编》,北京:中央文献出版社,2017年,第45页。

题"①"法治是国家治理体系和治理能力的重要依托"②"法治体系是国家治理体系的骨干工程"③"党和法的关系是政治和法治关系的集中反映""'党大还是法大'是一个伪命题"④"权大还是法大是一个真命题"⑤"司法权是对案件事实和法律的判断权和裁决权"⑥"让审理者裁判、由裁判者负责"⑦等。

二是推进法治制度创新。习近平总书记提出了一大批我们过去想不到、做不到的新制度、新体制、新机制。例如，成立中央全面依法治国委员会，设立国家宪法日，建立宪法宣誓制度，实行司法责任制，建立法官检察官员额制，推进以审判为中心的刑事诉讼制度改革等。

三是推进法治实践创新。习近平总书记领导推进党领导法治工作、立法工作、行政执法工作、司法工作、法治工作队伍建设、法治宣传教育工作等方面创新，解决了许多长期想解决而没有解决的难题，办成了许多过去想办而没有办成的大事，全面依法治国取得了历史性成就，社会主义法治稳步迈向良法善治新境界。

（五）深邃的历史眼光

习近平法治思想坚持回看走过的路、比较别人走过的路、远眺前行的路，从历史中把握规律，从本来中开辟未来。习近平总书记强调，历史是最好的老师，前事不忘，后事之师；历史是一面镜子，它照亮现实，也照亮未来；历史是最好的教科书，也是最好的清醒剂。习近平法治思想的深邃历史眼光体现为两个方面：

---

① 中共中央文献研究室编：《习近平关于全面依法治国论述摘编》，北京：中央文献出版社，2015年，第12页。

② 习近平：《论坚持全面依法治国》，北京：中央文献出版社，2020年，第85页。

③ 习近平：《论坚持全面依法治国》，北京：中央文献出版社，2020年，第112页。

④ 中共中央文献研究室编：《习近平关于全面依法治国论述摘编》，北京：中央文献出版社，2015年，第34页。

⑤ 中共中央文献研究室编：《习近平关于全面依法治国论述摘编》，北京：中央文献出版社，2015年，第37—38页。

⑥ 习近平：《论坚持全面依法治国》，北京：中央文献出版社，2020年，第61页。

⑦ 习近平：《论坚持全面依法治国》，北京：中央文献出版社，2020年，第33页。

一是从中国法制史知盛衰。习近平总书记讲述了秦国商鞅变法、汉高祖"约法三章"、唐太宗奉法治国等古代法制故事,得出结论说:"从我国古代看,凡属盛世都是法制相对健全的时期。"他指出:"春秋战国时期,法家主张'以法而治',偏在雍州的秦国践而行之,商鞅'立木建信',强调'法必明、令必行',使秦国迅速跻身强国之列,最终促成了秦始皇统一六国。汉高祖刘邦同关中百姓'约法三章',为其一统天下发挥了重要作用。""唐太宗以奉法为治国之重,一部《贞观律》成就了'贞观之治';在《贞观律》基础上修订而成的《唐律疏议》,为大唐盛世奠定了法律基石。"①

二是从世界法制史鉴得失。习近平总书记通过对世界古代和近现代法制史的考察得出结论说:"从世界历史看,国家强盛往往同法治相伴而生。"②他讲述了汉谟拉比法典的故事。"3000多年前,古巴比伦国王汉谟拉比即位后,统一全国法令,制定人类历史上第一部成文法《汉谟拉比法典》,并将法典条文刻于石柱,由此推动古巴比伦王国进入上古两河流域的全盛时代。"③他引用德国著名法学家耶林的话分析了古罗马法的深远影响:"罗马帝国3次征服世界,第一次靠武力,第二次靠宗教,第三次靠法律,武力因罗马帝国灭亡而消亡,宗教随民众思想觉悟的提高、科学的发展而缩小了影响,惟有法律征服世界是最为持久的征服。"④他考察世界近现代史得出一个重要结论:"综观世界近现代史,凡是顺利实现现代化的国家,都比较成功地解决了法治和人治问题。相反,一些国家虽然也一度实现快速发展,但并没有顺利迈进现代化的门槛,而是陷入这样或那样的'陷阱',出现经济社会发展停滞甚至倒退的局面。后一种情况在很大程度上与法治不彰有关。"⑤

---

① 习近平:《论坚持全面依法治国》,北京:中央文献出版社,2020年,第226页。
② 习近平:《论坚持全面依法治国》,北京:中央文献出版社,2020年,第226页。
③ 习近平:《论坚持全面依法治国》,北京:中央文献出版社,2020年,第226页。
④ 习近平:《论坚持全面依法治国》,北京:中央文献出版社,2020年,第226页。
⑤ 中共中央文献研究室编:《习近平关于全面依法治国论述摘编》,北京:中央文献出版社,2015年,第12页。

（六）宽广的全球视野

习近平法治思想坚持以开放的胸怀放眼全球，把不忘本来和吸收外来结合起来，把国内法治和涉外法治统筹起来，在建设法治中国时推动国际法治发展。习近平法治思想的宽广全球视野体现为三个方面：

一是合理借鉴国外法治有益经验。习近平总书记反复强调："坚持从我国实际出发，不等于关起门来搞法治。法治是人类文明的重要成果之一，法治的精髓和要旨对于各国国家治理和社会治理具有普遍意义，我们要学习借鉴世界上优秀的法治文明成果。"①"对世界上的优秀法治文明成果，要积极吸收借鉴，也要加以甄别，有选择地吸收和转化，不能囫囵吞枣、照搬照抄。"②

二是加强涉外法治工作战略布局。面对美国等西方国家运用"长臂管辖"等法治手段围堵遏制我国发展的新动向，习近平总书记反复强调涉外法治工作。他强调："要加快涉外法治工作战略布局，协调推进国内治理和国际治理，更好维护国家主权、安全、发展利益。要加快涉外法治工作战略布局，协调推进国内治理和国际治理，更好维护国家主权、安全、发展利益。要强化法治思维，运用法治方式，有效应对挑战、防范风险，综合利用立法、执法、司法等手段开展斗争，坚决维护国家主权、尊严和核心利益。"③

三是积极参与国际法治建设。随着全球治理体系结构发生深刻变革，国际法治领导权竞争更为激烈，各国纷纷争夺国际规则制定权、国际组织主导权、国际法律服务市场占有权。习近平总书记指出："全球治理体系正处于调整变革的关键时期，我们要积极参与国际规则制定，做全球治理变革进程的参与者、推动者、引领者。"④"要提高国际法在全球治理中的地位和作用，确保国际规则有效遵守和实施，坚持民主、

---

① 习近平：《论坚持全面依法治国》，北京：中央文献出版社，2020年，第111页。
② 习近平：《论坚持全面依法治国》，北京：中央文献出版社，2020年，第177页。
③ 习近平：《论坚持全面依法治国》，北京：中央文献出版社，2020年，第5页。
④ 习近平：《加强党对全面依法治国的领导》，《求是》，2019年第4期。

平等、正义,建设国际法治。"①"我们要继承和弘扬联合国宪章的宗旨和原则,构建以合作共赢为核心的新型国际关系,打造人类命运共同体。"②

(七)高远的法理境界

习近平法治思想坚持以追求真理的精神把握法的普遍规律,洞察法的时代精神,总结法的科学认识。习近平法治思想的高远法理境界就体现为,习近平总书记有关全面依法治国的重要讲话和重要文章里面名言迭出、金句频现。

一是善于运用古今中外的法律名言金句来讲透法理。习近平总书记引用了管仲、韩非子、王符、王安石、张居正等古人名言,说明奉法、立法、行法之重要性。诸如:"奉法者强则国强,奉法者弱则国弱。"③"法令行则国治,法令弛则国乱。"④"立善法于天下,则天下治;立善法于一国,则一国治。"⑤"天下之事,不难于立法,而难于法之必行。"⑥习近平总书记引用了培根、卢梭等西哲名言,说明司法公正、法律信仰之重要性。诸如:"一次不公正的审判,其恶果甚至超过十次犯罪。因为犯罪虽是无视法律——好比污染了水流,而不公正的审判则毁坏法律——好比污染了水源。"⑦"一切法律中最重要的法律,既不是刻在大理石上,也不是刻在铜表上,而是铭刻在公民的内心里。"⑧

---

① 习近平:《携手构建合作共赢、公平合理的气候变化治理机制——在气候变化巴黎大会开幕式上的讲话》,《人民日报》,2015年12月1日。
② 习近平:《携手构建合作共赢新伙伴,同心打造人类命运共同体》,《人民日报》,2015年9月29日。
③ 习近平:《论坚持全面依法治国》,北京:中央文献出版社,2020年,第104页。
④ 习近平:《论坚持全面依法治国》,北京:中央文献出版社,2020年,第19页。
⑤ 习近平:《论坚持全面依法治国》,北京:中央文献出版社,2020年,第112页。
⑥ 习近平:《论坚持全面依法治国》,北京:中央文献出版社,2020年,第45、96页。
⑦ 习近平:《论坚持全面依法治国》,北京:中央文献出版社,2020年,第46、98页。
⑧ 习近平:《论坚持全面依法治国》,北京:中央文献出版社,2020年,第50页。

二是善于提炼出蕴含法律哲理、法治公理、法学原理的名言金句。这些名言金句,是对古今中外法律实践特别是当代中国法治实践规律性认识的理论提炼和思想升华,必将因其脍炙人口、家喻户晓而流传于后世、传播于世界。诸如:"法治兴则国兴,法治强则国强。"①"立法是为国家定规矩、为社会定方圆的神圣工作。""执法是把纸面上的法律变为现实生活中活的法律的关键环节。""司法是社会公平正义的最后一道防线。"②"法律是成文的道德,道德是内心的法律。""法安天下,德润人心。"③"宪法的根基在于人民发自内心的拥护,宪法的伟力在于人民出自真诚的信仰。"④"网络空间不是'法外之地'。"⑤

三、习近平法治思想的重大意义

习近平法治思想的产生,在中华民族法律文明史、社会主义法治建设史、马克思主义法治理论史、世界法治思想史上,都具有重大意义。我们应深刻把握习近平法治思想的历史意义、政治意义、理论意义、实践意义、世界意义,做到学思用贯通、知信行统一。

(一)从历史意义看,习近法治思想深刻指出了跳出"治乱兴衰"历史周期律的新路,推动以法治有力保障党和国家长治久安

面对历代王朝"治乱兴衰"的历史周期率,中国政治家、思想家前赴后继地不懈探索跳出这一历史周期率、实现国家长治久安的治理之道。这也是中国共产党执政治国绕不过的重大课题。1945年7月,黄炎培到延安考察时,与毛泽东进行了著名的延安窑洞对话。黄炎培在谈到历史发展时,称历朝历代都没能跳出兴亡周期律,即"其兴也勃焉,其亡也忽焉"。毛泽东表示:"我们已经找到新路,我们能跳出这周期律。这

---

① 习近平:《论坚持全面依法治国》,北京:中央文献出版社,2020年,第225页。
② 习近平:《论坚持全面依法治国》,北京:中央文献出版社,2020年,第116页。
③ 习近平:《论坚持全面依法治国》,北京:中央文献出版社,2020年,第165页。
④ 习近平:《论坚持全面依法治国》,北京:中央文献出版社,2020年,第13—14页。
⑤ 习近平:《论坚持全面依法治国》,北京:中央文献出版社,2020年,第64页。

条新路，就是民主。只有让人民来监督政府，政府才不敢松懈。只有人人起来负责，才不会人亡政息。"①1978年，邓小平在总结"文化大革命""大民主"的教训时，深刻认识到制度和法律的重要性："为了保障人民民主，必须加强法制。必须使民主制度化、法律化，使这种制度和法律不因领导人的改变而改变，不因领导人的看法和注意力的改变而改变。"②党的十八大以来，习近平总书记多次提出如何跳出"历史周期率"的问题，在毛泽东提出的民主新路的基础上，又系统提出了法治新路。习近平总书记在党的十八届四中全会上提出："如何跳出'历史周期率'、实现长期执政？如何实现党和国家长治久安？这些都是需要我们深入思考的重大问题。"③他反复强调："全面推进依法治国，是着眼于实现中华民族伟大复兴中国梦、实现党和国家长治久安的长远考虑。"④"全面推进依法治国，是解决党和国家事业发展面临的一系列重大问题，解放和增强社会活力、促进社会公平正义、维护社会和谐稳定、确保党和国家长治久安的根本要求。"⑤"法治兴则国家兴，法治衰则国家乱。什么时候重视法治、法治昌明，什么时候就国泰民安；什么时候忽视法治、法治松弛，什么时候就国乱民怨。"⑥

习近平法治思想正是立足于实现中华民族伟大复兴中国梦、实现党和国家长治久安的长远考虑，深刻回答了全面依法治国的重大意义、历史地位、时代使命，为更好发挥法治在社会主义现代化建设中固根本、稳预期、利长远的保障作用提供了行动指南。正是在习近平法治思想的领航定向下，全面依法治国贯穿于"五位一体"总体布局和"四个全面"战略布局中，贯穿于改革发展稳定、治党治国治军、内政外交国防全

---

① 黄炎培：《八十年来》，北京：文史资料出版社，1982年，第148页。
② 《邓小平文选》第2卷，北京：人民出版社，1994年，第146页。
③ 中共中央文献研究室编：《习近平关于全面依法治国论述摘编》，北京：中央文献出版社，2015年，第11—12页。
④ 中共中央文献研究室编：《习近平关于全面依法治国论述摘编》，北京：中央文献出版社，2015年，第11页。
⑤ 习近平：《论坚持全面依法治国》，北京：中央文献出版社，2020年，第85页。
⑥ 中共中央文献研究室编：《习近平关于全面依法治国论述摘编》，北京：中央文献出版社，2015年，第8页。

过程各方面,有力推进了国家治理体系和治理能力现代化,有力保障了政治稳定、经济发展、文化繁荣、民族团结、人民幸福、社会安宁、国家统一,有力促进了经济快速发展、社会长期稳定"两大奇迹",有力推动了中国治理迈向"中国之治"新境界。

(二)从政治意义看,习近平法治思想深刻揭示了社会主义法治的显著优势,有利于推动全社会增强中国特色社会主义法治自信

习近平总书记在分析中国特色社会主义国家制度和法律制度在实践中的巨大优势时指出,"坚持依法治国,坚持法治国家、法治政府、法治社会一体建设,为解放和增强社会活力、促进社会公平正义、维护社会和谐稳定、确保党和国家长治久安发挥了重要作用"①。党的十九届四中全会把"坚持全面依法治国,建设社会主义法治国家,切实保障社会公平正义和人民权利"确立为我国国家制度和国家治理体系的13大显著优势之一。

习近平法治思想深刻揭示了社会主义法治的显著优越性和强大生命力。一是巩固党的执政地位的优势。社会主义法治是巩固马克思主义政党的执政地位的重要机制。"国际国内环境越是复杂,改革开放和社会主义现代化建设任务越是繁重,越要运用法治思维和法治手段巩固执政地位、改善执政方式、提高执政能力,保证党和国家长治久安。"②二是保障人民当家作主的优势。社会主义法治的根本宗旨就是保证人民在党的领导下通过各种途径和形式依法管理国家事务、管理经济和文化事业、管理社会事务,使法律及其实施有效体现人民意志、保障人民权益、激发人民创造力。三是维护社会公平正义的优势。社会主义法治把公平正义视为生命线,努力让人民群众在每一项法律制度、每一个执法决定、每一宗司法案件中都感受到公平正义。四是推进国家治理现代化的优势。社会主义法治通过确认和巩固国家根本制度、基本制度、重要制度,推动各方面制度更加成熟、更加定型,逐步实

---

① 习近平:《论坚持全面依法治国》,北京:中央文献出版社,2020年,第264—265页。

② 习近平:《论坚持全面依法治国》,北京:中央文献出版社,2020年,第2页。

现国家治理制度化、程序化、规范化、法治化。因此,在全社会深入宣传贯彻习近平法治思想,将引导全体社会成员深刻理解社会主义法治的合理性、优越性,增强中国特色社会主义法治自信,从而进一步坚定中国特色社会主义道路自信、理论自信、制度自信、文化自信。

(三)从理论意义看,习近平法治思想是中国特色社会主义法治理论的集大成者,实现了马克思主义法治理论中国化的飞跃性发展

马克思主义法治理论是由马克思、恩格斯创立,并在国际共产主义运动中不断发展的科学法治理论。中国共产党在领导中国人民进行革命、建设和改革的伟大实践中,坚持把马克思主义法治理论和中国实际相结合,推动马克思主义法治思想中国化实现了三次历史性飞跃。在新民主主义革命和社会主义建设时期,中国共产党创立了毛泽东法律思想,产生了第一次历史性飞跃。在改革开放新时期,中国共产党形成了中国特色社会主义法治理论,实现了第二次历史性飞跃。在中国特色社会主义新时代,习近平法治思想创造性地发展了中国特色社会主义法治理论,标志着马克思主义法治理论中国化的第三次历史性飞跃。

习近平法治思想坚持和贯彻了马克思主义法治理论的基本立场、观点和方法,如社会存在决定社会意识、生产力决定生产关系、经济基础决定上层建筑、人民群众是历史的创造者等基本观点,社会基本矛盾分析、阶级分析历史分析等基本方法。① 以宪法问题为例,习近平总书记强调:"宪法作为上层建筑,一定要适应经济基础的变化而变化。"② "宪法是统治阶级意志的体现。"③更为重要的是,习近平法治思想通过总结当代中国法治建设的伟大成就和鲜活经验,在法治概念、法治价值、法治发展、法治关系等问题上有许多重大突破、重大创新,极大地丰富和发展了马克思主义法治理论的理论内涵。这些具有主体性、时代性、原创性的法治理论成果,"为我们认识法治构建了科学的解释系统,

---

① 参见朱景文:《历史唯物论是习近平法治思想的重要理论基础》,《光明日报》,2020年11月27日。
② 习近平:《论坚持全面依法治国》,北京:中央文献出版社,2020年,第213页。
③ 习近平:《论坚持全面依法治国》,北京:中央文献出版社,2020年,第214页。

为我们践行法治树立了鲜明的理论旗帜,为我们研究法治确立了先进的研究范式"①。

(四)从实践意义看,习近平法治思想系统提出了新时代全面依法治国的总蓝图和施工图,为党领导人民创造法治"新奇迹"提供了科学指南

习近平总书记指出:"推进全面依法治国是国家治理的一场深刻变革,必须以科学理论为指导,加强理论思维,不断从理论和实践的结合上取得新成果,总结好、运用好党关于新时代加强法治建设的思想理论成果,更好指导全面依法治国各项工作。"②习近平法治思想是经过实践检验的具有强大解释力、预测力、变革力的法治理论体系,是新时代全面依法治国的定盘星、主心骨、度量衡。我国要实现到本世纪中叶全面建成法治国家、法治政府、法治社会的目标,必须坚持以习近平法治思想为指导,进一步凝心聚力、攻坚克难、提质增效,在"两大奇迹"的基础上再创"法治新奇迹"。

习近平法治思想对新时代全面依法治国实践的重大指引意义至少体现在以下几个方面:一是科学提出了新时代全面依法治国的目标任务。这就是,建设中国特色社会主义法治体系,建设社会主义法治国家,在法治轨道上推进国家治理体系和治理能力现代化,提高党依法治国、依法执政能力,为全面建设社会主义现代化国家、实现中华民族伟大复兴的中国梦提供有力法治保障。③ 二是科学提出了法治中国建设"分三步走"的战略安排。这就是,到2025年,中国特色社会主义法治体系初步形成;到2035年,法治国家、法治政府、法治社会基本建成;到本世纪中叶,法治国家、法治政府、法治社会全面建成。④ 三是科学提出了新时代全面依法治国的方略方法。这就是,坚持党的领导、人民当家作主、依法治国有机统一,坚持依宪治国、依宪执政,坚持统筹推进依

---

① 张文显:《习近平法治思想的理论体系》,《法制与社会发展》,2021年第1期。
② 习近平:《论坚持全面依法治国》,北京:中央文献出版社,2020年,第6页。
③ 《法治中国建设规划(2020—2025年)》,《人民日报》,2021年1月11日。
④ 《法治中国建设规划(2020—2025年)》,《人民日报》,2021年1月11日。

规治党和依法治国,坚持依法治国和以德治国相结合,坚持依法治国、依法执政、依法行政共同推进和法治国家、法治政府、法治社会一体建设,坚持全面推进科学立法、严格执法、公正司法、全民守法,坚持统筹推进国内法治和涉外法治,坚持专业力量和群众力量相融合,坚持抓关键少数和抓绝大多数相结合。①

(五)从世界意义看,习近平法治思想凝聚了法治建设的中国经验,为人类法治文明发展贡献了中国智慧

在人类法治文明史上,中国法律文明一直具有很强的话语权和影响力。古代"中华法系"在世界古老法律文明中独树一帜,在亚洲地区特别是东亚地区具有很强的影响力。"我们的先人早就开始探索如何驾驭人类自身这个重大课题,春秋战国时期就有了自成体系的成文法典,汉唐时期形成了比较完备的法典。我国古代法制蕴含着十分丰富的智慧和资源,中华法系在世界几大法系中独树一帜。先秦时代管仲、李悝、商鞅、韩非子等法家代表人物就影响深远。我们的先人留下了丰富的法制思想,'奉法者强则国强'、'法约而易行'、'法不阿贵'、'刑无等级'、'执法如山'、'王子犯法,庶民同罪'等名言脍炙人口。"②

中国共产党成立一百年来,一直领导中国人民探索和建设人类历史上新型的法律制度和法治体系。"中国共产党登上历史舞台后,在推进中国革命、建设、改革的实践中,高度重视宪法和法制建设。"③"土地革命时期,我们党在江西中央苏区建立了中华苏维埃共和国,开始了国家制度和法律制度建设的探索。"中华人民共和国成立后,"中国特色社会主义制度不断完善,中国特色社会主义法律体系也不断健全。"党的十八大以来,"中国特色社会主义制度日趋成熟定型,中国特色社会主义法治体系不断完善,为推动党和国家事业取得历史性成就、发生历史

---

① 黄文艺:《习近平法治思想要义解析》,《法学论坛》,2021年第1期。
② 习近平:《论坚持全面依法治国》,北京:中央文献出版社,2020年,第177页。
③ 习近平:《论坚持全面依法治国》,北京:中央文献出版社,2020年,第211页。

性变革发挥了重大作用"①。

习近平法治思想,既是对中华传统法律文明精髓的传承发展,又是对中国特色社会主义法治实践经验的理论升华,是向世界宣传、介绍中国法治思想成就和实践成就的亮丽名片。随着我国综合国力和国际地位的不断提升,世界上越来越多的国家和人民对中国法治感兴趣,希望了解中国特色社会主义法治的全貌和经验,希望了解中国为世界法治文明进步提供的中国方案。加强习近平法治思想的对外传播工作,必将有助于让全世界更深入地理解中国特色社会主义法治,更充分地学习借鉴中国法治建设经验,提升中国法治在全球法治舞台上的话语权和影响力。

原载于《河南大学学报(社会科学版)》2021年第3期"习近平法治思想研究"专题栏目

---

① 习近平:《论坚持全面依法治国》,北京:中央文献出版社,2020年,第262—263页。

"依法治国和依规治党有机统一"的法理意蕴与实践价值

苗连营①

引　言

"依法治国和依规治党有机统一",是习近平法治思想的重要内容,是坚持全面依法治国、全面从严治党基本方略的必然要求和内在逻辑。党的十八大以来,习近平总书记在新时代治国理政的伟大实践中,深刻辨析了党与法、治党与治国、政治与法治、依法治国和依规治党等一系列重大关系,提出了"依规治党""依法治国和依规治党有机统一"②等一系列极具理论原创性和实践引领性的重大法治概念与命题,深化了对依法执政规律、社会主义法治建设规律和人类法治文明发展规律的认识,为开辟新时代全面依法治国、全面从严治党新境界提供了系统的顶层设计、科学的思想指导、强大的实践动力。在全面建设社会主义现代化国家新征程上,中国共产党要履行好执政兴国的重大历史使命、赢

---

① 苗连营,法学博士,郑州大学法学院教授,博士生导师。
② 2016年1月12日,习近平总书记在十八届中央纪委六次全会上发表重要讲话强调:坚持全面从严治党、依规治党,创新体制机制,强化党内监督。2016年12月23日,习近平总书记就加强党内法规制度建设作出重要指示强调:必须坚持依法治国与制度治党、依规治党统筹推进、一体建设。2017年10月18日,习近平总书记在党的十九大报告中明确提出了"依法治国和依规治党有机统一"这一重大命题,并将之作为新时代坚持和发展中国特色社会主义基本方略的重要内容予以强调。

得具有许多新的历史特点的伟大斗争胜利、确保党和国家的长治久安，就必须使依法治国和依规治党相互促进、相互保障，同频共振、同向发力。

一、"依法治国和依规治党有机统一"的精神实质与价值基石

法治兴则国兴，法治强则国强；法治是人类社会文明进步的重要标志，是国家治理体系和治理能力的重要依托。"我们党执政60多年来，虽历经坎坷但对法治矢志不渝。……我们党越来越深刻认识到，治国理政须臾离不开法治。"①从建国初期的"五四宪法"到改革开放新时期的现行宪法；从十一届三中全会提出"有法可依、有法必依、执法必严、违法必究"的法制建设指导方针，到十五大首次把依法治国确立为党领导人民治理国家的基本方略并正式提出"依法治国，建设社会主义法治国家"的战略目标；从十八大把法治确定为治国理政的基本方式并提出"科学立法、严格执法、公正司法、全民守法"法治建设新16字方针，到十八届四中全会专门作出关于全面推进依法治国若干重大问题的决定及将其纳入"四个全面"战略布局予以有力推进；从十九大把坚持全面依法治国上升为新时代坚持和发展中国特色社会主义的基本方略之一，到十九大之后党中央组建中央全面依法治国委员会，并对全面依法治国又作出一系列重大决策部署，我们党始终从从全局和战略高度定位法治、布局法治、厉行法治，从而推动我国社会主义法治建设发生了历史性变革、取得了历史性成就。这不仅反映了中国共产党和中国人民对法治的不懈追求，也体现了中国特色社会主义法治建设的理论创新、制度创新、实践创新、文化创新。尤其是在这一波澜壮阔的历史进程中，形成了博大精深、立意高远、内涵深邃、逻辑严谨、体系完备的习近平法治思想，从而成为引领新时代全面依法治国的根本遵循和行动指南。

法治在社会发展和国家治理中的重要性不言而喻，尤其是在当代

---

① 习近平：《加强党对全面依法治国的领导》，《求是》，2019年第4期。

中国，"依法治国是坚持和发展中国特色社会主义的本质要求和重要保障，是实现国家治理体系和治理能力现代化的必然要求。我们要实现经济发展、政治清明、文化昌盛、社会公正、生态良好，必须更好发挥法治引领和规范作用。"当然，任何一种法治都不是纯粹的技术性规则或治理工具，"法治当中有政治，没有脱离政治的法治……每一种法治形态背后都有一套政治理论，每一种法治模式当中都有一种政治逻辑，每一条法治道路底下都有一种政治立场。"①中国特色社会主义法治更是具有鲜明的政治理论、政治逻辑、政治立场，其中，"人民性"是其最根本的政治立场和本质特征。人民是历史的创造者，是决定党和国家前途命运的根本力量；"人民是我们党执政的最深厚基础和最大底气。为人民谋幸福、为民族谋复兴，这既是我们党领导现代化建设的出发点和落脚点，也是新发展理念的'根'和'魂'"②。可以说，坚持以人民为中心，是中国共产党最核心的政治理念，也是联结依规治党和依法治国的价值纽带。"依法治国和依规治党在核心价值上的一致性以及相辅相成的内在关系决定了它们可以而且必须统筹推进。"③

中国共产党自成立伊始就把"人民"二字鲜明地写在自己的旗帜上，坚定地把实现中华民族的复兴和谋求中国人民的幸福作为自己的初心和使命。"从建党的开天辟地，到新中国成立的改天换地，到改革开放的翻天覆地，再到党的十八大以来党和国家事业取得历史性成就、发生历史性变革，根本原因就在于我们党始终坚守了为中国人民谋幸福、为中华民族谋复兴的初心和使命。"④牢记初心使命，是我们党矢志

---

① 中共中央文献研究室编：《习近平关于全面依法治国论述摘编》，北京：中央文献出版社，2015年，第4—5、34页。
② 《习近平总书记在省部级主要领导干部学习贯彻党的十九届五中全会精神专题研讨班开班式上的讲话》，http://www.xinhuanet.com/politics/leaders/2021-01/11/c_1126970918.htm，2021年1月12日。
③ 张文显：《习近平法治思想的基本精神和核心要义》，《东方法学》，2021年第1期。
④ 《中共中央政治局召开民主生活会 习近平主持会议并发表重要讲话》，http://www.xinhuanet.com/politics/2020-12/25/c_1126908944.htm，2021年1月7日。

不渝的价值理念和前行动力,也是我们党从胜利走向辉煌的制胜法宝。强烈的使命意识、坚定的政治信念、崇高的理想情怀、自觉的责任担当、不懈的探索奋斗、灿烂的辉煌成就,充分表明了中国共产党"是一个典型的马克思主义使命型政党"。① 依规治党的根本目的就在于确保我们党始终坚持全心全意为人民服务的宗旨,始终锚定民心这个最大的政治,始终把满足人民群众对美好生活的向往作为奋斗目标。而"坚持以人民为中心"同样是全面依法治国的目的性价值与终极性归宿。全面依法治国最广泛、最深厚的基础是人民,"法治建设要为了人民、依靠人民、造福人民、保护人民。"②"要把体现人民利益、反映人民愿望、维护人民权益、增进人民福祉落实到全面依法治国各领域全过程。推进全面依法治国,根本目的是依法保障人民权益。"③这就要求积极回应人民群众新要求新期待,系统研究谋划和解决法治领域人民群众反映强烈的突出问题,用法治保障人民安居乐业、实现人的全面发展,保证人民在党的领导下通过各种途径和形式管理国家事务,管理经济和文化事业,管理社会事务。"我国社会主义制度保证了人民当家作主的主体地位,也保证了人民在全面推进依法治国中的主体地位。这是我们的制度优势,也是中国特色社会主义法治区别于资本主义法治的根本所在。"④

"以人民为中心的发展思想,不是一个抽象的、玄奥的概念,不能只停留在口头上、止步于思想环节,而要体现在经济社会发展各个环节。"⑤为此,必须从根本宗旨的高度,完整、准确、全面地把握和贯彻新发展理念的核心要义与基本精神,坚持发展为了人民、发展依靠人民、发展成果由人民共享,切实解决好发展不平衡不充分的问题,使人民群

---

① 李海青:《使命型政党擘画现代化新蓝图》,《光明日报》,2020年12月2日。
② 习近平:《论坚持全面依法治国》,北京:中央文献出版社,2020年,第228—229页。
③ 习近平:《论坚持全面依法治国》,北京:中央文献出版社,2020年,第2页。
④ 习近平:《论坚持全面依法治国》,北京:中央文献出版社,2020年,第107页。
⑤ 《习近平总书记在省部级主要领导干部学习贯彻党的十八届五中全会精神专题研讨班上的讲话》,http://www.xinhuanet.com//politics/2016-05/10/c_128972667_2.htm,2016年5月28日。

众的获得感、幸福感和安全感在更高质量、更高层次上得到真正满足,使"全体人民共同富裕取得更为明显的实质性进展"的远景目标在2035年得到真正实现。实现共同富裕、让发展成果惠及全体人民,不仅是经济问题,而且是关系党的执政基础的重大政治问题,同时也是社会主义法治建设的核心关切。公正是法治的灵魂与生命线,"全心全意为人民服务的宗旨决定了我们必须追求公平正义,保护人民权益、伸张正义。"①健全公平正义法治保障制度,把公平正义的价值理念有机融入法治建设和社会发展的全过程,努力让人民群众在每一项法律制度、每一个执法决定、每一宗司法案件中都感受到公平正义,不断回应和满足人民群众在民主、法治、公平、正义、安全、环境等方面的新需求新期待,是我们党孜孜以求的法治目标;深入推进科学立法、民主立法、依法立法,坚持严格规范公正文明执法,不断深化司法责任制综合配套改革,加快构建以权利公平、机会公平、规则公平为主要内容的制度体系,充分保证人民平等参与、平等发展权利及各方面正当权益等,是新时代全面依法治国的生动实践和现实图景。因此,"我们党追求的不是一般意义上单纯以权利或义务为本位的法治,而是以社会公平正义为本位和目标的法治。"②的确,法治不仅意味着完备的立法、严格的执法和普遍的守法,更要求公平正义在实质上得到维护和实现;全面依法治国"必须牢牢把握社会公平正义这一法治价值追求",③保障和促进公平正义是社会主义法治的内在价值与核心主题。

坚持以人民为中心,体现着习近平法治思想的根本价值立场,彰显着习近平法治思想真挚的为民情怀。统筹推进依法治国和依规治党应当始终秉持人民至上和公平正义的价值理念,把人民拥护不拥护、赞成不赞成、高兴不高兴、答应不答应作为衡量其成效与得失的根本标准,切实运用法治思维和方式不断适应和满足人民群众对公平正义美好生活的向往与追求。中国共产党的性质宗旨和我国法律的民主本质决定

---

① 中共中央文献研究室编:《习近平关于全面依法治国论述摘编》,北京:中央文献出版社,2015年,第38页。
② 戴建华:《健全社会公平正义法治保障制度》,《解放军报》,2020年12月21日。
③ 习近平:《论坚持全面依法治国》,北京:中央文献出版社,2020年,第229页。

了:"依法治国和依规治党的目的,都是为了人民的根本利益。"①因此,人民性这一根本的政治底色和精神实质,成为统筹推进依法治国和依规治党的价值基石和思想指引。只有始终坚持以人民为中心,切实把"坚持依法治国和依规治党有机统一"的精神要义转化为推进法治建设的强大动力和实际举措,才能不断开创法治中国建设新局面。

  总之,坚持以人民为中心,是依法治国和依规治党共同承载的价值理念,实现公平正义,是依法治国和依规治党共同追求的理想目标。我国国家制度和法治体系具有切实保障社会公平正义和人民权利的显著优势,"依法治国和依规治党在核心价值上的一致性以及相辅相成的内在关系决定了它们可以而且必须统筹推进"②。只有始终锚定民心这个最大的政治,始终坚持坚持以人民为中心,坚持人民主体地位,坚持立党为公、执政为民,加强理论思维和科学指导,切实把"坚持依法治国和依规治党有机统一"的精神要义转化为推进法治建设的强大思想动力和实际行动举措,才能不断开创法治中国建设新局面。

二、"依法治国和依规治党有机统一"的现实依据与时代特色

  "全面推进依法治国是关系我们党执政兴国、关系人民幸福安康、关系党和国家长治久安的重大战略问题,是完善和发展中国特色社会主义制度、推进国家治理体系和治理能力现代化的重要方面。"③依法治国和依规治党有机统一、统筹推进,不是偶然的巧合或抽象的逻辑,而是关系我们党执政兴国、关系党和国家长治久安的重大战略,是实现中华民族伟大复兴、推进国家治理体系和治理能力现代化的重要举措,

---

① 郝铁川:《依法治国和依规治党中若干重大关系问题之我见》,《华东政法大学学报》,2020年第5期。
② 张文显:《习近平法治思想的基本精神和核心要义》,《东方法学》,2021年第1期。
③ 中共中央文献研究室编:《习近平关于全面依法治国论述摘编》,北京:中央文献出版社,2015年,第7页。

是引领和保障中国特色社会主义巍巍巨轮行稳致远的根本之策、长远之策，因而具有充分的现实依据和鲜明的时代特色。

中国共产党是我国的最高政治领导力量，也是执掌国家政权、运用国家政权的长期执政党。领导党和执政党的双重身份和使命责任，决定了治党与治国密不可分、相辅相成。治国必先治党，只有把党建设的坚强有力，永葆党的先进性、纯洁性，才能更好地履行执政兴国的历史重任。同时，由于我们党是全世界最大的政党，有9000多万名党员、460多万个基层党组织，95%以上的领导干部、80%的公务员是共产党员，是具体行使党的执政权和国家立法权、行政权、监察权、司法权的公职人员，因此，办好中国的事情，关键在党；全面依法治国的成效如何，也关键在党。"依规治党深入党心，依法治国才能深入民心。"①只有党员领导干部带头尊崇法治、捍卫法治，厉行法治，充分发挥党领导立法、保证执法、支持司法、带头守法的政治优势，才能带动全社会形成尊法学法守法用法的良好氛围，才能为推进全面依法治国提供根本保证。为此，就必须坚持依规治党、制度治党、从严治党，将正风肃纪反腐与深化改革、完善制度、促进治理贯通起来，使中国共产党始终成为中国特色社会主义事业的坚强领导核心，确保全面依法治国始终沿着正确的方向和道路前进。

党的领导是中国特色社会主义法治的本质特征和根本保证。依规治党是依法治国的必要前提和重要保障，而依法治国则是依规治党的内在要求和法治基础，"依法治国实现不了，依规治党也不可能真正实现"②。在我国，法是党的主张和人民意志的统一体现，"党领导人民制定宪法法律，领导人民实施宪法法律，党自身要在宪法法律范围内活动"③。宪法法律是规范和约束一切组织和个人的行为规则，任何组织或者个人都不得有超越宪法法律的特权；一切违反宪法法律的行为，都必须予以追究。"我们说不存在'党大还是法大'的问题，是把党作为一个执政整体而言的，是指党的执政地位和领导地位而言的，具体到每个

---

① 习近平：《加强党对全面依法治国的领导》，《求是》，2019年第4期。
② 袁曙宏：《坚持党对全面依法治国的领导》，《人民日报》，2021年1月18日。
③ 习近平：《论坚持全面依法治国》，北京：中央文献出版社，2020年，第3页。

党政组织、每个领导干部,就必须服从和遵守宪法法律,就不能以党自居,就不能把党的领导作为个人以言代法、以权压法、徇私枉法的挡箭牌。"①这是对党和法的关系的科学认识,也是统筹推进依法治国和依规治党的逻辑前提。"服从和遵守宪法法律",不仅是党的纪律和规矩,同时是宪法和党章的明确规定和要求。"新形势下,我们党要履行好执政兴国的重大职责,必须依据党章从严治党、依据宪法治国理政。"②宪法第五条规定:"一切国家机关和武装力量、各政党和各社会团体、各企业事业组织都必须遵守宪法和法律。……任何组织或者个人都不得有超越宪法和法律的特权。"而且从1982年宪法的立宪原意看,这里的"政党"和"组织"首先指向的就是执政党。③ 党章对此更是有着明确的规定,党章不仅在总纲部分特别强调"党必须在宪法和法律的范围内活动",而且还将"模范遵守国家的法律法规"列为党员必须履行的一项义务。由此,宪法和党章不仅是依法治国和依规治党的最高规范依据,而且也使得依法治国和依规治党在最根本的党内法规和国家根本法层面实现了深度融合与贯通。

"党和法的关系是政治和法治关系的集中反映。"在我国社会主义法治建设中,"党和法的关系是一个根本问题,处理得好,则法治兴、党兴、国家兴;处理得不好,则法治衰、党衰、国家衰"④。依法治国和依规治党的有机统一,实际上就是党和法的关系在管党治党与治国理政层面的科学定位和具体展开。一方面必须坚持党对全面依法治国的领导,另一方面要坚持全面从严治党。勇于自我革命,从严管党治党、依

---

① 中共中央文献研究室编:《习近平关于全面依法治国论述摘编》,北京:中央文献出版社,2015年,第37页。

② 习近平:《论坚持全面依法治国》,北京:中央文献出版社,2020年,第15页。

③ 在1982年宪法起草过程中,时任全国人大常委会委员长彭真曾经指出:宪法修改草案中规定的"各政党"当然包括我们党,并且首先是我们党;"任何组织或者个人"当然包括我们党的组织、共产党员,并且首先是我们党的组织、共产党员。参见韩大元:《论党必须在宪法和法律范围内活动原则》,《法学评论》,2018年第5期。

④ 中共中央文献研究室编:《习近平关于全面依法治国论述摘编》,北京:中央文献出版社,2015年,第33页。

规治党,是我们党最鲜明的品格。统筹推进依法治国和依规治党,是党的十八大以来依法执政、依法治国的经验总结和实践升华,是坚持在法治轨道上推进国家治理体系和治理能力现代化的题中应有之义。

国家治理体系和治理能力现代化首先就是国家治理的"法治化"。"一个现代化国家必然是法治国家",因为,"法治是国家治理体系和治理能力的重要依托。只有全面依法治国才能有效保障国家治理体系的系统性、规范性、协调性,才能最大限度凝聚社会共识"[①]。这一科学论断深刻揭示了法治与现代化之间的内在联系,指明了国家治理现代化的基本路径和发展方向。"现代化"不仅是当下我国哲学社会科学领域广泛使用的一个高频词汇,更体现在百年以来中国共产党对现代化锲而不舍、孜孜以求的探索与实践中。在党的十八届三中全会上,习近平总书记高屋建瓴地将"完善和发展中国特色社会主义制度、推进国家治理体系和治理能力现代化"确立为全面深化改革的总目标,从而极大拓展了现代化的内涵与外延,使传统的物质层面的现代化上升到了制度层面的现代化。党的十九大报告进一步强调:必须坚持和完善中国特色社会主义制度,不断推进国家治理体系和治理能力现代化。党的十九届四中全会则专门对坚持和完善中国特色社会主义制度、推进国家治理体系和治理能力现代化做出了系统性的战略部署与安排。党的十九届五中全会站在"两个一百年"的历史交汇期,科学擘画了"十四五"规划与二〇三五年远景目标的中国现代化新蓝图。"在统筹推进伟大斗争、伟大工程、伟大事业、伟大梦想的实践中,在全面建设社会主义现代化国家新征程上,我们要更加重视法治、厉行法治,更好发挥法治固根本、稳预期、利长远的重要作用,坚持依法应对重大挑战、抵御重大风险、克服重大阻力、解决重大矛盾。""要发挥依法治国和依规治党的互补性作用,确保党既依据宪法法律治国理政,又依据党内法规管党治党、从严治党。"[②]这就要求把党和国家工作全面纳入法治化轨道,坚持依法治国和依规治党统筹推进、一体建设,着眼推进国家治理体系、治

---

① 习近平:《论坚持全面依法治国》,北京:中央文献出版社,2020年,第3页。
② 习近平:《论坚持全面依法治国》,北京:中央文献出版社,2020年,第3—4、231页。

理能力现代化和建成法治国家、法治政府、法治社会的远大目标,固根基、扬优势、补短板、强弱项,切实增强法治中国建设的时代性、针对性、实效性,确保我国社会在深刻变革中既生机勃勃又井然有序。

全面推进依法治国是国家治理领域一场广泛而深刻的革命,也是一场深刻的社会变革和长期的历史变迁。国际国内环境越是复杂多变,改革开放和社会主义现代化建设任务越是艰巨繁重,越要把依法治国和依规治党摆在更加突出和重要的位置,越要运用法治思维和法治手段巩固党的执政地位、改善党的执政方式、提高党的执政能力,以为全面建设社会主义现代化国家、实现中华民族伟大复兴奠定稳固的制度根基和法治基础。

三、"依法治国和依规治党有机统一" 的法治化路径与方略

"全面推进依法治国,是我们党从坚持和发展中国特色社会主义出发、为更好治国理政提出的重大战略任务,也是事关我们党执政兴国的一个全局性问题。"①时至今日,依法治国和依规治党一体推进,已经共同构成法治中国的"'双驱'结构"②。科学探索统筹推进依法治国和依规治党的法治化路径与方略,是促进依法治国和依规治党优势互补、相互促进、同向发力的前提和关键。

(一)坚持党的集中统一领导

"党的领导是中国特色社会主义法治之魂,是我们的法治同西方资本主义国家的法治最大的区别。"③把党的领导贯彻到依法治国全过程和各方面,是我国社会主义法治建设的一条基本经验。习近平法治思

---

① 中共中央文献研究室编:《习近平关于全面依法治国论述摘编》,北京:中央文献出版社,2015年,第7页。
② 叶海波:《法治中国的历史演进:兼论依规治党的历史方位》,《法学论坛》2018年第4期。
③ 中共中央文献研究室编:《习近平关于全面依法治国论述摘编》,北京:中央文献出版社,2015年,第35页。

想中的第一个坚持就是"坚持党对全面依法治国的领导",并强调"党的领导是推进全面依法治国的根本保证"。可以说,坚持党的领导是习近平法治思想的首位原则与基本精神。

统筹推进依法治国和依规治党,是一项涉及改革发展稳定、治党治国治军、内政外交国防等各领域的复杂系统工程,更需要在党中央集中统一领导下,立足全局和长远、聚焦突出问题和明显短板,加强统筹谋划、总体布局、协调推进。同时,现阶段依法治国和依规治党实际工作中面临着诸多深刻复杂的矛盾和艰巨繁重的任务,"立法、执法、司法、守法等方面都存在不少薄弱环节,法治领域改革面临许多难啃的硬骨头,迫切需要从党中央层面加强统筹协调"①,迫切需要发挥党的领导的"定海神针"作用,立足全局和长远,加强顶层设计、统筹谋划、总体布局、协调推进,筑法治之基、行法治之力、积法治之势,努力形成依法治国和依规治党相辅相成、相互促进、相互保障的良性互动局面,真正使依法治国和依规治党有机统一的制度优势转化为治理效能。

"坚持党对全面依法治国的领导",不是一句空洞的口号或抽象的原则,而是一个内涵丰富、指向明确、生动鲜活的政治命题、法治命题、理论命题和实践命题。这不仅体现在法治建设的指导思想、基本原则、发展道路、目标任务、战略部署、重大举措上,也具体体现在党领导立法、保证执法、支持司法、带头守法的全过程各方面。要充分发挥党总揽全局、协调各方的领导核心作用,就必须健全党领导全面依法治国的制度和工作机制。"推进党的领导制度化、法治化,既是加强党的领导的应有之义,也是法治建设的重要任务。"②党的十八大以来,党领导全面依法治国的制度体系更加健全、组织动员更加坚强有力,特别是中央全面依法治国委员会的成立,实现了党对全面依法治国的集中领导、高效决策、统一部署。在2018年启动的党和国家机构改革过程中,县级以上地方各级党委也相应成立统筹协调本地区法治工作的决策议事协调机构,履行对本地区本部门法治工作的领导责任。党领导全面依法治国的制度和工作机制的不断健全与完善,为统筹整合各方面资源和

---

① 《习近平谈治国理政》第三卷,北京:外文出版社,2020年,第112页。
② 习近平:《论坚持全面依法治国》,北京:中央文献出版社,2020年,第223页。

力量深入推进依法治国、依规治党,找准突破点、着力点和切入点,破除深层次体制机制障碍、解决重大矛盾与瓶颈问题,形成治国理政的最大合力与效能,提供了有效的制度保障和组织保障。

"坚持党的领导,是社会主义法治的根本要求,是党和国家的根本所在、命脉所在,是全国各族人民的利益所系、幸福所系,是全面推进依法治国的题中应有之义。"①统筹推进依法治国和依规治党,绝不是要虚化、弱化甚至动摇、否定党的领导,而是为了进一步巩固党的执政地位、改善党的执政方式、提高党的执政能力,是为了从根本上激发和释放社会活力、实现社会公平正义、促进社会和谐稳定、保证党和国家长治久安。

(二)注重党内法规同国家法律的衔接协调

"中国特色社会主义法治体系",是习近平法治思想中"最具原创性、时代性的概念和理论","凝聚着我们党治国理政的理论成果和实践经验,凝聚着中华民族治理国家的智慧和人类制度文明的精髓"。② 完备的法律规范体系和完善的党内法规体系同为中国特色社会主义法治体系的重要组成部分,是"中国之治"的制度根基。

建设中国特色社会主义法治体系,既需要形成完备的法律规范体系,坚持民主立法、科学立法、依法立法,努力使每一项立法都符合宪法精神、反映人民意愿、得到人民拥护,充分发挥立法的引领、推动、规范、保障作用,做到重大改革于法有据、立法主动适应改革和经济社会发展需要,以良法促进善治、保障发展;又需要以党章为根本,以民主集中制为核心,加快形成覆盖党的领导和党的建设各方面的完善的党内法规体系,运用党内法规把党要管党、从严治党落到实处。"党内法规既是管党治党的重要依据,也是建设社会主义法治国家的有力保障。党章

---

① 习近平:《论坚持全面依法治国》,北京:中央文献出版社,2020年,第92页。
② 张文显:《习近平法治思想的基本精神和核心要义》,《东方法学》,2021年第1期。

是最根本的党内法规,全党必须一体严格遵行。"①因此,依法治国、依规治党,不仅有赖于完备的国家法律体系,同时必须有完善的党内法规体系,二者统一于建设中国特色社会主义法治体系的伟大实践。目前,我国已经形成了以宪法为核心的中国特色社会主义法律体系,内容科学、程序严密、配套完备、运行有效的党内法规制度体系也已基本形成。由此,"国家法律和党内法规共同成为党治国理政、管党治党的重器",②并为深入推进依法治国和依规治党提供了明确的规范依据。

统筹推进依法治国和依规治党的一个重要路径和实现机制,就是注重党内法规与国家法律的衔接协调。"党内法规是对党组织和党员活动的规范,其核心功能是保证党的领导权和长期执政权正确行使。"③党的十八届四中全会明确将党内法规纳入中国特色社会主义法治体系,并将"衔接和协调"确立为党内法规与国家法律的关系定位。《中国共产党党内法规制定条例》进一步将"注重党内法规同国家法律衔接和协调"确立为党内法规制定的基本原则,并作出了相应的制度设计与安排。当然,"衔接和协调"并不意味着党内法规与国家法律在功能属性和运行机制上的相互趋同或替代,相反,二者之间存在的客观差异不仅是"衔接和协调"的必要前提,也是予以统筹推进的逻辑起点。所谓"衔接协调",就是相互之间既不能脱节断档、交叉重复,更不能错位越位、相互冲突,而应当在规划、起草、制定、实施等环节实现互联互通、密切协同,在规范内容、功能定位、运作机理、目标取向上各有侧重并相辅相成、相互促进、相互保障。

治国必先治党,治党务必从严,从严必依法度。显然,这里的"法度"不仅包括党内法规制度体系,也包括国家法律规范体系。要实现党内法规与国家法律的衔接协调,就必须"完善党内法规制定体制机制,

---

① 《中共中央关于全面推进依法治国若干重大问题的决定》,《求是》,2014 年第 21 期。

② 王岐山:《坚持党的领导依规管党治党为全面推进依法治国提供根本保证》,《人民日报》,2014 年 11 月 3 日。

③ 张文显:《习近平法治思想的基本精神和核心要义》,《东方法学》,2021 年第 1 期。

加大党内法规备案审查和解释力度……提高党内法规执行力,促进党员、干部带头遵守国家法律法规"①。无论是在国家立法领域,还是在党内法规领域,备案审查都是维护法制统一和权威的重要制度安排,坚持有件必备、有备必审、有错必纠,是近年来我国立法工作中的一项基本原则和要求,《中国共产党党内法规制定条例》《中国共产党党内法规和规范性文件备案审查规定》已对此做出了明确规定。② 为此,在现有做法和经验的基础上,建立健全党规国法的备案审查衔接联动机制,不断强化备案审查制度的刚性约束和实际功效,对于提高立法质量和效率、统筹推进依法治国和依规治党具有重要意义。

(三) 强化对权力运行的制约和监督

中国共产党能不能履行好执政兴国的重大历史使命,关键一条就是能不能形成科学有效的权力运行制约和监督体系,从而真正做到立党为公、执政为民、依法履职、秉公用权。"没有监督的权力必然导致腐败,这是一条铁律。"③"纵观人类政治文明史,权力是一把双刃剑,在法治的轨道上行使可以造福人民,在法律之外行使则必然祸害国家和人民。"④因此,通过有效的监督制约机制,确保一切公权力始终在法治框架内规范运行而不被滥用,是现代法治的核心命题,也是依法治国和依规治党的共同主旨与关切。

在我国,党的领导是全面的、系统的、整体的,其范围不仅包括党自

---

① 《中共中央关于全面推进依法治国若干重大问题的决定》,《求是》,2014年第21期。

② 《中国共产党党内法规制定条例》《中国共产党党内法规和规范性文件备案审查规定》分别在前置审核、备案审查等环节建立起了健全党规国法的备案审查衔接联动机制,从而为推进党内法规与国家法律的衔接协调设计了重要的制度安排。参见《中国共产党党内法规制定条例》第13条、第23条、第27条,《中国共产党党内法规和规范性文件备案审查规定》第4条、第12条、第25条等。

③ 中共中央文献研究室编:《十八大以来重要文献选编(上)》,北京:中央文献出版社,2014年,第342页。

④ 中共中央文献研究室编:《习近平关于全面依法治国论述摘编》,北京:中央文献出版社,2015年,第37—38页。

身的建设和管理,还包括政治、经济、社会、文化、生态、军事、外交等方面的国家事务,"党政军民学,东西南北中,党是领导一切的。""执政就是执掌国家政权,执政过程也是权力运行的过程。"①在此意义上,党内权力和国家权力一样同属于公权力的范畴,自然也都应该受到法治意义上的监督和约束。因此,"要把监督贯穿于党领导经济社会发展全过程,把完善权力运行和监督制约机制作为实施规划的基础性建设,构建全覆盖的责任制度和监督制度"②。实际上,"中国共产党依规治党的核心内容是权力的有效制约监督"③。正因如此,秉持有权必有责、用权受监督的法治理念,围绕授权、用权、制权等重点领域和关键环节切实扎紧扎密制度的笼子,不断完善权力配置和运行的防范机制、矫正机制、问责机制等监督制约机制,持之以恒实现不敢腐、不能腐、不想腐一体推进战略目标,是新时代管党治党、全面从严治党的主基调。这不仅是对权力制约监督的实践探索,更体现了对权力运行规律认识的理论深化和制度创新。

党和国家监督体系是中国特色社会主义制度的重要组成部分。党的十八大以来,以习近平同志为核心的党中央,把全面从严治党纳入"四个全面"战略布局,坚持思想建党和制度治党同向发力、依规治党和依法治国有机统一,坚持对所有行使公权力的公职人员监督全覆盖,坚持让人民监督权力、使权力在阳光下运行、把权力关进制度的笼子,推动党内各项监督以及党内监督同国家机关监督、民主监督、司法监督、群众监督、舆论监督有机结合、协调联动,不断强化监督制度的合力与实效,形成了党统一领导、全面覆盖、权威高效的监督体系;同时,通过制定修订党章、新形势下党内政治生活若干准则、廉洁自律准则、党内监督条例、巡视工作条例、党纪处分条例、问责条例、党务公开条例等党内法规,以及宪法、监察法、刑法、刑事诉讼法、行政诉讼法等国家法律,

---

① 肖培:《强化对权力运行的制约和监督》,《人民日报》,2019 年 12 月 16 日。
② 《习近平在十九届中央纪委五次全会上发表重要讲话强调 充分发挥全面从严治党引领保障作用 确保"十四五"时期目标任务落到实处》,https://wap.peopleapp.com/article/6118348/6027219,2021 年 1 月 23 日。
③ 叶海波:《中国共产党依规治党的法治基因及其百年历史演进》,《武汉大学学报(哲学社会科学版)》,2021 年第 1 期。

构建起了规、纪、法贯通的制度体系。① 这样一套科学规范、系统完备且深具中国特色的监督体系,把管党治党和治国理政有机统一、协调贯通,极大增强了党自我净化、自我完善、自我革新、自我提高能力,对确保党和人民赋予的权力始终在正确的轨道上运行、切实把我国的制度优势转化为治理效能发挥了重要作用。

结　语

依法治国和依规治党有机统一,是新时代全面依法治国和全面从严治党的题中应有之义,是坚持和发展中国特色社会主义基本方略的重要内容。尽管依法治国与依规治党有着不同的存在形式、规范重点和运作机制,却承载着共同的法治理念、价值内涵和目标指向,蕴含着深厚的法理意蕴与丰富的实践价值。准确理解和科学定位二者之间的相互关系,既需要依循政党与法治的基本原理,更需要立足中国国情和政治发展的独特经验与优势。当今世界正经历百年未有之大变局,我国正处于实现中华民族伟大复兴的关键时期,面临的各方面任务之繁重、各种风险挑战之严峻前所未有。在这一历史进程之中,"实现党、国家、社会各项事务治理制度化、规范化、程序化,不断提高运用中国特色社会主义制度有效治理国家的能力",②就显得尤为必要和迫切。"依规治党和依法治国是中国特色社会主义法治的一体两翼",③统筹推进依法治国和依规治党正是应对管党治党和治国理政重大时代课题的战略性部署,是坚定不移贯彻依法治国基本方略和依法执政基本方式的必然要求,是坚定不移全面从严治党和推进党风廉政建设的重大举措。作为中国特色社会主义法治理论的标志性创新成果,习近平法治思想科学回答了统筹推进依法治国和依规治党的政治立场、价值取向、发展

---

① 参见肖培:《强化对权力运行的制约和监督》,《人民日报》2019年12月16日。
② 习近平:《坚定制度自信不是要固步自封》,http://www.xinhuanet.com/politics/2014－02/17/c_119373758.htm,2014年3月1日。
③ 黄文艺:《习近平法治思想中的未来法治建设思想研究》,《东方法学》,2021年第1期。

模式、动力机制、路径方法等一系列重大理论和实践问题,从而引领着当代中国法治建设和党的建设的深刻变革与发展。

原载于《河南大学学报(社会科学版)》2021年第3期,《高等学校文科学术文摘》2021年第4期全文转载

司法公正概念的反思和重构
——以法律论证理论为基础

王夏昊[①]

一、对传统司法公正概念的反思

司法公正是中国特色社会主义法治建设和法治理论的核心问题之一。何谓司法公正？在中国法学界，不同的人持有不同的观点：第一种观点主张司法公正包括了实体公正和程序公正；[②]第二种观点主张司法公正是程序公平、实体公正和制度正义三者的结合；[③]第三种观点认为司法公正是由司法的权威性、司法活动被社会伦理的认同、司法制度的正义和司法程序的合理性等要素构成的综合体；[④]第四种观点认为司法公正是由司法制度合理、司法程序合理、裁判结论确定、法官形象端正和司法环境良好等要素组成的。[⑤] 在这四种观点之中，有的观点中所谓的司法公正的要素并不是判断司法是否公正的标准，而是保证司法公正实现的条件，例如第二种观点中的"制度正义"，第三种观点中的"司法权威""司法制度的正义"，第四种观点中的"司法制度的合理

---

① 王夏昊，法学博士，中国政法大学法理学研究所教授。
② 何家弘：《司法公正论》，《中国法学》，1999年第2期；公丕祥，刘敏：《论司法公正的价值蕴含及制度保障》，《法商研究》，1999年第5期；陈光中：《司法公正与法治建设——第三届中国法治论坛观点精选》，《中国政法大学学报》，2011年第3期；章武生：《程序保障：司法公正实现的关键》，《中国法学》，2003年第1期。
③ 徐显明：《何为司法公正》，《文史哲》，1999年第6期。
④ 姚莉：《司法公正要素分析》，《法学研究》，2003年第5期。
⑤ 王晨：《司法公正的内涵及其实现》，北京：知识产权出版社，2013年，第2页。

性""法官形象端正""司法环境良好"。从逻辑的角度看,司法公正的概念和如何保证司法公正实现的条件是两个不同的问题,而且后者的设定依赖于对前者的界定。这就意味着我们在界定司法公正的概念或组成要素时,不能将如何保证司法公正实现的条件包括进去。从这个角度出发,中国法学界关于界定司法公正的概念或组成要素,只有两个标准或要素,即实体公正和程序公正。这两者之间的关系如何?

虽然中国法学界的研究者对于何谓实体公正和程序公正有不同的界定,但是他们都主张程序公正处于优先地位,即使那些强调实体公正与程序公正并重的研究者在论述如何保证司法公正及其实现途径与措施时,主体的论述内容还是程序公正方面的内容。① 中国的法学研究者为什么强调程序公正或者在研究内容方面主要论述程序公正?是因为他们认为实体公正的实现存在着困难。例如,何怀宏教授认为:"由于司法人员在认定案件事实上存在着模糊性和误差的可能性,由于实体意义上的司法公正是以准确认定案件事实为基础的,所以实体公正也是有局限性和模糊性的。"②很显然,这种观点认为,因为决定实体公正的前提——案件事实认定存在的困难导致了实体公正的实现困难,所以我们要追求程序公正。问题在于决定实体公正的前提不仅有案件事实还有法律适用,那么法律适用存在困难吗?案件事实的认定和法律适用之间的关系如何?这两者与程序的关系又是怎样的呢?如果说程序公正可以在一定程度上能解决或缓解案件事实认定的困难,那么程序公正是否能够而且在多大程度上解决或缓解法律适用的困难?作者显然没有意识到这些问题。又如,徐显明教授认为:"结果公正的实质正义却是人们主观最难评价与衡量的,由于评价主体法律认识能力的差异以及受主观期望与司法结果之间反差程度的影响,相同的结果,不同的人会有不同的公正感,这样,程序公平对于司法公正的界定与维

---

① 陈光中教授指出:"我国长期存在着重实体、轻程序的理念和做法,当前应当着重予以纠正,努力实现刑事程序的正当性,并应当在立法上和司法上建立程序制裁制度,以保证程序公正的实现。"陈光中:《坚持程序公正与实体公正之我见——以刑事司法为视角》,《国家检察官学院学报》,2007年第2期。另外请参见公丕祥,刘敏:《论司法公正的价值蕴含及制度保障》,《法商研究》,1999年第5期。

② 何家弘:《司法公正论》,《中国法学》,1999年第2期。

护就有着至关重要的意义。"①这种观点认为实体公正是个主观评价问题,而且评价的主体是社会中的人。我们不能否认在法律判断中存在着具有主观性的价值判断,也不否认因其主观性而导致不同的人会有不同的判断或评价。但是,问题在于,法律中的价值判断或评价就没有一些标准或方法可以遵循吗?就没有一些思考步骤来检验吗?答案是有。如果答案是没有,那么,法官适用法律解决具体案件获得的法律决定就不具有一定的客观性、确定性和可预测性。即使法官在审理案件的过程中遵循的程序是正当的,也不意味着它适用法律解决具体案件获得的决定就是正当的。这其中的原因取决于程序与法官适用法律之间的关系。对于该关系的说明,我们将在下文具体论述。更为重要的是,如果我们承认法官适用法律解决具体案件获得正当法律决定的过程中的评价或价值判断有方法,而且这些方法就是我们通常所谓的法学方法,那么,对司法公正中的实体公正是否公正进行评判的主体就不可能是那些没有掌握法学方法的人。因此,徐显明教授所谓的实体公正的评价主体就不可能是正确的了。总之,那些主张程序公正优先的研究者对论述程序公正为什么优先的原因是不恰当的,但是,他们的论述和分析的缺陷至少提示或启发我们应该如何思考司法公正。

即使我们承认程序公正具有优先性,那么,公正的司法程序(即便是符合最完备的程序公正的标准的司法程序)就能保证司法是公正的吗?答案是否定的,原因在于,司法程序公正既不可能是一种纯粹的程序正义,也不可能是一种完善的程序正义,而是一种不完善的程序正义。②"程序公正并不必然导致司法公正",这个观点是那些主张实体公正与程序公正并重的研究者已承认的,那么,他们为什么在论述司法公正实现时的主体内容仍然是程序公正?一方面的原因是,他们认为,在当今的中国,实现司法公正的关键障碍是中国的诉讼程序制度不符合程序公正的要求;另一方面的原因有可能是他们没有真切地认识到

---

① 徐显明:《何为司法公正》,《文史哲》,1999年第6期。
② 关于纯粹程序正义、完善程序正义和不完善程序正义之间的区分与论述,请参见罗尔斯著,何怀宏,何包钢,廖申自译:《正义论》,北京:中国社会科学出版社,1988年,第80—83页。

我们应该从哪个维度判断实体是否公正，以及从哪个维度思考保证实体公正的实现。也许在他们的潜意识之中，只有程序公正才是保证实体公正以及司法公正实现的唯一途径了。

综上所述，中国法学界关于司法公正的论述侧重于程序公正。这种观点不能正确地说明法律适用的问题，也不能解决法律适用中的价值判断或评价问题。因此，这种观点在最终的分析层面上不能够全面地分析和论述如何判断司法是否公正的问题。导致这些问题的原因在于，这种关于司法公正的论述是建立在未对司法活动及其性质予以分析的基础之上的，换言之，我们想全面地分析和论述司法公正的问题就必须先对司法活动及其性质予以分析。

二、司法活动的概念和性质

所谓的司法活动就是指特定国家的法官按照一定的诉讼程序审理个案纠纷时，将该国家现行有效的法律规范适用于具体案件事实获得一个正当法律决定的过程或活动。为了正确理解这个概念，我们需要把握以下几个方面：首先，从逻辑的角度看，司法活动的性质是一个做法律决定（legal decision—making）的过程或活动。在法律语言和普通语言中，"法律决定"这个术语有不同的意义，在这里，它是指司法决定。与其他法律决定不同，司法决定是被作为解决社会冲突的建立在现行有效的法律规范基础之上的法律决定。① 这个意义上的"做法律决定"被大陆法系的法学家称为法律适用（application of law）。② 其次，司法活动的主体是法官，而不包括检察官、律师和当事人。我们不可否认检察官、律师和当事人是诉讼活动的主体，但是他们不是诉讼活动过程中做法律决定的主体。即使在诉讼活动中其他主体尤其是检察官也做出了法律判断或一定意义上的法律决定，该法律判断或决定最终只是向法官提出一个主张，这个主张只是在说，"法官您

---

① Jerzy Wróblewski, "Legal Decision and Its Justification", Legal Reasoning, Brussels, 1974, 409.

② Peczenik, On Law and Reason, Kluwer Academic Publishers, 1989, 29.

应该如此如此地判决"①。这也就是说在诉讼活动中能够最终做出对所有诉讼主体有法律约束力的法律决定的人只能是法官。因此，只要我们将司法活动定位为做法律决定的活动或过程，那么，这个活动的主体就只能是法官。再次，法官所做的法律决定只是指其按照一定的诉讼程序审理个案纠纷所做的法律决定。这也就是说并不是法官在任何时间任何地方针对任何事所做的所有的决定都是我们这里所谓的"法律决定"。例如，在我国，最高人民法院所做的司法解释的决定，就不是我们所谓的法律决定。最后，任何特定法律决定都是法官按照推理规则从作为大前提的法律规范和作为小前提的案件事实中推导出来的。这也就是说任何特定法律决定的做出都是以法律规范的确定和案件事实的确认为前提的。

  从前述的分析可以看到，司法活动或做法律决定的过程中涉及下列因素：制度、程序、法律适用的技艺或技术和方法等。这里，所谓的"制度"主要是指特定国家的法官制度以及该制度所运行于其中的宏观司法制度；所谓的程序主要是指特定国家关于法官审理个案纠纷的诉讼程序；所谓法律适用的技艺或技术和方法主要是指法官确定大小前提以及从大小前提中推导出法律决定的技艺或技术和方法。这三者之间关系如何？一般来说，在特定的时空条件下，特定国家的法官针对个案纠纷适用法律所做的法律决定都是在既定的制度与程序之中做出，也就是说制度与程序是不变量，做法律决定过程中的技艺或技术和方法是可变量。原因在于，在现实的司法活动中，法官面对的案件，永远不可能是完全相同的案件也永远不可能是完全不相同的案件，他不仅要考虑具有一般性的现行有效的法律规范的规定，也要考虑特定案件的特殊性要求。更为重要的是，特定国家的法官制度以及诉讼程序制度的设计和制定取决于对法官针对个案纠纷适用法律而做法律决定的活动或过程的分析和定性。这也就是说，制度和程序的设计和建构是针对适用法律的技艺或技术和方法在保证做正当法律决定的过程中所存在的缺陷。无论是制度、程序还是适用法律的技艺、技术或方法，都是保证法官所做的法律决定是正当的，即实现司法公正，只不过制度和

---

① 颜厥安：《规范、论证与行动——法认识论论文集》，台北：元照出版社，2004年，第21页。

程序是保证司法公正实现的外在条件,而适用法律的技艺或技术和方法是内在条件。例如,在现代民主法治国家中,为什么并不是任何人都可能成为法官呢?为什么只有那些经过专门的法学教育和法律训练的人才可能成为法官呢?这种制度本身就预设了适用法律的活动是一种科学活动,有其专门的技艺或技术和方法。既然如此,你就必须承认只有掌握了这种专门技艺或技术和方法的人,才能从事这种科学活动,没有掌握这种专门技艺或技术和方法的人是无能力也无资格从事这种科学活动的。既然无能力无资格,那么,普通人也就无能力无资格从科学的角度和专门职业的角度来判断这种活动的结果——法律决定——是否正当或公正。也就是在这个意义上,司法才应该是独立的,也就是说司法之所以独立根本原因在于司法活动是一种科学活动,有其专门的技艺或技术和方法。

既然制度和程序是保证司法公正的外在条件,法律适用的技艺或技术和方法保证司法公正的内在条件,前者是针对后者在做正当法律决定中的缺陷而被设计和构建的;那么,后者的缺陷是什么呢?前者又是如何弥补后者的缺陷呢?这些问题的回答取决于我们对法官做法律决定的活动的特质的回答。

法官做法律决定的活动是在特定司法制度和诉讼程序的框架中通过根据现行有效的一般法律规范向法律决定的承受者分配法律权利和法律义务的方式裁决待决案件的活动。除去司法制度和诉讼程序,从逻辑的角度看,法官做法律决定在整体上就是从特定法体系中的一个一般法律规范和关于特定案件的事实的命题中推论出一个个别法律规范。① 在这个意义上,法官所做的法律决定本身是一个个别法律规范,或者说法官所做的法律决定被作为一个个别法律规范。因此,法官做法律决定的过程就是对特定个别法律规范进行证成的过程。从语言表达或命题类型看,任何表达规范或法律规范的语句或命题都是关于命令、禁止和允许的语句或命题。这样的语句或命题被称为实践或规范性语句或命题(以下简称为规范性命题)。在这个意义上,法官做法律

---

① Jerzy Wróblewski,"Legal Decision and Its Justification", Legal Reasoning, Brussels,1974,411.

决定的过程就是对特定规范性命题进行证成的过程。这就意味着法官做决定的过程就不可能是对特定描述性命题进行证成的过程,也就意味着人们不能运用证成描述性命题的方式和标准对规范命题进行证成。原因在于,描述性命题和规范性命题是两种不同性质的命题。前者是再现自然事实和社会事实的,人们在表达前者时采取客观立场,命题中所包含的真的要求是可以用客观事实来证明或满足的。后者是表达规范的,规范本身已与事实联系在一起,即语句表达的规范本身就已经与社会事实结合在一起,这就意味着社会事实是受到规范调节的社会事实,因此,规范命题中的有效性要求不可能是由社会事实来满足的,而是由遵循规范的行动来满足的。两者的性质不同就决定了论证两者的理由是不同的,论证描述性命题的理由是语义学上的或经验上的理由,论证规范性命题是语用学上的理由。①

既然法官做决定的过程是对实践命题或规范性命题进行证成的过程,那么,在逻辑上,法官对实践命题或规范性命题的证成就应该运用或遵守普遍或一般理性实践商谈(general rational practical discourse)程序。普遍或一般理性实践商谈程序是商谈理论所主张并予以证成的。商谈理论认为在可证明性和武断性之间存在着另外一个东西,即理性(rationality),它是一个关于实践理性的程序理论。根据这个理论,如果一个实践或规范性命题是一个理性实践商谈的结果,那么,该实践或规范性命题就是正确的或正当的,即具有正当有效性。② 那么,一个理性实践商谈的前提要件或程序构成要件有哪些? 这取决一个关于理性的观念。虽然存在着关于理性的各种概念,但是,这个概念可以通过以下六个原则而得到完整的刻画:(1)一致性原则;(2)效率原则;(3)可审查原则;(4)融贯性原则;(5)可一般化原则;(6)真诚性原则。③ 这6个原则可以被具体化为下列六组规则:(1)基础规则,它又包括:1.1 无矛盾

---

① 关于描述性命题与规范性命题的不同的具体论述,请参见王晓升:《商谈道德和商议民主——哈贝马斯政治伦理思想研究》,北京:社会科学文献出版社,2009年,第87—90页。

② Robert Alexy,"The Dual Nature of Law",Ratio Juris,23(2010).

③ 关于这六个原则的具体论述,请参见 Aarnio, Alexy and Peczenik,"The Foundation of LegalReasoning",Rechtstheorie,12(1981).

要求,1.2 真诚性要求,1.3 愿意按照规则运用描述性表达和评价性表达,1.4 不同演说者共享共同的语言用法。(2)理性规则,它又包括:2.1 任何能够言说的人都有权利参加商谈,2.2 允许任何参加者抨击(2.2a)、支持(2.2b)商谈中的任何语句,也允许他们表达他们的态度、希望、利益和需要(2.2c),2.3 没有人应该妨碍某人行使这些权利。(3)论证负担规则,3.1 不平等对待的情形,3.2 对迄今为止没有疑问的规范的抨击,3.3 对与以前的讨论没有关系的讨论的证成,即对新加入的讨论的证成,3.4 已经提出论据者,只要没有相反的论据,就有权利拒绝给出进一步的论据。(4)证成规则,该组规则的第一分组是可普遍化理念的三个变种:角色交换原则(4.1.1)、共识原则(4.1.2)及公开原则(4.1.3),第二分组是由对规范确信的起源的审查的两个规则组成的,历史－社会性起源的审查(4.2.1)和个体－心理起源的审查(4.2.2),第三分组确立了可实现性命令(4.3)。(5)过度规则,这组规则将一般实践商谈与经验商谈(5.1)、分析性商谈(5.2)和理论商谈(5.3)联接在一起。(6)论据形式,利用规则(6.1)和通过援引后果(6.2)来证成单称规范命题,通过援引后果(6.3)和运用规则(6.4)来证成规则,证成规则和原则之间的绝对的(6.5)和有条件的(6.6)优先性关系。① 这些规则与原则之间的关系并不是演绎关系,因为这些规则不可能总是只被归入这六个原则中的一个原则,一个原则可以支持几个规则,一个规则可以得到几个原则的支持。

前述的 22 个规则和 6 个论据形式所组成的体系就是一般实践商谈程序的构成要件,或者说一般实践商谈程序是由前述的 22 个规则和 6 个论据形式所构成。由于这 22 个规则和 6 个论据形式是建立在理性的观念或概念的基础之上的,所以,一般实践商谈程序就可以被称为一般理性实践商谈程序。我们可以将一般理性实践商谈程序简写为 Pp,将那些规则与论据形式简写为 Rp1……Rpn。这样,一般实践商谈程序的特征就在于,该程序的各项前提要件可以运用各项规则(Rp1……Rpn)予以完整地表述,而且这些规则指向作为程序主体的实际上存在

---

① 关于这 22 组规则和 6 个论据形式的具体论述,请参见阿列克西著,舒国滢译:《法律论证理论》,北京:中国法制出版社,2002 年,第 234－256 页。

的个体,也就是说这些规则是实际上存在的个体作为程序的参加者必须遵循的规则。① 这个体系或程序是对实践问题进行论证的体系或程序。如果按照这个体系或程序的规则和论据形式进行论证,也就是说遵循了这个体系或程序规则,就可保证该论证是理性的而且论证的结果是合理的或者说该结果已经被证成了。这样,如果有人问,规范性命题 N 在什么条件下是合理的?我们就可以做下列回答:当且仅当 N 能够成为程序 P 的结果,那么,规范性命题 N 就是合理的。根据这个原理,如果有人问,法官做法律决定过程中所论证的规范性命题符合了什么条件是合理的或正确的呢?我们就可以回答,如果该规范性命题是程序 Pp 的结果,那么,它就是合理的或正确的。或者说,如果该规范性命题是法官按照一般理性实践商谈的规则和论据形式予以论证的结果,那么,该规范性命题就是合理的或正确的。

　　如果我们承认法官按照一般理性实践商谈程序的规则与论述形式所论证的做法律决定中的规范性命题是合理的或正确的,那么,一般理性实践商谈程序就一定能够保证就该规范性命题在主体间取得共识吗?以及该共识就是最终和不可推翻的吗?答案是否定。原因如下:首先,从理论上说,一般理性实践商谈的结果不可能主张任何最终的确定性,这也就是说商谈的结果对于修正来说总是开放的。这是由一般理性实践商谈程序的规则所决定的。例如,前述的第二组规则即理性规则要求,任何人在任何时间可以争议任何规则和任何规范性命题,即使该规则或规范性命题是迄今为止毫无争议的合理的规则或规范性命题。② 其次,某些商谈规则只能得到部分的满足或者说得到不完全的履行,例如理性规则。再次,论证中的所有步骤并不是都与规则相联结,也就是说并不是所有的论证步骤都是固定的。最后,任何商谈肯定都是从其参加者的存在着的规范性确信开始的,而这些规范性确信是

---

　　① Aarnio, Alexy and Peczenik, "The Foundation of Legal Reasoning", Rechtstheorie,12(1981).
　　② Robert Alexy, A Theory of Legal Argumentation, Oxford:Clarendon Press, 1989,207.

历史的且可变的。①

一般理性实践商谈程序,既不能一定保证就某个规范性命题在主体间达成共识以及该共识是最终的和不可推翻的,而且不能保证一定能够得到唯一的结果,也就是说,根据 Rp1……Rpn 所确定的一般理性实践商谈的程序不能确保每一个问题仅仅有一个结果。原因如下:举例来说,三个人 a1、a2、a3 在两个时间点 t1 和 t2,根据程序 Pp 的对实践问题 F 进行商谈。在商谈程序开始,针对实践问题 F,a1、a2、a3 都提出了不同的而且是相互排斥的答案 n1、n2 和 n3。随着时间的流逝,在时间点 t2 上,答案和人可能以极不同的方式联结在一起,在这里,我们对三种可能的答案感兴趣:(1)a1、a2、a3 一致同意 ni;(2)a1、a2、a3 一致同意 →ni("→"表示否定);(3)至少有一个人 ai 赞同 ni,而至少有一个人 aj 赞同 nj。在第一种情况下,与商谈程序 Pp 和 a1、a2、a3 在时间点 t2 相关联,从商谈的视角看,ni 具有必然性,即商谈的必然性;在第二种情况下,从商谈的视角看,ni 是不可能的,即具有商谈的不可能性;在第三种情况下,从商谈的视角看,ni 和 nj 是可能的,即具有商谈的可能性。②根据这个分析,我们可以看到,一般理性实践商谈程序之所以不能保证其结果的唯一性,是因为:该结果不仅依赖于该程序即 Pp 所界定的规则(Rp1……Rpn),而且依赖于该程序的参加者 a1、a2、a3 和该程序运行的时间 t1 和 t2,并且与下列事实有关:一方面,几个相互排斥的不同答案 n 都同样具有商谈的可能性;另一方面,我们面临着下列困难,在所有我们想知晓 ni 是否正确的每一个情形中,一般理性实践商谈程序即 Pp 不能被保证在事实上总是被执行。③

既然一般理性实践商谈程序既不能保证其商谈结果是最终的和不

---

① 关于第 2、第 3 和第 4 原因的分析,请参见 Aarnio, Alexy and Peczenik, "The Foundation of LegalReasoning", Rechtstheorie, 12(1981).

② 关于一般理性实践商谈程序不可能导致唯一的结果的分析,请参见 Aarnio, Alexy and Peczenik, "The Foundation of Legal Reasoning", Rechtstheorie, 12(1981).

③ 关于一般理性实践商谈程序不可能导致唯一的结果的分析,请参见 Aarnio, Alexy and Peczenik, "The Foundation of Legal Reasoning", Rechtstheorie, 12(1981).

可推翻的，也不能够保证商谈结果一定是唯一的，那么，这就意味着，法官在做法律决定的过程中仅仅按照一般理性实践商谈程序规则所证成的规范性命题不是最终的也不是不可推翻的，而且所得到的规范性命题不是唯一的。质言之，法官仅仅按照一般理性实践商谈程序规则对某个案件所做的法律决定不可能是确定的和唯一的。而这样的结果，一方面，与可普遍化原则、形式正义原则、效率原则以及相关的目的理性原则等是相背离的，因为这些原则都要求相同性质的不同社会冲突应该按照相同规范予以解决，一项社会冲突不能根据相互矛盾的规则予以解决；①另一方面，这样的结果与法官工作或司法的社会功能是背离的，正如前述，法官做法律决定是解决社会冲突或矛盾的，而社会冲突或矛盾的解决既要求法官必须在特定时间之内做法律决定即法官做法律决定是有"时间压"的，也要求法官针对特定案件只能做出一个确定的法律决定。如果这两个要求不被满足或实现，就意味着社会冲突或矛盾没被解决。一般理性实践商谈程序的缺陷及其所导致的结果就要求我们对一般理性实践商谈程序的不确定性也就是商谈的可能性空间予以限制或限缩。

三、法律商谈或法律论证的程序

为了限缩和限制一般理性实践商谈程序的不确定或商谈的可能性空间，我们就需要引入一套法官做法律决定特性所必然要求的特殊商谈或论证规则。这些特殊的商谈规则是什么呢？我们在前述指出法官做法律决定过程就是对个别法律规范的证成。这就意味着法官所证成的规范性命题不是一般的个别规范性命题而是特殊的个别法律规范性命题。既然法官所做的法律决定是个别法律规范或个别法律规范性命题，就意味着该法律决定所依赖的大前提必须是做该法律决定的法官所属的特定法体系中的一个一般法律规范或一般的法律规范性命题。

---

① 关于一般理性实践商谈程序不可能导致唯一的结果的分析，请参见 Aarnio, Alexy and Peczenik, "The Foundation of Legal Reasoning", Rechtstheorie, 12 (1981).

这就是说,与一般实践决定——要求在理性上是可证成的——不同,法律决定要求在特定的有效的法律秩序框架内在理性上是可证成的。因此,法律商谈或论证理论必须说明"在特定的有效的法律秩序框架可证成"意味着什么,"在该框架内理性上是可证成的"是什么意思。① 这就说明法律商谈或论证理论只主张法律决定或个别法律规范性命题在特定的有效的法律秩序框架内在理性上是可证成的。在这个意义上,法律商谈或论证可以被称为是一般实践商谈的特殊情形。②

前述指出,从逻辑的角度看,法官做法律决定在整体上就是从特定法体系中的一个一般法律规范和关于特定案件的事实的命题中推论出一个个别法律规范。这就意味着特定法律决定是从大前提即一般法律规范和小前提即案件事实逻辑推论出来的。从逻辑的角度看,如果要保证结论即法律决定是合理的或正确的,一方面,就必须保证结论即法律决定是按照逻辑规则从其前提推论出来;另一方面,该法律决定所依赖的两个前提本身是合理的或正确的。从这个角度出发,法律论证可以被区分为内部证成和外部证成,前者处理的问题是要求一个具体的法律决定或判断必须是从一个普遍的规范前提以及进一步的前提中逻辑地推导出来的,后者处理的问题是对在内部证成中所使用的各个前提的证成。内部证成的规则主要是逻辑推论规则,外部证成规则包括以下六组规则:(1)解释的规则与形式;(2)教义学的论证规则与形式;(3)判例适用的规则与形式;(4)一般实践论证的规则与形式;(5)经验论证的规则与形式;(6)所谓特殊的法律论证形式。③ 因此,法律商谈或论证程序规则也可以被区分为内部证成规则与外部证成规则。在这两类规则之中,构成法律论证理论的主要领域的是其外部证成的规则。这就是说,能够清楚地显示出法律论证特殊性质是其外部证成规则。

---

① 关于一般理性实践商谈程序不可能导致唯一的结果的分析,请参见 Aarnio, Alexy and Peczenik, "The Foundation of Legal Reasoning", Rechtstheorie, 12 (1981).

② 阿列克西著,舒国滢译:《法律论证理论》,北京:中国法制出版社,2002年,第263页。

③ 有关内部证成与外部证成的具体论述,请参见阿列克西著,舒国滢译:《法律论证理论》,北京:中国法制出版社,2002年,第274、285—287页。

与一般理性实践商谈相比,这个特殊性质就表现在法律论证受到了三重限制:(1)有效法律规范的约束;(2)对先例的正当考量;(3)涉及学院法学领域中所发展的教义。① 我们可以将法律论证或法律商谈程序简写为 Pj,将这些规则简写为 R1j……Rmj。

既然法律商谈或论证是一般理性实践商谈的特殊情形,那么,从逻辑上讲,法律商谈或论证作为特殊的实践商谈,它的论证规则与论述形式应该建立在一般理性商谈的规则及其原则的基础之上,或者说一般理性实践商谈的规则及其规则能够证成法律论证的规则与论述形式。这主要体现在以下几个方面:

第一,法律论证中的内部证成的规则与形式是一般理性实践商谈中的基础规则的 1.3′规则以及可普遍化原则的一个具体运用。所谓的 1.3′规则就是指每一个言谈者只许对那些特定情形下的价值判断或义务判断作出主张,即他愿意就每一个与特定情形在所有方面都相似的情形以相同术语作出主张。这规则是可普遍化原则的一个阐释,②而可普遍化原则奠定了形式正义的基础。形式正义要求,遵守一个规则就规定了下列义务,即以一定的方式对待所有属于特定范畴的人。③如果说内部证成的规则与形式是法律论证的基本结构,那么,可普遍化原则及形式正义就成为法律论证的基础。

第二,法律解释方法或规准的运用是建立在一般实践商谈理论的基础之上的。我们知道,规范性命题或评价性命题的证成不同于事实命题或陈述命题的证成,它的推论规则不同于逻辑的和科学的推论规则。这是因为你所主张的规范性命题与你用来证成你所主张的命题的那些命题之间不是演绎或归纳关系,而是一种支持关系。主张的命题与为了支持该命题而直接提出的或作为前提条件的命题之间的结构,

---

① Aarnio, Alexy and Peczenik, "The Foundation of Legal Reasoning", Rechtstheorie,12(1981).

② 关于这个规则,请参见 Robert Alexy, A Theory of Legal Argumentation, ClarendonPress. Oxford,1989,190.

③ Robert Alexy, A Theory of Legal Argumentation, Adler and NeilMaccormick, ClarendonPress. Oxford,1989,222.

被称为论述形式。① 在法律适用中,各种法律解释的方法或规准都是解释者支持或反对某个解释结果的理由而已。解释方法或规准与解释结果之间并不存在逻辑关系。因此,阿列克西将解释方法或规准作为法律论证中的论述形式。也就是说在法律论证中,法律解释方法或规准是作为论述形式存在着。有一些法律解释规准作为论述形式有助于增强法律论证的权威约束力性质(authority bound character),这些解释方法或规准绝不是不合理的。另一些作为论述形式的法律解释方法或规准是一般实践论述形式的变种,例如客观目的法律解释方法作为论述形式本身就是一般实践商谈中的后果论述形式的一个变种。②

第三,教义学法学在法官做法律决定过程中被适用是一般实践商谈原则所要求的。所谓的教义学法学(dogmatic legal science)可以被理解为以依赖法秩序的存在为条件的实践商谈的制度化。这种制度化可以获得只运用一般实践商谈方法所不可能获得的结果。这种制度化的讨论使得在时间、主体和主题等方面得到了相当程度的拓展。这种拓展既能够增强做决定的一致性,也能够增强做决定的差异性。做决定的一致性是一般实践商谈理论中的无矛盾原则、可普遍化原则与惯性原理等原则所要求的;做决定的差异性是一般实践商谈中的理性规则的第 2.2 个规则所规定的所有论述具有开放性和对所有论述要予以考量所间接要求的。而且满足这些功能是符合法教义学所履行的诸如稳定、进步、控制和启发等功能③

第四,判例在法官做法律决定过程中被适用是一般实践商谈的原则所要求的。法官在做法律决定过程中为什么要适用判例呢?这不仅仅是制定法有一定的局限性,而且更为重要的是判例的适用是一般实践商谈中的普遍化原则和惯性原理所要求的。可普遍化原则的具体内

---

① 关于论述形式的定义,请参见阿列克西著,舒国滢译:《法律论证理论》,北京:中国法制出版社,2002 年,第 115 页。

② Robert Alexy, A Theory of Legal Argumentation, Adler and NeilMaccormick, ClarendonPress. Oxford, 1989, 290.

③ Robert Alexy, A Theory of Legal Argumentation, Adler and Neil Maccormick, ClarendonPress. Oxford, 1989, 290—291.

容是：任何一个言谈者，当他将谓词 F 应用于对象 a 时，也必须能够将 F 应用于在所有相关点上与 a 相同的其他任何对象上。而且遵循判例也符合下列论证规则的要求，即语言用法的共通性要求：不同的言谈者不许用不同的意义来做相同的表达。① 惯性原理的基本意思是过去一直被承认的观点，如果没有充分的理由，不可以被抛弃。这个原理构成人类知识和社会生活稳定的基础。② 判例就是过去被承认的实践，因此，在法律适用中遵循判例，就能保证法律和社会生活的稳定性。

第五，特殊法律论述形式也是建立在一般实践商谈理论的基础之上的。所谓特殊法律论述形式主要是指那些在法律方法论中被研究的特殊的论述形式，例如类比、反面论述、当然论述以及悖谬论述等。类比推论在于在逻辑上是一个有效的推论，其核心思想是从法律的立场看相似的事态（states of affairs）应该得到相同的法律后果。这个思想就是可普遍化原则和平等原则的一个体现。换句话说，可普遍化原则与平等原则为类比推论在法官做法律决定的过程中被运用奠定了基础。反面推论的基本思想是，当且仅当 x 是 F 的一个情形时，当下讨论的法律后果 G 才出现。如果 x 不是 F 的一个情形时，那么当下讨论的法律后果就不会出现。由此可见，反面推论是一般实践商谈中的基础规则的第 1.1 规则——任何言谈者都不可自相矛盾——的体现。不可接受的论述的基本思想是，如果一个后果 Z 被认为是不可接受的，因此，该后果 Z 是被禁止的，而且如果 R'事实上导致了后果 Z，那么，R'就是被禁止的。这个论述形式就是一般实践商谈中论述形式 4.3 的一个变种，而且是后果论述形式的一个体现。③ 总之，特殊法律论述形式在法官做法律决定过程中被运用是被一般实践商谈理论所要求的，或者说，特殊法律论述形式在法官做法律决定过程中被运用的合理性基础是由一

---

① 阿列克西著，舒国滢译：《法律论证理论》，北京：中国法制出版社，2002 年，第 234、237 页。

② 关于惯性原理，请参见阿列克西著，舒国滢译：《法律论证理论》，北京：中国法制出版社，2002 年，第 215—216 页。

③ 关于特殊法律论述形式的具体论述，请参见 Robert Alexy, A Theory of Legal Argumentation, Adler and Neil Maccormick, ClarendonPress. Oxford, 1989, 279—284.

般实践商谈理论所奠定的。

法律商谈或论证的程序规则是建立在一般理性实践商谈程序规则的基础之上,这就意味法官对某个案件的法律决定的证成或论证只要符合了这些规则与形式,或者说法官只要是按照这些规则与形式对某个案件的法律决定进行了证成或论证,那么,该法律决定就可以被称为正确的或公正的。该法律决定是正确的或公正的,并不意味着从商谈或论证的角度看对该案件的这个具体的法律决定就是最终的、不可推翻的或者说是确定的。这是因为,法律论证或商谈是一个实践商谈或论证,而任何人只要认真地参与一个实践商谈或论证,就无法避免那些理想化的语用预设。这些语用预设包括无尽的时间、无限制的参与和免予限制的完全自由。而理性商谈的这些高要求交往预设只能被近似地实现。①

法律商谈或论证程序分享了一般理性实践商谈的理想化语用预设,是法律商谈或论证不能保证其结果的最终性、不可推翻性和唯一性的根本原因。另一个原因是,在法律论证或法律商谈之中,一般理性实践商谈程序规则至少在某些情况下总是必要的。这主要包括下列情况:(1)对法律解释方法适用的饱和性所需要的规范性前提进行证成,需要一般实践商谈。所谓饱和性要求就是指我们适用某种解释方法解释某个法律规定时,必须要对该解释方法所依赖的前提本身予以证成。例如,如果我们适用立法者目的解释方法对某个法律条文进行解释,就需要我们首先对立法者目的是什么予以证成。如何证成立法者目的呢?这就有可能需要一般实践商谈。(2)对导致不同解释结果的不同法律解释方法的选择的证成,需要一般实践商谈。对同一个法律条文,有两种以上的法律解释方法都可以适用,而且会得到不同的解释结果,那么,哪一种法律解释方法更具有分量呢?也就是我们如何证成我们所要选择的解释方法呢?在这一点上,一般实践商谈就发挥着决定性的作用。(3)对各种教义学语句的证成和检验,需要一般实践商谈。虽然为了证成教义学语句而反过来使用教义学语句是可能的,但是无论是教义学语句的证成还是检验都可诉诸一般实践语句,因为用来反驳

---

① 哈贝马斯著,童世骏译:《在事实与规范之间——关于法律和民主法治国的商谈理论》,北京:生活·读书·新知三联书店,2003年,第282、286页。

教义学语句的语句,不可能反过来永远是教义学语句。(4)判例的适用需要一般实践商谈。判例的适用有两种基本技术,即区别和推翻。无论是对区别的证成还是对推翻的证成,都需要有理性法上的理由。在这种情形下,一般实践商谈就起着特殊的作用。(5)直接对内部证成中应用的规范性命题进行证成,需要一般实践商谈。

前述的分析表明,虽然法律商谈或论证程序的规则与形式限制和限缩了一般理性实践商谈的论辩的可能性空间,但是,由于前者分享了后者的理想化语用预设并且在前者的运用之中有时候要必然地涉及后者,所以,法律商谈或论证程序的规则与形式并不能保证其结果的最终性、不可推翻性和唯一性。因此,我们还需要进一步引入一些规则来限制和限缩法律商谈或论证的论辩的可能性空间。

四、法庭诉讼程序与法律商谈程序

我们所要引入的第三项程序,就是法庭诉讼程序(可以被简写为Pg)。与一般实践商谈程序、法律论证(法律商谈程序)一样,法庭诉讼程序也是由一系列诉讼规则组成的,这些规则可以被简写为 Rg1……Rgk。这些规则就是特定国家的那些诉讼法(包括民事诉讼法、刑事诉讼法和行政诉讼法)所规定的诉讼规则。这些规则即 Rg1……Rgk 的建构能够确保在该程序完成时只有唯一可能的结果存在。其原因在于:法庭诉讼程序是一种制度化的程序,它们都包括一套结束争议(ending a debate)和产生决断(producing a decision)的规则和机制[①],它们是一种权威化的装置,依据或遵循它们所得到的结果具有法律的约束力和强制性。但是,这并不意味着它们仅仅是权威而不具有合理化的功能。在法庭诉讼程序中,不仅有论证也有决断(deci-sion)。这就是说法官在法庭诉讼程序中不仅要根据论证规则进行论辩,而且要依据诉讼程序规则做决断。法官在法庭诉讼程序中必然做决断,但是该决断并不是非理性的。这是因为,从法庭诉讼程序即 Pg 所得到的结

[①] Klaus Günther,"Critical Remarkson Robert Alexy's Special Thesis", Ratio Juris,6(1993).

果,不仅依赖于法庭诉讼程序规则即 Rg1……Rgk,而且依赖于一般理性实践商谈程序 Pp 的规则即 Rp1……Rpn 以及法律论证 Pj 的规则即 R1j……Rmj。因此,考虑到 Pp、Pj 等程序的结构,在法庭诉讼程序中所做的决定是合理的。这就意味着,根据 Pp 和 Pj,对在法庭诉讼程序中所做的决断以及该程序的那些规则予以理性的证成是可能的。①

我们在前述指出,法律商谈或论证程序对一般理性实践商谈程序的商谈可能性空间予以限制和限缩,前者是建立在后者的基础之上,前者是后者的特殊情形。法庭诉讼程序也是对法律商谈程序的限制和限缩,那么,前者对后者是怎样限制和限缩的呢?这两者之间的关系性质和法律商谈程序与一般理性实践商谈程序之间的关系性质是相同的吗?我们先回答后一个问题,然后再回答前一个问题。

正如前述法庭诉讼程序规则是一种制度化规则或者说法律化规则,而法律论证或商谈规则是一种专业性质的规则。对于法官做法律决定来说,法庭诉讼程序规则是外在的、调整性的,而法律论证或商谈的规则是内在的、构成性的。如果我们承认法律具有双重性即事实性和理想性或规范性,那么,我们就必须承认法官所做的法律决定也具有双重性,即法律决定具有事实性和理想性。② 法庭诉讼程序规则是出于对法律决定的事实性予以调节的种种限制所需要的,而法律论证是出于对法律决定的理想性予以调节的种种约束所需要的。这样,从法律决定具有双重性的角度来说,法庭诉讼程序规则与法律论证或商谈规则对于法官做法律决定来说都是不可或缺的,只有任何单方面的规则都不可能保证公正的有效的法律决定的做出。只求助于法庭诉讼程序规则不仅完全有可能使法律决定的理想性或合理性的要求失去,更为重要的是这些程序法规则本身是需要诠释的,而这种法律的诠释的

---

① Aarnio, Alexy and Peczenik, "The Foundation of LegalReasoning", Rechtstheorie,12(1981).

② 哈贝马斯指出:"在这个司法领域中,法律中的事实性和有效性之间的内在张力表现为法的确定性原则和对法的合法性运用(也就是作山正确的或正当的判决)之主张这两者之间的张力。"哈贝马斯著,童世骏译:《在事实与规范之间——关于法律和民主法治国的商谈理论》,北京:生活·读书·新知三联书店,2003 年,第 244 页。

客观性要求恰恰是要依赖于法律论证或商谈的规则与论述形式的。同时,只求助于法律论证或商谈的规则也是不够的。原因在于,一方面,只有法律论证或商谈规则不能保证法律决定的事实性的实现,即法律决定的最终性和不可推翻性以及事实的约束力的实现;另一方面,法律论证或商谈规则与论述形式的有效性的确立依赖于受合理性和宪法原则约束的专家文化中已经得到证明的惯例和传统,这也就是说这些规则的权威,是从由于对法治的服膺而结合起来的诠释共同体得来的,所谓的诠释共同体实质是法律人共同体。既然这些规则与论述形式是在法律人共同体中形成的,那么,从观察者来说,这些规则只不过是一种自我合法化的职业伦理规范。而且同一个法律文化中,各个亚文化也会为选择正确的标准而产生争议。[①] 这就意味着法律论证或商谈的规则的遵守不具有一种社会的可观察性,依据这些规则所得到的法律决定不具有社会约束力。而法庭诉讼程序规则可以弥补法律论证或商谈程序的这个方面的缺陷。因为在法庭诉讼程序中,各种程序规范或规则是否得到了遵守,可以从观察者的角度予以核查。而且法律论证或商谈的合理结果由于法庭诉讼程序可以从法律规范那里得到该结果的社会约束力,也就是说,这种社会约束力代替了一种仅仅内在的、即通过论证形式而得到保障的合理性。这样,法律制度化就具有下列意义,即将准纯粹程序正义嫁接到商谈及其不完备的程序理性上。既然它们之间是一种嫁接关系,就意味着论证的逻辑并没有被冻结,而是发挥着使合理的具有法律约束力的决定得以产生的作用。[②]

前述的分析表明,虽然法庭诉讼程序规则是针对法律商谈或论证程序的缺陷而设计和建构的,但是,这两种程序的规则的性质不同,在保障法官做法律决定的活动中的功能和作用不同,因此,两者之间的关系性质不是一般与特殊的关系,即法庭诉讼程序并不是法律商谈或论证程序的特殊情形。这两种程序在法官做法律决定活动中是相互交织

---

① 哈贝马斯著,童世骏译:《在事实与规范之间——关于法律和民主法治国的商谈理论》,北京:生活·读书·新知三联书店,2003年,第276页。

② 哈贝马斯著,童世骏译:《在事实与规范之间——关于法律和民主法治国的商谈理论》,北京:生活·读书·新知三联书店,2003年,第217—218页。

在一起的,它们各自对于法官做法律决定来说都是不可或缺的,而且相互限制相互制约,共同保证合理的具有法律约束力的法律决定得以产生。程序法对法律论证应在法官做法律决定过程中的发生的活动空间予以定义、给予保护并赋予结构,也就是说程序法对论证本身并不加以规范,只是对论证过程的参与、角色分工、主题范围以及整个过程进行调节。这样使得法律适用的商谈能够被社会期望在特定时间和特定空间进行。这就意味着论证内在的结构摆脱了法律制度化,也就是说商谈虽然被置入了法律程序之中,但是这并不影响商谈自身的内在逻辑。这样,在法官做法律决定的过程中,实用的、伦理的和道德的理由就可通过论证进入到法律的语言,由此,法律手段就得到了反思的运用。总之,法律论证或商谈程序与法庭诉讼程序的相互交织,使得判决及其论证都可以被看作是一种由特殊程序支配的论辩游戏的结果,也不至于产生下列情形:要么终止论辩游戏、要么违反法律规范。①

作为法律的法庭诉讼程序规则确立了作为法官做法律决定过程的组成部分的法律商谈或论证,但是,它并不对商谈或论证活动本身予以规范或调节,而只是在时间维度、社会维度和实质维度上确保由适用性商谈逻辑所支配的自由的交往过程所需要的制度框架。② 这就是说法庭诉讼程序规则在时间、社会和实质等方面对法律论证或商谈做出了限制和限缩。

第一,法庭诉讼程序规则在时间方面对法律商谈或论证予以限制和限缩。正如前述作为实践商谈的法律论证或商谈无法避免那些理想化的语用预设,其中的一个预设就是商谈的参加者有无尽的时间。但是,对法官做法律决定来说,他不可能无限期地对某个法律问题进行论证或商谈,而是必须在一定的时间内做出法律决定,从而保证特定的社会冲突或矛盾得到及时有效的解决。因此,我国的《民事诉讼法》《刑事

---

① 关于法律论证或商谈与法庭诉讼程序相互交织的分析,请参见哈贝马斯著,童世骏译:《在事实与规范之间——关于法律和民主法治国的商谈理论》,北京:生活·读书·新知三联书店,2003年,第217、287页。

② Jürgen Habermas, Between Facts and Norms: Contributions to a Discourse Theory of Law and Democracy, Cambridge: Massachu—setts, 1996, 233, 235.

诉讼法》和《行政诉讼法》分别对各类案件的审判期限做出了具体规定。例如我国《民事诉讼法》第135条规定："人民法院适用普通程序审理的案件,应当在立案之日起6个月内审结。有特殊情况需要延长的,由本院院长批准,可以延长6个月;还需要延长的,报请上级人民法院批准。"即使特定案件可以进行二审和再审,但是,二审和再审也有审理时间的限制。例如我国《刑事诉讼法》第196条规定："人民法院受理上诉、抗诉案件,应当在1个月以内审结,至迟不得超过1个半月。有本法第126条规定的情形之一的,经省、自治区、直辖市高级人民法院批准或者决定,可以再延长1个月,但是最高人民法院受理的上诉、抗诉案件,由最高人民法院决定。"关于刑事案件的再审期限第207条规定:"人民法院按照审判监督程序重新审判的案件,应当在作出提审、再审决定之日起3个月以内审结,需要延长期限的,不得超过6个月。"我们需要指出的是,我国《民事诉讼法》对二审的期限作出了明确的具体的规定,但是对再审期限没有作出明确的规定,只是规定按照一审或二审程序审理。后者就意味着,我国《民事诉讼法》对民事再审的期限并不是无规定的,也不意味着是无限期的。法庭诉讼程序关于审理期限的规定,可以保证争议问题得到及时的处理,并获得具有法律效力的法律决定。总之,法庭诉讼程序规则对审判程序及审理期限的规定,就意味着它能够弥补法律论证或商谈有可能得不到一个最终的不可能推翻的法律决定的缺陷。

　　第二,法庭诉讼程序规则在社会方面对法律商谈或论证予以限制或限缩。为了规范性命题的理性证成,一般实践商谈理论的理性规则规定:任何一个能够讲话者,均允许参加论辩,任何人均允许对任何主张提出质疑,任何人均允许在论辩中提出任何主张,任何人均允许表达其态度、愿望和需求。① 这些规则是理想言谈情景之条件的一个体现,也就是我们前文所说的那些理想的语用预设的体现,尤其是无限制参与的体现。正如前文所述,理想的语用预设使得法律论证或商谈不可能确保获得确定的法律结论。因此,需要法庭诉讼程序规则能够弥补

----

① 阿列克西著,舒国滢译:《法律论证理论》,北京:中国法制出版社,2002年,第240页。

法律论证或商谈的这个方面的缺陷。任何诉讼程序法都确立了进入审理程序的角色分配制度,在民事审理和行政审理中,民事诉讼程序规则和行政诉讼程序规则确立了原告和被告之间的对称性;在刑事审理中,刑事诉讼程序规则确立了公诉人与辩护律师之间的对称性。而且法庭诉讼程序规则确立了法院在审理过程中以不同方式扮演的第三方角色,要么是主动的发问者,要么是中立的观察者。这就意味着并不是任何能够言谈者均被允许参与论辩,只有特定的能够言谈者才被允许参与法庭审理过程。法庭诉讼程序规则不仅对参与审理的能够言谈者作出了限制,而且对那些参与审理过程的能够言谈者可以主张什么、质疑什么和辩护什么也或多或少地作出了限定。这主要体现在法庭诉讼程序规则对参与审理的各方当事人的举证责任作出的或多或少的明确的各种具体规定之中。法庭诉讼程序规则是按照竞技方式设置审理程序,即审理过程是一个为了追求各自利益的当事人之间的竞争过程,民事诉讼法比刑事诉讼法更强调当事人之间的竞争。① 这就意味着,在审理过程中,当事人实施的行动是以成功为取向的策略性行动,而不是以理解为取向的交往行动。而论证或商谈本身是以理解为取向的交往行动。当事人的这种角色定义使得取证过程不具有以合作寻求真为特征的那种完整的商谈结构。但是,法庭诉讼程序规则按照能够使尽可能多的相关事实被提出的方式组织策略性行动的机会。法庭运用这些事实来评价事实并得到法律决定。② 总之,法庭诉讼程序规则通过对参与审理的主体的限制以及对当事人的角色定位而弥补法律论证或商谈的缺陷。

第三,法庭诉讼程序规则在实质方面对法律商谈或论证予以限制或限缩。法庭诉讼程序规则通过对审理过程中的争议问题的界定为法律论证或商谈划分出一个内部空间。无论民事诉讼法还是刑事诉讼法和行政诉讼法,都通过审理程序之前的那些程序对争议客体加以确定,

---

① Jürgen Habermas, Between Facts and Norms: Contributions to a Discourse Theory of Law and Democracy, Cambridge: Massachusetts, 1996, 235.

② 哈贝马斯著,童世骏译:《在事实与规范之间——关于法律和民主法治国的商谈理论》,北京:生活·读书·新知三联书店,2003年,第288页。

从而使审理过程能够集中于界限明确的问题上。那么,审理过程集中在哪些问题上呢？我们知道,在逻辑上,法官针对特定案件做法律决定需要确定事实问题和法律问题。但是,在法律人(包括法官)针对特定案件做法律判断的过程中,案件事实的确定过程是以理解和解释法律为前提和基础,法律规范的确定是以查明和认定事实为前提和基础,两者之间并不是各自独立且严格分立的单个活动,而是一个循环过程,即目光在事实与规范之间来回穿梭。① 法庭诉讼程序规则所设置的审理过程主要是围绕可靠证据与事实的收集而展开的。因为事实与法律规范之间存在循环关系,所以在这个过程,并不是不需要法律评价,而是法律评价没有成为议题、基本上处于背景之中。关于法官如何确定法律规范包括如何选择法的渊源、法律解释方法等问题,法庭诉讼程序规则并没有作出任何规定。由于确定事实与确定法律规范是相互依赖的、不可分割的,因此,法庭诉讼程序规则对于法官如何评价、确认证据以及确定案件事实也没有作出明确的具体的规定。但是,这并不意味着法庭对证据的评价和法律决定的做出是在另外一个程序中进行的,它们还是处在审理程序之中。证据评价和法律决定的做出之所以内在于审理程序之中,是因为法官必须要在审理程序参加者即当事人和公众面前说明和论证他或她所做的法律决定。总之,法庭诉讼程序规则不仅没有把可接受的论据而且没有把论证过程加以规定,从而为仅在结果中才成为程序之对象的法律论证或商谈确保了活动空间。② 但是,法庭诉讼程序规则规定,法律论证或商谈的结果可以通过上诉程序得到上一级法院的审查监督,在中国还可以通过再审程序得到审查监督。法律决定的审查监督能够保证法律决定尽可能是正确的正义的决定,也能够促使做法律决定的法官尽可能地仔细地对该法律决定予以证成。同时,法律决定的审查监督可以使特定的法律决定与特定国家的整个法律体系保持一致性与统一性。

---

① 伯恩·魏德士著,丁小春,吴越译:《法理学》,北京:法律出版社,2003年,第296页。

② 哈贝马斯著,童世骏译:《在事实与规范之间——关于法律和民主法治国的商谈理论》,北京:三联书店,2003年,第288—289页。

上述对法庭诉讼程序与法律商谈或论证程序之间关系的分析表明,前者只是对有关发生了什么的证据的收集提供了相对严格的规则,这些规则只是确定了当事人策略性对待法律的范围。而前者对于如何适用法律包括根据法律确认案件事实的问题并没有规定。这个问题的处理留给了法官的职业能力,即由法官按照法律商谈或论证程序的规则与方式予以处理并决定。这就意味着法律商谈或论证是处在程序法的真空之中,法律商谈或论证被转移到法庭诉讼程序之外,是为了保证法律论证或商谈免受外在的影响。① 总之,法庭诉讼程序规则并不是法律商谈或论证本身的规则,也不是调整法律商谈或论证活动本身的规则,两种程序规则各自具有相对的独立性。在这个意义上,我们可以主张下列命题:法官针对特定案件获得正当的法律决定,不仅仅依赖于法庭诉讼程序规则,更要依赖于法律论证或商谈的各种规则与论述形式。因此,只有诉讼程序公正是不可能完全保证法官得到的法律决定是公正的,即只有诉讼程序公正也不能保证司法公正得到实现,因为判断司法是否公正不仅有诉讼程序规则,也有法律商谈或论证程序的规则与方式。

　　原载于《河南大学学报(社会科学版)2018 年第 3 期,《新华文摘》2018 年第 17 期转载

---

① Jürgen Habermas, Between Facts and Norms: Contributions to a Discourse Theory of Law and Democracy, Cambridge: Massachu－setts,1996,237.

从经验中"茁生"的法律理性
——以魏因瑞伯的类推理论为中心

雷 磊①

一、类推的难题

类比推理（legal reasoning）一直是司法中两难问题。一方面，法官与律师在法庭实践中不厌其烦地使用着它们；另一方面却因其"不合逻辑"与"不纯粹性"而不断为法学者所诟病。② 实践与理论的巨大反差诱使人们追问：难道法律中的类比推理真的仅是"未可言明的想象时刻"③？如果不是，那么其理性的基础又在哪里？带着这些问题，哈佛大学法学院教授劳伊德·魏因瑞伯（Lloyd Weinreb）开始了弥合理论与实践的智识之旅，并试图从认知心理学与司法经验传统中发掘出类推的理性基础。

对法律类推的理论反对意见主要有三种：第一种意见认为，类推是推理步骤中"直觉"的闪现，是推理结构的一部分，本身不具有理性。如布鲁尔（Brewer）认为，类比如同"认知火花塞"（cognitive spark plug），

---

① 雷磊，法学博士，中国政法大学法学院教授。
② 我国学者却少有这方面的批评，法学教科书一般将类比推理列为与演绎推理、归纳推理相并列的一种推理形式，这或许与国人思维传统中向来匮乏形式理性观念有关。参见舒国滢主编：《法理学导论》，北京：北京大学出版社，2006年，第159页以下。
③ Scott Brewer, "Exemplary Reasoning: Semantics, Pragmatics, and the Rational Force of Legal Argument by Analogy", *Harvard Law Review*, 109 (1996).

当理性的引擎发动之后就不再需要了。① 第二种意见认为，类比推理对法律实践是有益的，但它们并非理性的论证而是政策性的考量。如爱德华·列维（Edward Levi）认为类推是"不完美的"，包含着"逻辑谬误"②。波斯纳（Posner）则提出类推是仅关注法律文本而不关注实际问题的体现，是"有害的司法原则"的渊源③。以拉里·亚历山大（Larry Alexander）为代表的"幻象学派"（phantasm school）持第三种意见。他们认为，类推根本就不存在，它仅仅是我们混乱的逻辑想象虚构出来的东西。④ 类比推理事实上要么是普通的演绎推理，要么根本就不能被认为是推理。总之，反对意见都从认知或修辞方面来认识类比的功能，否认类推的独立理性地位。归根到底，这些观点都预设着一种"或明或暗的假设"，即"只有运用演绎或归纳推理的论据才是分量足够重的论据"⑤。

二、类推作为直觉的闪现？

作为其主要论战对手，魏因瑞伯在其代表作《法律理性：法律推理中类比的运用》一书的一开始就重点分析了布鲁尔的观点。布鲁尔试图将类推的结构重构为三步。⑥ 第一步为"设证"（abduction）。当对某一法律规则或概念的外延能否涵盖当下案件事实发生疑惑时，推理者

---

① Scott Brewer, "Exemplary Reasoning: Semantics, Pragmatics, and the Rational Force of Legal Argument by Analogy", *Harvard Law Review*, 109 (1996).

② Cf. Edward Levi, *An Introduction to Legal Reasoning*, Chicago: University of Chicago Press 1985, 3, note5.

③ Cf. Richard Posner, *Overcoming the Law*, Cambridge (Mass.): Harvard University Press 1995, 519.

④ Cf. Larry Alexander, "Bad Beginnings", *University of Pennsylvania Law Review*, 145 (1996).

⑤ Lloyd Weinreb, *Legal Reason: The Use of Analogy in Legal Argument*, Cambridge: Cambridge University Press 2005, 66.

⑥ Scott Brewer, "Exemplary Reasoning: Semantics, Pragmatics, and the Rational Force of Legal Argument by Analogy", *Harvard Law Review*, 109 (1996).

先假定某一规则可适用于案件。此时，推理前提与结论间存在着可能（possible）的真值关系。① 这条假定的规则被称为"以类推为根据的规则"（analogy—warranting rule），简称 AWR。因为它以普遍化的规则形式蕴含了规则所构想的典型情形（源案例）与当下案例（目标案例）间的类比联系。第二步，对 AWR 的证立或证谬。在这一步中，推理者需要考虑适用 AWR 是否对目标案例与规则所涵盖的源案例进行归类或区分。为此，他需要尽可能多地列举支持正反双方意见的政策性论据与效率论据（"以类推为根据的论据"，AWRas）。运用这些论据，并与相似案例与相关法律原理一起反复衡量（"反思性调整"，reflective adjustment），推理者最终得出是否将目标案例与源案例归为一类，进而适用 AWR 的恰当结论。这是一个归纳性的步骤。第三步，适用 AWR。这一步为单纯的演绎推论，即适用 AWR 得出恰当的结论。显然，这一过程中的第二步的作用在于加强（或弱化）论证，第三步只具有形式作用，而类比事实上是在第一步就完成了的。但布鲁尔并没有为我们展示出这一步中类比的理性推导结构。相反，他认为类比不具有逻辑和证立上的意义，而具有认识论或心理学上的意义，即律师或法官是如何恰好从一堆可能的规则中击中一条特殊规则的。此后，类比就从推理者的视野中消失了，剩下是归纳与演绎任务。因此，类比的任务仅是初步性的，它本身不具有理性的力量。

魏因瑞伯认为，布鲁尔实际上是利用第二步的归纳与第三步的演绎来补救类推的逻辑有效性，但这种做法恰恰忽略了类推本身的力量，因为它使得类推在前提（假定规则）与结论的关联中不起任何理性的作用，类推丧失了自我。虽然布鲁尔通过重构类推的步骤来维系法律与理性（而非意志）的联系的努力值得肯定，但是他的证明过程显示出类推与这一努力的不相关，类推的地位被说得太过脆弱。因为类比的运用绝非偶然而是普遍的，它不仅仅是心理过程的反映。只要法律的规范性依赖于它的理性，类推就应以自己的名义占有一席之地。

---

① 相对地，演绎推理中前提与结论间存在确定（guarantee）的真值关系，归纳推理中前提与结论间存在或然（probable）的真值关系。

三、日常生活与法律领域的类推

魏因瑞伯对于类推的辩护是从日常生活中类推的运用开始的。在说明类推是如何广泛地存在于实践推理中,以及它们如何运作之后,他探讨了法律中类推的运用,阐述了法律类推与作为融贯、演绎、阶层化的规则体系的法律模式是如何衔接的,最后批判了一些反对意见。

对于日常生活中的类比推理,魏因瑞伯列举了两个常见的例子:Mary将桔汁倒在了白桌布上,Edna建议将盐撒在上面,因为通常这对酒有效。Charlie发动不了他的割草机,他想起当他的汽车发动不了时熄灭发动机歇一会儿通常很管用,因此他也熄灭了割草机的发动机。日常生活中我们会遇到大量相似的情景:当遇到一个我们未曾遇到过的问题时,我们通常并不会去进行各项试验以发现解决的办法,也不会对相关领域进行研究以得出可资适用的一般性规则。我们没有时间,或即使有时间也不会花时间这么做,而会根据以往对相似情景的经验作出类比的猜测。但当问为什么可以类推时,我们通常说不出所以然来。我们当然会同时考虑二种情景的相似与不相似之处,但我们会马上挑选出对于当下目的而言相关与不相关的相似与不相似之处。在某种意义上,日常生活中的类比推理就如孙斯坦(Sunstein)所言是"未完全理论化的"①。甚至在许多时候,更准确地说,类推是完全非理论化的。Edna与Chalie在解决实践问题时,从经验出发来得出办法,而不去追问解决办法的理论原理。理论在类推的考虑之外。但是有人会认为,实践类推与法律类推是不同的。一方面,两者任务的本质有所不同。前者的任务是知悉有关事物的相关信息,而后者的任务在于规定行为(权利与义务)。另一方面,两者完成任务的方式有所不同。在实

---

① 孙斯坦在三种意义上使用"未完全理论化的"这一概念:一是在某个一般原则上达成共识而未必也无需赞同它在特定情形中的要求;二是人们在某个中等层次的原则上取得一致意见,但在一般原理和特定案例二方面都存在分歧;三是人们在范围较窄或较低层次的原则上达成共识来解释特定结果的协议。其中第一层含义注意涉及立法,后二者主要涉及司法,也是此处所说的意思。凯斯·孙斯坦著,金朝武,等译:《法律推理与政治冲突》,北京:法律出版社,2004年,第39—72页。

践推理中,将日常经验运用于偶然、随意的非规则化的情景。在法律推理中,法律却是高度系统化的规则体系,司法判决的结果是经过论辩双方反复商谈的结果,要经受法律人共同体的检验,适用于未来的案件。此外,正当程序是法律推理的要件,而它在实践中没有对应物。这些差异实际上都指向一个差异:日常生活中推理的结果可以得到直接与明确的检验,如 Mary 的桌布重新变白了,Chalie 的割草机发动了,就证明类推是成功的。但法律推理的结果并不存在可受检验的明晰标准。相反,推理的好坏通常由程序与过程来决定。即便如此,魏因瑞伯认为,法律中的类比推理与日常生活中类比推理的推理形式是一样的。如果说日常生活中的类比推理是权宜之计,那么司法中的类比推理则是必不可少的。

  法律推理是律师在争讼以及法官在断案时运用的推理类型。其特点有:1. 司法裁判的起点是双方争议的案件事实。2. 司法裁决完全基于法律之上。事实上,这两个方面是联系在一起的,只有法律规定的会对结果发生影响的事实才会成为人们争议的对象,同时也只有与事实相关的法律才会成为法律推理的大前提。事实的相关性与法律的具体含义只有在法律推理中才能明确,因此"事实归类"与"法律解释"是推理的中心任务。① 具体而言,首先是将事实定位于一个与所涉及的人类行为相关的法律领域(如侵权、契约等);其次,在容纳进越来越多的具体细节之后,逐步凸显出论点,直至得出一条适用于事实的规则。有时规则与事实的对接意味着推理的结束。但是由于规则所使用的语言本身是概括性的,规则本身不可能精确地规定所有案件的事实细节。或者说,由于(1)规则语言作为意义标志的概括性与事实现象的特定性,(2)无论怎么精确,语言不能完全区分所有种类的事实现象,故在规则与其适用之间仍然存在缝隙。约瑟夫·拉兹(Joseph Raz)将其称作"规范缝隙"②。此时,"为了考虑到所有的事实细节与将它归于某条法律规则之下,法官将诉诸于类比推理来决定,实际上或可能地,当下事

---

  ① Lloyd Weinreb, *Legal Reason: The Use of Analogy in Legal Argument*, Cambridge:Cambridge University Press 2005,83.
  ② Joseph Raz,"Reasoning with Rules",*Current Legal Problems*,54(2001).

实更接近和类似于可涵摄于这条规则下的事实还是那条规则下的事实"①。可以说,规范缝隙的存在决定了类推的必要性。当然,有时在司法推理中并不需要类比推理或者说它只起到了较小的作用。事实上,类推的作用空间与规范缝隙的大小成正比,规范与事实间的缝隙越大,则类推的作用就越明显。在规则直接涵摄事实的简单案件中,我们可以认为规范缝隙为零,即"典型事实"与"待决事实"完全重合,此时类推的作用不明显;在没有任何事实细节被规定的疑难案件中,我们可以认为规范缝隙最大,即"待决事实"偏离"典型事实"最远,越有类推的可能。有时,类推与支持类推的工具性论据(instrumental arguments)也即(适用)规则的理由会被一起考量。此时,类推与理由相互支持,它们间的强度成正比。规则相同地适用于源案件与目标案件,就意味着它帮助建立起类推依赖的相似性的关联性;同时,类推使得考量蕴涵于规则下的理由正当化。适用规则的理由越强,支持在源案件与目标案件间类推的相似性就越大;而相似性越牵强,支持进行类推的理由就越弱。② 所以,法官在裁决案件时运用的类推绝非任意,而必须根据规则来裁决。虽然一个案件本身具有独特性,但是当我们将其一般化后,在某个层面上,案件的事实就不再是独一的。在其与另一个案件间建立起类比性关联之后,法官就有了依照法律来裁决的理性基础。"法网恢恢"并不指法律预先规定了所有案件的结果,而是意味着无论案件多么特别,其结果总能在法律中找到。在此之间,类推必不可少。

19世纪末20世纪初美国"机械法理学"(mechanical jurisprudence)与德国"概念法学"(conceptual jurisprudence)曾认为,法律是一个无漏洞的规则等级体系,所有案件的答案都可以从这一体系中演绎地推出。但事实上,由于法律漏洞的无法避免、在某个案件中规则间的适用会发生竞争(其中每条规则都与其他规则相融贯且在等级体系中占有一席之地),仅有规则体系本身是无能为力的,类推难以避免。但是,规则等

---

① Lloyd Weinreb, *Legal Reason: The Use of Analogy in Legal Argument*, Cambridge: Cambridge University Press 2005, 91.
② Lloyd Weinreb, *Legal Reason: The Use of Analogy in Legal Argument*, Cambridge: Cambridge University Press 2005, 97.

级体系模式并非毫无作用。在一个法律秩序中,规则提供了区分好的类推与坏的类推的相关标准。可以说,"没有类推的规则是无力的,没有规则的类推是盲目的"①。同时,我们也可以发现这样的现象,即法律体系越成熟,类推的作用空间就越小。当法律体系处于初创时期时,类推是必要的推理方法;而当法律体系处于成熟时期时,它就不再是必不可少的,此时广泛的一般性原则包含了更多的特定规则,更多的区分被清晰地表述。但是,新的案件总是不断地涌现,疑难情形总是层出不穷,法律的理性化②是一个持续不断的过程,永远无法达到完全清晰与稳定的演绎体系的程度。这就决定了类推永远有存在的必要。

但上述观点可能会面临三种反对意见。第一种意见认为,类推是迷糊的演绎推理,或者是归纳与演绎的综合。首先通过归纳构造出一条一般性规则,然后将当下的案件涵摄于其下,演绎出结论。③ 魏因瑞伯则通过分析一系列法官的案件裁决指出,法官运用类推并不欲得出一条一般化的普遍规则,而仅仅是就当下案件与先例的相似性与不相似性进行比较,而决定后者的法律后果是否适用于前者。司法的目标在于解决眼前的案件而不是创造更为普遍的准则,后者是立法的任务。相反,类推要适用规则。虽然法律材料(成文法、解释条文、先例裁决等)是摆在面前的,但适用于案件的规则本身并不是一目了然的。适用于案件的规则是一种对裁决的一般化陈述,而不是裁决本身。因此,不是类比依赖于规则,而是规则依赖于类比。类比是规则适用的工具,通过它法律材料与案件的特定事实相关联。一般性规则的适用并不是演绎的逻辑结果,对规则的精确化(解释)是司法的必要特征,它是类推的

---

① Lloyd Weinreb, *Legal Reason: The Use of Analogy in Legal Argument*, Cambridge: Cambridge University Press 2005, 105.

② 此处的终端当是韦伯(Max Weber)所说的"形式理性法"阶段。有关形式理性法的内容,参见马克斯·韦伯著,康乐,简惠美译:《法律社会学》,桂林:广西师范大学出版社,2005年,第28—29页。

③ 阿图尔·考夫曼(Arthur kaufmann)也持同样观点,他认为类推的途径是特殊经由普遍到特殊的过程。参见阿图尔·考夫曼著,吴从周译:《类推与"事物本质"——兼论类型思维》,台北:学林文化事业有限公司,1999年,第77页。

方向。但它并没有取代类推而是使得类推依照法律规则来进行。① 第二种意见从"日常实用主义"(everyday pragmatism)出发认为,类推转移了法官的恰当注意力,即不同裁决方法的实践结果。两个案件是否相似,某个规则是否适用,对于裁决结果没有重要意义。相反,根植于普通人日常经验的归纳性论据是关键。只有考虑裁决结果对于社会、政治价值的持续性、普遍性影响的裁决才是正当的。波斯纳甚至一度主张抛开规则而直接诉诸于日常经验。魏因瑞伯指出,波斯纳的日常实用主义更多是一种理论姿态而非具有实践意义的实践指导。后果考量是大多数法官都或多或少会运用的方法,但遵守法律规则是立法与司法的基本界限。运用类推使法律根植于具体案件本身为后果考量方法进入传统司法领域保留了空间。因此,后果考量并不能完全取代类推。第三种意见将类推作为启发得出假定规则的认识工具,而不具有证立的功能。其推理有效的真正依据还在于后面的工具性论据以及第三步演绎推理。但由于工具性论据本身是不受法律规则的约束的,因而第三步适用的规则也不受约束。魏因瑞伯又要求这条规则与其他法律规则相融贯,而这只有通过类推的手段才能达成。因此布鲁尔的论证存在着背反之处。

四、类推的认知心理学基础

在对类推理论进行全面阐发之后,魏因瑞伯引用了对于儿童类比思维的认知心理学的研究成果,说明类推是如何内在于人们的思维模式中的,即类推是人类的基本能力。类推的好坏并不取决于推理者认知能力的强弱(人人都有类推能力),而在于相关经验与知识的多少。后者才是有效类推的关键。比如,一个来自从不下雨的地方的人(极端例子如外星人)不会将早晨看到台阶上湿的情形与昨晚下过雨联系起来,没有接触过任何发动机的人也不会处理割草机发动不了的问题。

---

① 考夫曼认为,解释与类推实质上是一回事。参见阿图尔·考夫曼著,吴从周译:《类推与"事物本质"——兼论类型思维》,台北:学林文化事业有限公司,1999年,第89页。

这并非他们的能力存在缺陷，而是因为他们缺乏相关的先前经验。"某些类推比其他类推要好，并非它们恰好诉诸于个人的想象力与感悟力，而是因为它们更密切地反映了我们的经验和理解。"①法律中的类推也是如此，类推之所以可能，除了法律人具有与其他人一样的类推能力外，还因为他们具有共同体逐渐培育出来的法律经验与法律理解，有这一套良好的法律传统。也正因为如此，法律中的类推不仅追求逻辑上的合法性，也追求实质合理性(substantive reasonableness)。至于在经过充分的论辩与考量之后仍然存在对能否类推发生分歧的现象，魏因瑞伯认为这不是法律所独有的，这也不是一个缺陷。这是将纷繁复杂的人类经验规制于一般性规则之努力本身不可避免的伴随物。

此外，魏因瑞伯还论述了类推与法律教育及法治的关联。他认为，克里斯托夫·哥伦布·兰代尔(Christopher Columbus Langdell)在哈佛法学院创立的案例教学法具有重要的意义，它使得学生掌握了衔接法律与事实间缝隙的工具，理解了实践中的法律原理，不仅懂得了纸面上的法律(black letter rule)，而且掌握了具体情境中的细节与规则适用的相关性。无疑，类推就是跨越法律与事实的重要工具与方法。同时，类推也是遵守法治的重要途径。法治的基本要求在于法律预先为人所知，其规范性要求人们的服从。因此，法律推理遵从法律即是法治的体现。但是法律理性并不排斥经验判断，它并不要求建立起完全谱系化的形式体系，而只要求规则尽可能在事物允许的范围内被清晰陈述，而适用法律的人尽可能有意识地遵守法律，并拥有必要的经验与学识去这么做。它要求官方行为的一致性(official integrity)，但并不取消人的判断。因此，以司法经验为保障的类推并不违反法治，而恰恰是将法律与事实连接的途径。"类推使得我们有可能依照一般性规则来管理我们的生活，而不否弃人类经验的特殊性。它的目标不在于确定性而在于合理性，即保障与人类行为的多样性相适应的规则的可预期与公正

---

① Lloyd Weinreb, *Legal Reason: The Use of Analogy in Legal Argument*, Cambridge: Cambridge University Press 2005, 137.

适用。"①

五、通过经验的理性化？

魏因瑞伯的著作可以看作是近年来为类推正名的一次英美式的努力。② 其主要观点，如类推与司法理性密切关联、类推的合理性受到司法经验的保障、法律类推与实践类推的一致性、法律类推恰恰为实现法治的工具等，对于深化对类推理论的理解具有重要的意义。但在笔者看来，魏因瑞伯最具有洞见的见解恐怕还在于认为规范缝隙的存在是进行类推的必要前提。或者更进一步地说，依照考夫曼的看法，正因为法律中缝隙/漏洞无处不在，所以法原本就带有类推的性质，而类推是法律适用不可或缺的方式。③ 我们明白了这一点，就会理解法律推理与司法活动难题的根源所在，也会明白类推是司法的基本思维方式。④ 它不是可以由我们选择的推理模式之一，而是撇之不去的司法认知能力！

当然，这并非说魏因瑞伯的论证无懈可击。《法律理性》一书最终想要说明的观点是，支持类推的理性基础在于"法律脉络（legal context）"或"法律自身"，而这又是受到法律人"法律知识与经验"所确

---

① Lloyd Weinreb, *Legal Reason: The Use of Analogy in Legal Argument*, Cambridge: Cambridge University Press 2005, 161.
② 之所以说是英美式的努力，是为了与德国式的诠释学进路相区别。前者认识论是从司法经验主义出发论证类推的合理性，而后者（以考夫曼为代表）从本体论与形而上学的高度出发，将类比看做是法律的根本属性，将类推与德国传统的"事物本质"相联系，以类推为寻求法律评价上的"意义同一性"的努力。
③ 阿图尔·考夫曼著，吴从周译：《类推与"事物本质"——兼论类型思维》，台北：学林文化事业有限公司，1999 年，第 41、45 页。
④ 魏因瑞伯甚至认为演绎推理也依赖于类比推理。"除非人们能够将一个客体辨认为某一类别的一员，而不管它与这一类别中其它成员的差别，否则演绎推理就不可能。"Cf. Lloyd Weinreb, *Legal Reason: The Use of Analogy in Legal Argument*, Cambridge: Cambridge University Press 2005, 127.

保的①。将类推可能性与合理性的保障诉诸司法经验传统尽管为类推的理性化立场找到了一种"貌似正确的"基础,但是,正如魏因瑞伯本人所说的,司法过程中经常出现一些并不清晰可确定能否类推、如何类推的疑难案件,或者说以往的司法经验并没有告诉我们怎样做。此时,我们如何确保类推的合理性? 或许,这种合理性的期望只能寄托于一种理性的商谈程序。通过一种理想言谈情境下双方公开、公平、公正地自由论辩来达成有关类推的认识与抉择。由此,我们关注的重点将转移至法律商谈的程序条件上来。对此,欧陆的法律论证理论尤其是德国学者罗伯特·阿列克西(Robert Alexy)的程序性论证理论提供了有益的思路。② 程序性论证理论的基本理念在于,当且仅当一个规范命题可能是一个理性论证程序的结果,它就是正确的。③ 这种理性论证程序的目标在于在此一程序中通过说理达成共识,理性论证程序的内容则在于建构出一套理性论证的程序性规则。作为特定论证形式的类推既要符合普遍实践论证的一般规则(理性商谈规则、论证程序公正性规则、论证负担规则、规范命题证立规则),也要符合自身特殊的形式与规则。后者同时包括了类比内部证成与外部证成的形式与规则,而外部证成又包含着不同论证层次的要求。④ 所以,一种注重共同体司法经验传统与类推程序相结合的进路或许是保障类推合理性较全面的考虑。

此外,魏因瑞伯也并没有涉及对类推与类型思维的关系进行阐述。在法律诠释学的观点中,类型思维是一种与传统的(抽象)概念思维相对的思维方式。两者的区别在于:一方面,(抽象)概念的构成要素绝对不可或缺且具有同等重要地位("特征"),而类型注重的是诸要素的整

---

① Lloyd Weinreb, *Legal Reason: The Use of Analogy in Legal Argument*, Cambridge: Cambridge University Press 2005,136—138.

② 罗伯特·阿列克西著,舒国滢译:《法律论证理论——作为法律证立理论的理性论辩理论》,北京:中国法制出版社,2002年。

③ 罗伯特·阿列克西:《程序性法律论证理论的理念》,罗伯特·阿列克西著,朱光,雷磊译:《法 理性 商谈》,北京:中国法制出版社,2011年,第89页。

④ 关于构筑这样一套形式与规则的努力,参见雷磊:《类比法律论证——以德国学说为出发点》,北京:中国政法大学出版社,2011年。

体形象("意义"),各要素的重要性是相对的,相互之间的关系也是或强或弱的。另一方面,(抽象)概念是封闭的,以"非此即彼"的方式适用("分类"思维);类型概念是开放的,具有流动性和极大的弹性,以"或多或少"的方式根据具体情境来决定适用("归类"思维)。在类型中至少出现一个可区分层级的要素,并且层级的边界是流动的:可分层级之概念要素在个案中实现的程度越高,其他可分级之要素所必须被实现的程度便可随之降低。① 与之相应,传统(抽象)概念的适用方式是涵摄,而类型适用于个案的方式就是类推。因此,至少在法律发现的层面上,类型思维的存在是类推的前提。尤其是法官所具有的类型认知框架与类型思维过程,对于司法实践中法官如何进行类推的操作具有重要意义。② 但魏因瑞伯显然没有这方面的意识。同时他也对美国学界之外的他国理论关注过少,这或许不是一句"理论视野过窄"可以解决的问题,未必没有美国文化中心主义的影响。这也正是我们的研究中所要竭力避免的。

原载于《河南大学学报(社会科学版)》2018 年第 5 期,《中国科学文摘》2019 年第 2 期全文转载

---

① 阿图尔·考夫曼著,吴从周译:《类推与"事物本质"——兼论类型思维》,台北:学林文化事业有限公司,1999 年,第 111—119 页;卡尔·拉伦茨著,陈爱娥译:《法学方法论》,北京:商务印书馆,2003 年,第 100—101 页;雷磊:《方法和限度:回到事情本身——解析考夫曼〈类推与事物本质〉》,郑永流主编:《法哲学与法社会学论丛》,2006 年第 1 期,北京:北京大学出版社,2006 年,第 265—267 页。

② 前些年出版的一本中文著作弥补了这一空白。参见顾祝轩:《合同本体论解释:认知科学视野下的私法类型思维》,北京:法律出版社,2008 年,第 139—180 页。

功利原则简释

翟小波①

对世俗版本的功利原则的系统论述最早是由边沁提供的。边沁与他的追随者还广泛运用了这项原则,使之成为英国很多进步的政治、法制和社会改革的指导性理念。本文主要是对边沁的功利原则的介绍,同时也试图为功利原则做辩护。但这里的介绍与辩护主要是在边沁的理论框架内、以边沁的著述为基础的。本文是"简释":关于边沁的功利原则,他自己的论述及后来的优秀诠释汗牛充栋;边沁关于功利原则的论述的每个方面几乎都被讨论过。本文主要是整理和叙述学界已有的讨论,简单勾勒笔者认为比较可取的线索或方向,暂时不处理诠释者复杂的分析。② 笔者希望本文可以增进我国知识界对功利原则这项基本的道德与立法原则的理解,消除对这项原则的一些误解或歪曲;附带地,笔者也希望本文可以对实务界有所帮助,使得道德与法律工作可以更少地制造痛苦、更多地增加幸福。

---

① 翟小波,法学博士,澳门大学法学院副教授。
② 本文的主要参考文献,除了边沁自己的相关论述,尤其是 Jeremy Bentham, An Introduction to the Principles of Morals and Legislation (下文简写为 IPML), J. H. Burns and H. L. A. Hart (eds.), Oxford: Clarendon Press, 1996 外,还包括 H. L. A. Hart, "Bentham's Principle of Utility and Theory of Penal Law", in Jeremy Bentham, IPML, J. H. Burns and H. L. A. Hart (eds.), Oxford: Clarendon Press, 1996, lxxix—cxii; Ross Harrison, *Bentham*, London: Routledge, 1983; Philip Schofield, *Utility and Democracy: The Political Thought of Jeremy Bentham*, Oxford: Oxford University Press, 2006; Gerald Postema, Utility, Publicity and Law: Essays on Bentham's Moral and Legal Philosophy, Oxford: Oxford University Press, 2019.

一、功利原则的界说

在《道德与立法原理导论》的开头,边沁说,功利原则是他的整部著作的基础,他要为它提供一个明白而确定的界说:"功利原则指的是这样的原则:它根据每个行为貌似拥有的增加或减少利益相关方的幸福的倾向来赞许或批评这个行为。……我这里说每个行为,不只是私人的每个行为,而且还包括政府的每项措施。"①大约50年后,边沁补充说:"功利原则这个名字近来已由最大幸福(greatest happiness)或最大福乐(greatest felicity)原则所补充或取代。这是简称,它是指这样的原则,即它主张一切利益相关者的最大幸福是行为的正确与适当的目的,唯一正确、适当和普遍可取的目的:它是指每个情境下的人的行为,尤其是行使政府权力的公务员的行为。"②边沁对功利原则本身的讨论是仓促的,有时是不精确的。③ 他急于运用这个原则去解决实际问题,而不是去说明它的形而上学。本文的任务是以边沁本人关于功利原则的貌似松散的、不成系统的讨论为基础,初步地整理出这个原则的形而上学。

二、功利原则的证明

边沁是如何证明功利原则的呢?应然是不可以依照实然来定义的,也是不可以从实然推导出来的。在论证功利原则时,小密尔(J. S.

---

① Jeremy Bentham, IPML, J. H. Burns and H. L. A. Hart (eds.), Oxford: Clarendon Press, 1996, 11—12.

② Jeremy Bentham, IPML, J. H. Burns and H. L. A. Hart (eds.), Oxford: Clarendon Press, 1996, 11, footnote a.

③ H. L. A. Hart, "Bentham's Principle of Utility and Theory of Penal Law", in Jeremy Bentham, IPML, J. H. Burns and H. L. A. Hart (eds.), Oxford: Clarendon Press, 1996, lxxxvii.

Mill)说,"主张某东西是 desirable,唯一的证据就是人们事实上 desire it"。①因为这句话,摩尔(G. E. Moore)就指控说小密尔犯了自然主义谬误(naturalistic fallacy)。② 一些人也指责边沁犯了自然主义谬误。③ 这种指责的主要根据之一是边沁的这一段话:"自然把人类置于痛苦和快乐这两大主宰之下。痛苦和快乐,也仅仅是痛苦和快乐,指明了我们应该做什么,也决定了我们会做什么。一方面,正确与错误的标准,另一方面,因果关系的链条,都取决于这两大主宰。它在行为、言说以及思想等所有方面支配着我们。我们要摆脱它的奴役的每个努力,只会证明和确认我们对它的服从。表面上,一个人也许可以声称弃绝它们的帝国,但事实上,他将依然时刻从属于它。功利原则承认这种从属性,把它假定为功利原则体系的基础,而这个体系的目的就是用理性和法律的手段来建造一座福乐的大厦。"④这种自然主义谬误的指责,虽然适用于小密尔,但不适用于边沁。小密尔的逻辑是把 desirable 与 seeable、doable 相类比;但与后者不一样,desirable 是一个歧义词:既指事实上的可欲性,也指道德上的可欲性,即应欲性。如果因为快乐是事实上可欲的,就认为它在道德上是应欲的,就的确犯了自然主义的谬误。接下来,通过整理边沁的的功利原则的证明相关的讨论,我希望表明,他没有犯这样的谬误。

在《道德与立法原理导论》的第一章,边沁说,道德证明的链条总有一个开端,功利原则就是作为这个开端的第一原则,它可以被用来去证明其他一切主张,但它自己是不可被直接证明的。给出这种直接的证

---

① J. S. Mill,"Utilitarianism", in J. M. Robson (ed.),Collected Works of John Stuart Mill,Toronto: University of Toronto Press,1969,vol. 10,234.

② G. E. Moore, Principia Ethica, T. Baldwin (ed.), Cambridge: Cambridge University Press,1993,62.

③ See Philip Schofield, "Jeremy Bentham, the Principle of Utility, and Legal Positivism",Current Legal Problems,56 (2003).

④ Jeremy Bentham, IPML, J. H. Burns and H. L. A. Hart (eds.), Oxford: Clarendon Press,1996,11.

据,"既不必要,也不可能"。① 它也不能前后一致地被驳倒:"人能不能移动地球呢?能,但他必须先找到另外一个地球让他站在上面。"②

功利原则,在边沁提出时,并不是大家都接受的自明的原则;相反,它还被很多人激烈反对。它在边沁的理论体系中又是基础性的。说它是无需证明的第一原则,的确是轻浮地打发了一个关键问题。其实,边沁并非如此轻浮。他在这里的意思只是,很难也没必要给功利原则提供"直接的证明"(any direct proof)。边沁其实费了不少力气来说明功利原则的正确性(rectitude)或适宜性(propriety)。③

功利原则是一项原则。原则是什么?边沁在一个脚注里说,一项原则就是一种心理行为,一种情感或态度(sentiment)。④ 把道德原则问题当成态度问题,这在当代的道德哲学里被称作情感主义或表达主义。⑤ 表达主义或许会陷入道德怀疑论或不可知论,但并不必然如此。边沁认为,同样作为表达主义的"同情与反感的原则"(the principle of sympathy and antipathy)必然导向道德怀疑论,但功利原则可以避免这样的命运。同情与反感原则把"某个人自己的无根基的态度的简单断言"或任性的奇想(caprice)作为评价和指导人们的行为的标准。同情与反感的原则,也被边沁称作任性或想像的(phantastic)原则,⑥它只是把个人的爱恨感情本身作为标准或充足理由,要求立法者根据爱恨的程度来决定惩罚的宽严——这实际上是否定了一切原则。根据边沁,

---

① Jeremy Bentham, IPML, J. H. Burns and H. L. A. Hart (eds.), Oxford: Clarendon Press, 1996, 13.

② Jeremy Bentham, IPML, J. H. Burns and H. L. A. Hart (eds.), Oxford: Clarendon Press, 1996, 13.

③ Jeremy Bentham, IPML, J. H. Burns and H. L. A. Hart (eds.), Oxford: Clarendon Press, 1996, 13, 15.

④ Jeremy Bentham, *IPML*, J. H. Burns and H. L. A. Hart (eds.), Oxford: Clarendon Press, 1996, 12.

⑤ 关于边沁的情感主义或表达主义,见 Ross Harrison, *Bentham*, London: Routledge, 1983, 192, 100—103, 109—110.

⑥ See Jeremy Bentham, IPML, J. H. Burns and H. L. A. Hart (eds.), Oxford: Clarendon Press, 1996, 21—25.

人们之所以需要原则,是为了找到一个外在的、确实的和公共的标准,可以让他们据以来评价和指导自己的赞许和反对的态度。① 很多用不少堂皇的名词包装的所谓的原则,都属于同情与反感原则,都是无意义的废话:它或者是把自己的偏见强加于人,这等于是独裁专制;或者是主张把每个人的偏见都确立为原则,这实乃无政府主义。②

与所谓的"同情与反感原则"不一样,功利原则主张的作为道德标准的态度,是以对一个行为的功利性的反思为基础的。③ 功利性可以化约为痛苦和快乐的感觉,或可以依照这两种感觉而得以解释。痛苦和快乐的感觉是每个人都可以知晓的、可以被观察的经验事实。因此,功利原则可以满足人们对原则的需要:根据功利原则,围绕应该与不应该、正确与错误的争议就是有意义的,而且是可以凭理性来确定地解决的问题,④而不再是泼妇骂街。根据边沁的理论,一切概念,若不可以化约为痛苦和快乐的感觉,便都是无意义的。

功利性是某种行为的增加利益相关主体的幸福的属性(property)。⑤ 功利原则是认可和赞赏功利性的态度,这种态度关心的利益相关主体是一切有情众生(all sentient beings)。对理解功利原则来说,这一点至关重要:如边沁所说:"对利益受影响的人的数量的考虑,

---

① Jeremy Bentham, IPML, J. H. Burns and H. L. A. Hart (eds.), Oxford: Clarendon Press, 1996, 25.

② Jeremy Bentham, IPML, J. H. Burns and H. L. A. Hart (eds.), Oxford: Clarendon Press, 1996, 15—16, 28.

③ Jeremy Bentham, IPML, J. H. Burns and H. L. A. Hart (eds.), Oxford: Clarendon Press, 1996, 16.

④ Jeremy Bentham, IPML, J. H. Burns and H. L. A. Hart (eds.), Oxford: Clarendon Press, 1996, 13. See also Gerald Postema, Utility, Publicity and Law: Essays on Bentham's Moral and Legal Philosophy, Oxford: Oxford University Press, 2019, 60—62; Philip Schofield, "Jeremy Bentham, the Principle of Utility, and Legal Positivism", in Current Legal Problems, 56 (2003), 4.

⑤ Jeremy Bentham, IPML, J. H. Burns and H. L. A. Hart (eds.), Oxford: Clarendon Press, 1996, 12.

最大程度地促进了这个标准的形成。"①Schofield 解释说,"当所有人的快乐和痛苦都被顾及后,一个判断就变成了伦理判断……对范围这个最后的纬度的考虑……把对心理事实的陈述变成了对道德事实的陈述。"②

边沁的功利原则没有把关心的范围限定于直接利害相关者,而是包含一切利害相关者。Lyons 主张说,边沁的功利原则是地方性(parochial)而非普遍性的(universal),功利计算要考虑的有情众生只是某行为所影响的特定政治共同体的成员,不是受该行为影响的每个人。③ Lyons 的根据是边沁关于私人伦理学的评论。边沁曾说:"私人伦理学教导人们如何去寻求最有利于他们自己的幸福的道路"。④ Lyons 解释说,这句话包含一个潜在的原则,即一个人要去最大化的幸福,应该是处于他的控制之下或影响力范围之内的人的幸福。⑤ 这种说法是值得商榷的。首先,如哈特所说,"在《道德与立法原理导论》及边沁后来的论述(尤其是当他讨论国际法时)中,有太多的地方,边沁是

---

① Jeremy Bentham, *IPML*, J. H. Burns and H. L. A. Hart (eds.), Oxford: Clarendon Press, 1996, 11. 边沁认为,幸福的计算要考虑七个方面,分别是强弱、久暂、确否、远近、孕瘠、纯杂和广狭。广狭指的是其利益受某行为影响的主体的范围。See Jeremy Bentham, IPML, J. H. Burns and H. L. A. Hart (eds.), Oxford: Clarendon Press, 1996, 38—41.
② Philip Schofield, "Jeremy Bentham, the Principle of Utility, and Legal Positivism", Current Legal Problems, 56 (2003), 24.
③ David Lyons, In the Interest of the Governed, Oxford: Clarendon Press, 1973, 31—34.
④ Jeremy Bentham, IPML, J. H. Burns and H. L. A. Hart (eds.), Oxford: Clarendon Press, 1996, 293.
⑤ David Lyons, In the Interest of the Governed, Oxford: Clarendon Press, 1973, chapters 2 and 3.

在谈人类的更广大的利益"。① 边沁是地道的"世界公民"(citizen of the world)。② 如他自己所说,"在我的著述的每一页,对人类的爱都不曾片刻被遗忘"。③ 边沁对功利原则的很多讨论,的确貌似地方性的,貌似只关心特定政治体的成员的幸福,但这是因为这些讨论的主题是特定政治体的立法;作为一个实践问题,对立法者来说,促进最大幸福的最有效方式是关心自己统治下的民众的幸福。④ 然而,最大幸福原则本身则是普遍适用的,最大幸福包括受某行为影响的一切有情众生(甚至是动物)的痛苦与快乐。在讨论人们应不应虐待动物或动物应不应该获得权利时,边沁说,"这里的问题不是,他们会不会推理,也不是他们会不会说话,而是他们会不会疼痛。"⑤其次,同样如哈特所说,边沁的私人伦理学与功利原则不是一个层面或一种性质的学说,它们解决的是不同的问题:它与立法艺术是一个层面的,两者共同构成边沁所说的普遍伦理学,属于实践的艺术,旨在说明个人与立法者应该如何来贯彻和落实功利原则。⑥

---

① H. L. A. Hart,"Bentham's Principle of Utility and Theory of Penal Law",in Jeremy Bentham,IPML,J. H. Burns and H. L. A. Hart (eds.),Oxford:Clarendon Press,1996,xcvi. Also Ross Harrison,*Bentham*,London:Routledge,1983,275 — 277.

② Jeremy Bentham,A Comment on the Commentaries and A Fragment on Government,J. H. Burns and H. L. A. Hart (eds.),London:The Athlone Press,1977,398.

③ Jeremy Bentham,The Works of Jeremy Bentham, published under the superintendence of John Bowring,Edinburgh:William Tait,1838 — 1843,volume 10,142.

④ 关于这一点的详细论述,见 Gerald Postema,Utility,Publicity and Law:Essays on Bentham's Moral and Legal Philosophy,Oxford:Oxford University Press,2019,253.

⑤ Jeremy Bentham,IPML,J. H. Burns and H. L. A. Hart (eds.),Oxford:Clarendon Press,1996,283.

⑥ See H. L. A. Hart,"Bentham's Principle of Utility and Theory of Penal Law",in Jeremy Bentham,IPML,J. H. Burns and H. L. A. Hart (eds.),Oxford:Clarendon Press,1996,xciv,xcv.

功利原则关心的是受某行为影响的一切有情众生的幸福，它因此也被称为最大幸福原则。这里已预设了平等原则，尽管边沁声称功利原则是第一原则，但实际上，平等原则是内在于他的功利原则的。Postema 说，平等原则在边沁的实践哲学中处于基础性地位，而且这种基础性的平等原则是无条件的。① 功利原则在计算某行为可能导致的幸福时，"每个人只算一，没人是多于一"。② "对于普遍的幸福与不幸福来说，任何成员的幸福与不幸福所占的份额，都与其他成员的幸福一样……不多也不少。"③人们是自我优先的，但人们也很容易就认识到，其他人也是自我优先的，一旦把这种自我优先的原则（the principle of self-preference）推己及人，它就转化成了功利原则。④ 功利原则的视角实际上是一个无偏私（impartial）、仁慈和开明的立法者的视角。我们还可以列出边沁自己的几段话，来说明这一点。比如说，"在共同的守护者的眼里，任何一个人的幸福凭什么可以比任何其他人的幸福应该受到更多或更少的关心呢？"⑤"在每个无偏私的仲裁者的眼里——作

---

① Gerald Postema, Utility, *Publicity and Law: Essays on Bentham's Moral and Legal Philosophy*, Oxford: Oxford University Press, 2019, 95. 关于功利原则与平等的关系，存在不同的理解或争议。另外一种理解强调两点。第一，功利原则的平等，要求公共决策或立法应把每个人的苦乐都考虑进去，但功利原则并不必然认为，每个人都代表等量的苦或乐。第二，功利原则要求公共决策和立法假定每个人都代表了等量的苦或乐，这是立法者基于信息困境（即缺乏对每个人对苦乐的敏感性或每个人所代表的苦乐量的充分信息）的无奈之举、最不坏的选择。翟小波：《痛苦最小化与自动车》，《华东政法大学学报》，2020 年第 6 期；Michael Quinn, "Bentham on Mensuration: Calculation and Moral Reasoning", Utilitas, 26 (2014), 71.

② Jeremy Bentham, The Works of Jeremy Bentham, published under the superintendence of John Bowring, Edinburgh: William Tait, 1838—1843, vol 7, 334.

③ Jeremy Bentham, The Works of Jeremy Bentham, published under the superintendence of John Bowring, Edinburgh: William Tait, 1838—1843, vol 3, 459.

④ Jeremy Bentham, The Works of Jeremy Bentham, published under the superintendence of John Bowring, Edinburgh: William Tait, 1838—1843, vol 9, 63.

⑤ Jeremy Bentham, Legislator of the World: Writings on Codification, Law, and Education, Philip Schofield and James Harris (eds.), Oxford: Oxford University Press, 1998, 250.

为立法者,完全同等地关心共同体的每个成员的幸福——最大多数的最大幸福不得不成为政府的正确和适当的、唯一正确和适当的目标。"①"功利的指令恰是最广泛的、开明的和仁慈的指令。"② 在适用于国际法时,功利被表述为"一切国家的最大量的共同的、平等的功利"。③ 在政制设计、立法或政策制定过程中,功利原则尽管把安全放在第一位,但也特别强调平等:比如说,边沁强调,贩夫走卒与王侯将相一样都是人,④对苦乐有平等的权利。⑤ 功利原则要追求"每个人的等量的幸福"。⑥ 关于财富的分配,边沁强调边际功利递减的原理。⑦ 对平等的强调是功利原则的信徒都主张代议制民主和平等普选权的重要原因。⑧

以外在的、确实的标准(即功利性)为根据,与平等对待一切利益相关者,这两个要求并不足以让我们选择功利原则,因为苦行原则也同样符合这两个要求,只不过它的方向是与功利原则相反的:它谴责快乐,

---

① Jeremy Bentham, First Principles Preparatory to Constitutional Code, Philip Schofield (ed.), Oxford: Oxford University Press, 1989, 235. See also Gerald Postema, Utility, Publicity and Law: Essays on Bentham's Moral and Legal Philosophy, Oxford: Oxford University Press, 2019, 99.

② Jeremy Bentham, IMPL, J. H. Burns and H. L. A. Hart (eds.), Oxford: Clarendon Press, 1996, 117.

③ Gerald Postema, *Utility, Publicity and Law: Essays on Bentham's Moral and Legal Philosophy*, Oxford: Oxford University Press, 2019, Chapter 11 "Utilitarian International Order", 247—266.

④ Jeremy Bentham, The Works of Jeremy Bentham, published under the superintendence of John Bowring, Edinburgh: William Tait, 1838—1843, vol 9, 107.

⑤ Jeremy Bentham, "Essay on Representation", Jeremy Bentham: An Odyssey of Ideas 1748—1792, by Mary Mack, London: Heinemann, 1962, 449.

⑥ See Gerald Postema, Utility, Publicity and Law: Essays on Bentham's Moral and Legal Philosophy, Oxford: Oxford University Press, 2019, 112.

⑦ See Jeremy Bentham, "Pannomial Fragments", Selected Writings Jeremy Bentham, Stephen Engelmann (ed.), New Haven, CT: Yale University Press, 2011, 240—280.

⑧ Jeremy Bentham, The Works of Jeremy Bentham, published under the superintendence of John Bowring, Edinburgh: William Tait, 1838—1843, vol 3, 45.

歌颂痛苦。① 功利原则胜过苦行原则的地方在于，它以心理快乐论为基础，可以被理性人所接受：功利原则"承认"人们的趋乐避苦的心理，即"快乐和痛苦决定了我们将会做什么"，并"把它假定为功利原则体系的基础"。② 这包括两个方面，其一，我们自己是趋乐避苦的；其二，我们本来就有恻隐或同情之心，能够同情地回应别人的苦乐；能够将心比心、推己及人，行忠恕与絜矩之道，通过对自己的苦乐的价值的反思来承认别人的苦乐的价值。功利原则在这两个方面都顺应了人性，功利的指令因此是人们有动机来追随的，③而且是可以被一致地遵行的。④

苦行原则通常是对功利原则的错误、鲁莽或歪曲的适用，比如说僧侣以今生的苦求来世的福，或来避来世的更大的苦（上帝的惩罚或报复），或舍低级或粗俗或肉体的快乐求高级或雅致或精神的快乐（如令名之乐）。⑤ 若苦行原则不是对功利原则的错误使用，而真的是在歌颂苦行，那么它就缺乏道德原则所应有的普遍一致的适用性和公共性："不论一个人认为让自己受苦是什么美德，他都不会认为，让其他人受苦也是美德。"⑥"不论如何地被其信徒作为私人行为规则而热情接受，这项原则似乎很少被严肃地适用于政府事务。……正如功利原则的信徒一样，宗教性的苦行主义者也会认为，让他们的同志[而非他们所谓的异端]受苦是该受责备的。……苦行原则从来不曾、也绝对不能被任何人前后一致地遵行：如果这个地球上的十分之一的人前后一致地遵

---

① Jeremy Bentham, IPML, J. H. Burns and H. L. A. Hart (eds.), Oxford: Clarendon Press, 1996, 17−18.

② Jeremy Bentham, *IPML*, J. H. Burns and H. L. A. Hart (eds.), Oxford: Clarendon Press, 1996, 11.

③ Jeremy Bentham, *IPML*, J. H. Burns and H. L. A. Hart (eds.), Oxford: Clarendon Press, 1996, 16.

④ Jeremy Bentham, IPML, J. H. Burns and H. L. A. Hart (eds.), Oxford: Clarendon Press, 1996, 21.

⑤ Jeremy Bentham, IPML, J. H. Burns and H. L. A. Hart (eds.), Oxford: Clarendon Press, 1996, 17−21.

⑥ Jeremy Bentham, IPML, J. H. Burns and H. L. A. Hart (eds.), Oxford: Clarendon Press, 1996, 19.

行它，他们将在一天之内把它变成地狱"。①

二战以来，功利原则受到的很重要的批评之一是，对最大多数的最大幸福的追求会导致牺牲少数个体的权利；依照功利原则，个体缺乏不可侵犯的固有价值。当然，这样的批评原则上是正确的，边沁不认为个人拥有绝对不可以牺牲的核心利益。但需要强调的是，批评者关于功利原则会导致多数暴政、牺牲少数权利的担忧，被过分夸大了。

其一，功利原则所追求的幸福其实是由生存、安全、经济的平等和富足这四项子目标构成的，而在这四项子目标中，安全、尤其是预期的保障通常是优先于经济平等的。安全具体地体现为个人权利。其二，边沁认为多数或共同体都是由个人构成的，一个不保护个人的体制、立法或政策是无从保护多数的："如果为了增加其他人的财富而牺牲一个人的财富是适当的，那么自然就得不受任何限制地去牺牲第二个人、第三个人，因为，无论你已经牺牲了多少人，你总有相同的理由去再牺牲一个人。总之，第一个人的利益是神圣的，否则任何人的利益都将不再神圣。"②如 Postema 所说，边沁认为，功利原则是无偏私的，而一个无偏私的原则显然不会动辄强迫大家做利他主义的自我牺牲。③ 其三，边沁后来认为，"最大幸福"这个术语比"最大多数的最大幸福"更准确地表达了他的功利原则，因为后者容易导致人们忽略少数的权利。④ 如 Schofield 所说，边沁认为，多数的利益并不必然压倒少数的利益；当然，如果前者真的明显地压倒了后者，功利原则允许牺牲少数的利益，但边沁为这种牺牲设置了很高的门槛。⑤

---

① Jeremy Bentham, IPML, J. H. Burns and H. L. A. Hart (eds.), Oxford: Clarendon Press, 1996, 19—21.

② Jeremy Bentham, The Works of Jeremy Bentham, published under the superintendence of John Bowring, Edinburgh: William Tait, 1838—1843, vol 1, 321.

③ Gerald Postema, Utility, Publicity and Law: Essays on Bentham's Moral and Legal Philosophy, Oxford: Oxford University Press, 2019, 71.

④ Jeremy Bentham, Official Aptitude Maximized; Expense Minimized, Philip Schofield (ed.), Oxford: Oxford University Press, 1993, 352.

⑤ Philip Schofield, Utility and Democracy: The Political Thought of Jeremy Bentham, Oxford: Oxford University Press, 2006, 38—40.

三、心理快乐论与功利原则的调和

边沁认为,功利原则接受心理快乐论并以之为基础,所以它可以为理性人所接受。但心理快乐论不只主张人是避苦趋乐的,它还主张自我优先原理:人们会优先追求自己的快乐,尤其是当个体相互之间的快乐、个体与群体的快乐冲突时。这是"人性中的普遍、必然、不容置疑、也无须悲叹的特征"。① 边沁说:"在每个人的心中……涉及自己的利益总是压到了社会利益;每个人自己的个人利益总是会压倒所有其他人总和的利益。"②这没有什么可以遗憾的,因为若非如此,人类整个物种说不定就已经灭绝了。③ 功利原则要求自我优先的人们追求最大幸福,这不是在强人所难吗?这岂不违反了"应该意味着能够"(ought implies can)的命题?人们怎么会接受这样的原则呢?④ 边沁还认为,"就实践来说,一个人从来都没有义务做对自己不利的行为",⑤这不是自相矛盾了吗?

第一,"强人所难"(too demanding)的主要意思是说,人们都是特别关系中的人,个人与其他人的特别关系(比如说爱情、亲情与友情)会影响我们的决定。一些人认为,功利原则要求人们无偏私地把幸福最大化,所以这些特别关系在道德上就是不相关的。这种指责的预设未必是正确的。功利原则对最大幸福的执着,并不必然意味着它否认特别

---

① Jeremy Bentham, Rights, Representation, and Reform, Philip Schofield, CP Watkin, and Cyprian Blamires (eds.), Oxford: Clarendon Press, 2002, 415.

② Jeremy Bentham, The Book of Fallacies, Philip Schofield (ed.), Oxford: Clarendon Press, 2015, 432.

③ Jeremy Bentham, The Book of Fallacies, Philip Schofield (ed.), Oxford: Clarendon Press, 2015, 46.

④ H. L. A. Hart, "Bentham's Principle of Utility and Theory of Penal Law", in Jeremy Bentham, IPML, J. H. Burns and H. L. A. Hart (eds.), Oxford: Clarendon Press, 1996, lxxxviii.

⑤ Jeremy Bentham, Deontology together with A Table of the Springs of Action and Article on Utilitarianism, Amnon Goldworth (ed.), Oxford: Oxford University Press, 1983, 121.

关系与人们的道德选择的相关性。对于边沁来说，这些特别关系其实构成了快乐的原因，应该受到保护。比如，他曾强调友谊与亲情之乐（the pleasures of amity）构成单独的一种快乐类型；① 他曾强调，若一个人犯了故意杀人罪，若被害人是犯罪嫌疑人的父亲，那么这种特别关系构成决定惩罚的加重情节。② 认为特别关系与道德选择无关的观点，将会无视很多的快乐之源，由这种观点所指导的实践显然会给人类带来很多的痛苦，很可能不符合功利原则。对特别关系的相关性的承认或接受并不必然改变功利原则的性质。依照功利原则，在不损害特别关系的情况下，人们应该去追求最大幸福。这是否依然是在"强人所难"呢？也许是。但我们应该把强人所难即 demandingness 与"完全做不到"区别开来：要求人们牺牲自己的利益来保全或追求更大的利益，虽然难，但并不是完全做不到，所以强人所难的原则未必就违反"应该意味着能够"的命题。

第二，功利原则总要求人们牺牲自己的快乐来追求最大幸福吗？未必。边沁认为，如果人的义务是与他的快乐相冲突，那么这个义务就的确是无实际意义的，要求人们去牺牲自己的快乐的那些道德说教是无用的。③ 不错，个人之间的利益，个人与群体的利益，并不是自然和谐的。否则，就不需要立法者和道德家了。在个人利益与最大幸福冲突时，不是说个人利益丝毫不可以被牺牲，而是说，被牺牲的利益要得到相应的补偿，而且补偿的额度应该超过其所受损失。④

尽管个人的利益或快乐与最大幸福是有可能冲突的，但边沁认为，大多数情况下，个人真正的利益（不包括不向民众负责的少数掌权者的邪恶利益）与其所属的群体的利益是和谐的。首先，群体幸福本身是由

---

① Jeremy Bentham, IPML, J. H. Burns and H. L. A. Hart (eds.), Oxford: Clarendon Press, 1996, 43.

② Jeremy Bentham, The Limits of the Penal Branch of Jurisprudence, Philip Schofield (ed.), Oxford: Clarendon Press, 2010, 271.

③ See Jeremy Bentham, Constitutional Code, F. Rosen and J. H. Burns (eds.), Oxford: Clarendon Press, 1983, 451.

④ See Gerald Postema, Utility, Publicity and Law: Essays on Bentham's Moral and Legal Philosophy, Oxford: Oxford University Press, 2019, 137—138.

个人幸福构成的,如边沁所说,"共同体是一个拟制实体,由被认为是构成其成员的那些个人构成";①"个人利益是唯一真实的利益"。② 其次,个人的幸福通常可以分成两部分,一部分是纯属于自己私人的,另一部分是与群体共享的。群体的幸福是由个人幸福构成的,又在很大程度上是由个人所共享的(比如说,群体的生存、安全、平等、富足等,也是每个人共享的普遍利益)。③ 促进最大幸福的最好方式便是每个人自己或政府要照顾个体的利益。④ 每个人都照顾好自己的利益,牺牲大家的利益来增加纯属自己私利的行为就会受到阻碍,难以得逞;相反,追求自利但却不伤害、甚或会促进大家的利益的行为,就会受到鼓励、支持和帮助。⑤

第三,边沁认为,个人真正的利益(比如确定的、纯粹的、丰孕的、长期的快乐)与集体福祉通常是不抵触的。⑥ 人们的利益或快乐通常是相互依存的,具有一种连带关系:个人幸福通常依赖于最大幸福,尤其是人们拥有的同情或恻隐之乐、名誉之乐、友谊与亲情之乐等等都属于

---

① Jeremy Bentham, IPML, J. H. Burns and H. L. A. Hart (eds.), Oxford: Clarendon Press,1996,12.

② Jeremy Bentham, *The Works of Jeremy Bentham*, published under the superintendence of John Bowring, Edinburgh: William Tait,1838—1843,vol 1,321.

③ Jeremy Bentham, The Book of Fallacies, Philip Schofield (ed.), Oxford: Clarendon Press, 2015, 45—46; Jeremy Bentham, First Principles Preparatory to Constitutional Code, Philip Schofield (ed.), Oxford: Oxford University Press, 1989, 153.

④ Jeremy Bentham, The Works of Jeremy Bentham, published under the superintendence of John Bowring, Edinburgh: William Tait, 1838—1843, vol 1, 321.

⑤ Jeremy Bentham, The Works of Jeremy Bentham, published under the superintendence of John Bowring, Edinburgh: William Tait, 1838—1843, vol 9, 63; see also Jeremy Bentham, First Principles Preparatory to Constitutional Code, Philip Schofield (ed.), Oxford: Oxford University Press, 1989, 135; and Jeremy Bentham, Securities against Misrule, Philip Schofield (ed.), Oxford: Clarendon Press, 1990, 265—266.

⑥ See David Lyons, In the Interest of the Governed, Oxford: Clarendon Press, 1973, 42, 51.

促进最大幸福的社会性快乐。① "一个国家里的多数成年人是不可能各自拥有独立于整体的利益的利益的。"② "每个人的人性中的普遍而持久的趋向是……社会性动机的力量将推动他的行为。"③ 真正理解自己幸福的人或开明的利己者,会选择符合最大幸福原则的行为。这表明,依照功利原则,道德和智慧是紧密联系的:一个有道德的人通常是明白个人幸福与最大幸福的关系并据之来行动的人;一个智慧的人通常是有道德的人;一个依照功利原则来说不道德的人是一个愚蠢的人。"人们偏离了正直的道路,与其说是因为自私和恶意,不如说是因为无知和软弱"。④ 边沁承认,"每个人是什么对自己的幸福有利的最好的判断者"(最好判断者命题),⑤但如 Postema 所强调的,这里说的"自己的幸福"只是直接的、眼前的幸福。⑥ 人通常是短视的,对当前苦乐的关心通常压倒了对长远未来利益的关心,这种短视导致了常见的集体行动难题或搭便车现象。对长远的未来幸福的追求,要求相关的信息与关于手段和目的之关系的判断,在这里,最好判断者命题未必就是有效的;如边沁所说,只有"习惯于正确而完整的思考、而且其情感

---

① Gerald Postema, Bentham and the Common Law Tradition, Oxford: Clarendon Press, 2019, 370—375.

② Jeremy Bentham, Rights, Representation, and Reform, Philip Schofield, CP Watkin, and Cyprian Blamires (eds.), Oxford: Clarendon Press, 2002, 430.

③ Jeremy Bentham, IPML, J. H. Burns and H. L. A. Hart (eds.), Oxford: Clarendon Press, 1996, 141.

④ Jeremy Bentham, The Works of Jeremy Bentham, published under the superintendence of John Bowring, Edinburgh: William Tait, 1838—1843, vol 2, 553.

⑤ Jeremy Bentham, Deontology together with A Table of the Springs of Action and Article on Utilitarianism, Amnon Goldworth (ed.), Oxford: Oxford University Press, 1983, 131. Jeremy Bentham, IPML, J. H. Burns and H. L. A. Hart (eds.), Oxford: Clarendon Press, 1996, 159.

⑥ Gerald Postema, Utility, Publicity and Law: Essays on Bentham's Moral and Legal Philosophy, Oxford: Oxford University Press, 2019, 34.

(passions)又允许他运用这些思考"的人才是最好判断者。① 这也说明了道德家为什么是有用的：他们可以向一些不够智慧的人们释明——或帮助或促动他们去思考——个人快乐或利益与最大幸福之间的关联，向他们释明有助于他们的利益的正确的目标和达到这些目标的手段，②从而改变他们行为的动机。当然，道德家的释明或劝说有可能会失败，而且个人利益与最大幸福并不总是一致的，依然会发生严重冲突，人们的利益的一致性并不足以确保人们永远不去损公肥私。③ 即使承认人的社会性和准社会性的动机（如仁慈、爱名誉、爱友谊等等），承认道德家的释明和劝说会促使人们的行为符合功利原则，边沁认为，我们依然不可能期望功利原则是在一切情形下都真起作用的私人道德原则（尽管在多数情况下的确如此），这时，功利原则作为私人道德原则就失效了，我们就不得不诉诸立法手段，动用奖惩机制来确保利益与义务的人为的等同，使得追求最大幸福（或把对他人造成的痛苦最小化）的义务可以落实。

四、心理快乐论成立吗？

心理快乐论是指人的行为主要是由趋乐避苦的心理决定的。功利原则承认心理快乐论并以之为基础。所以，心理快乐论成立与否，会对功利原则的命运产生重要影响。对功利原则的一类批评就是针对心理快乐论，大致如下。第一，很多时候，导致人的行为的心理活动与避苦

---

① Jeremy Bentham, Deontology together with A Table of the Springs of Action and Article on Utilitarianism, Amnon Goldworth (ed.), Oxford: Oxford University Press, 1983, 250.

② Jeremy Bentham, Deontology together with A Table of the Springs of Action and Article on Utilitarianism, Amnon Goldworth (ed.), Oxford: Oxford University Press, 1983, 251.

③ Jeremy Bentham, Colonies, Commerce and Constitutional Law, Philip Schofield (ed.), Oxford: Clarendon Press, 1995, 290. Also Gerald Postema, Utility, Publicity and Law: Essays on Bentham's Moral and Legal Philosophy, Oxford: Oxford University Press, 2019, 130—131.

求乐没有关系。第二，痛苦和快乐不在一个层次上，甚至具有不同的性质。行为是由欲望促成的，但欲望并不都是以快乐为标的，并不总是对快乐的追求，尽管摆脱痛苦的欲望通常会导致相应的行为；快乐或许是欲望满足之后产生的附随的心理感受，但欲望的满足与快乐的获得之间并不是直接的正相关关系。第三，人并不总是追求快乐。圣人君子尤其不追求快乐。如果大家都追求快乐，那么发明一个快乐机器，把我们都接到上面不就行了吗？第四，避苦求乐的行为可能会适得其反（self-defeating）：很常见的现象之一是，要真的追求快乐，就不应该聚焦于快乐；总是聚焦于快乐，反而享受不到快乐，比如在玩弹钢琴和踢足球等游戏时。通常，为了追求快乐，人不得不去控制自己对于快乐的欲望。一种说法是，人们应该追求利益，而非快乐：很多快乐是有害的，很多痛苦是有利的，比如说，苦口良药。

  这里的批评，其中不少边沁已充分地意识到了。对这里的所有批评，边沁都有很多话要说。第一，根据边沁的本体论，[①]一切的心理概念，包括欲望和动机、意志、利益和倾向等等，最终都植根于快乐与痛苦。人类思想的对象的根底都是物理性的。五官是一切知识的来源，一切不可以为我们五官所感触到的都是不存在的。当然，不存在的东西并不必然是没有意义的，尤其是在社会实践领域：在这里，我们谈论的许多对象都不是现实存在的，如权利和义务等等；尽管它们不是现实存在的，但谈论权利和义务等可能是有意义；也有一些谈论没有意义，比如自然权利或人权等，在边沁看来就是胡说八道。如何确定某种谈论是否有意义呢？边沁的回答是，要看它与那些现实存在的东西是不是有联系。边沁认为，在社会实践领域，人们对快乐与痛苦的感觉是最基础性的存在：人当然也是存在的，但人是什么呢？人是快乐与痛苦的容器而已。道德（包括政治与法律）领域的一切概念，如果没法根据快乐与痛苦而得到解释，就没有任何的意义，不值得谈论。如边沁所说，

---

① Xiaobo Zhai, "Bentham's Natural Arrangement and the Collapse of the Expositor-Censor Distinction in the General Theory of Law", in Xiaobo Zhai and Michael Quinn (eds.), Bentham's Theory of Law and Public Opinion, Cambridge: Cambridge University Press, 2014, 146—167.

"快乐和痛苦……是道德领域的一切概念的唯一明确的渊源"。① "对那些不影响人们的幸福的物事,人们凭什么要关心它呢?"② "功利原则指出了正确与错误的唯一的渊源和标准,即人们的苦难和幸福。"③边沁认为,一切心理实体或现象(包括欲望)或一切确有所指的概念,都可以化约为快乐或痛苦的感觉;一切心理实体的根或支柱都只能是痛苦或快乐的感觉;与这两种感觉无关的一切心理活动都不值得关注。边沁认为欲望和动机是一样的,④都是由快乐和痛苦孕生的;动机是作用于人的意志、导致人做某种行为的因素,它只是关于某行为是否会带来快乐或痛苦的观念。⑤

第二,边沁承认痛苦与快乐在性质上的差异;⑥他主张欲望必须依据快乐和痛苦两个概念而得到解释,但他并没有简单地把欲望等同于对快乐的追求。他说,"与快乐相比,痛苦是一种更强大、更厉害、更独特的一种感觉……痛苦,或欲求或不舒适——也是一种痛苦,是自然的常态……快乐是次级的、依附性的和人为的,它依附于我们的欲求的满足;当这种满足对于当前是完美的、对于未来是快速和确定的之时,才是令人愉快的。欲求和痛苦因此是自然的;满足和快乐是人为的和被发明的。"⑦欲望可以分为追求快乐的欲望和摆脱痛苦的欲望。"有欲望"、尤其是摆脱痛苦的欲望,在边沁看来,显然是一种痛,基于这样的

---

① Jeremy Bentham, The Works of Jeremy Bentham, published under the superintendence of John Bowring, Edinburgh: William Tait, 1838—1843, vol 1, 163.

② Jeremy Bentham, Legislator of the World, Philip Schofield and Jonathan Harris (eds.), Oxford: Clarendon Press, 1999, 250.

③ Jeremy Bentham, The Works of Jeremy Bentham, published under the superintendence of John Bowring, Edinburgh: William Tait, 1838—1843, vol 6, 238.

④ Jeremy Bentham, IPML, J. H. Burns and H. L. A. Hart (eds.), Oxford: Clarendon Press, 1996, 103, 155.

⑤ Jeremy Bentham, IPML, J. H. Burns and H. L. A. Hart (eds.), Oxford: Clarendon Press, 1996, 96—7.

⑥ See Ross Harrison, *Bentham*, London: Routledge, 1983, 148.

⑦ Jeremy Bentham, Influence of Natural Religion on the Temporal Happiness of Mankind (1822), cited from Gerald Postema, Utility, Publicity and Law: Essays on Bentham's Moral and Legal Philosophy, Oxford: Oxford University Press, 2019, 29.

欲望而行为，虽不是在直接地追求快乐，但却是为摆脱痛苦，所以这并没否证边沁的以避苦趋乐为主轴的心理快乐论。还有，人的行为的意志很多时候或许是直接地基于习惯或道德或法律规范本身，①但这也不足以否证这种行为意志与快乐和痛苦的关系，尽管这种现象或许向我们指出了人的行为意志与快乐和痛苦的感觉之间的关系的复杂性。对此，下文会有详细解释。

　　第三，边沁所说的苦乐不只限于通常理解的庸俗的、物质的苦乐，还包括很多类型的精神或情感的苦乐。在《道德与立法原理导论》中，根据快乐的原因，边沁把快乐分成十四类，痛苦分成十二类。②"人不都追求快乐"的批评很可能预设了狭隘的物质主义的苦乐观。如果依照边沁对苦乐的理解，很多本来不被视作趋乐避苦的行为实际上却是在趋乐避苦。圣人君子只是不太在意物质的和自私的苦乐，而专心于精神上的或利他的快乐。如我们在前面曾指出的，心理快乐论并不是心理自私论，尽管边沁主张说，人是自我优先的，但他也认为，很多的快乐（尤其是仁慈之乐、令名之乐与友谊之乐）并不只是狭隘的自私的快乐，而可以是对社会有益的、利他的快乐。圣人君子之所以是圣人君子，因为他追求的是精神的或大众的公乐（天下之乐）而不是物质的或一己的私乐；圣人君子也从对天下之乐的追求中得到了快乐："我从给予我朋友以快乐中体会的乐，岂非我的乐？我从见到我朋友受苦中体会的苦，岂非我的苦？如果我不觉得乐与苦，那我的同情心又是什么呢？没人可以丢弃或跳出自己的皮囊……最无私的人与最自私的人同样都受利益的支配。"③此外，如 Postema 指出的，边沁也承认，在例外情

---

①　See Jeremy Bentham, IPML, J. H. Burns and H. L. A. Hart (eds.), Oxford: Clarendon Press, 1996, 59.

②　Jeremy Bentham, IPML, J. H. Burns and H. L. A. Hart (eds.), Oxford: Clarendon Press, 1996, Chapter 5. See also Jeremy Bentham, The Works of Jeremy Bentham, published under the superintendence of John Bowring, Edinburgh: William Tait, 1838—1843, vol 7, 569.

③　Jeremy Bentham, Deontology together with A Table of the Springs of Action and Article on Utilitarianism, Amnon Goldworth (ed.), Oxford: Oxford University Press, 1983, 148.

况下,尤其是当处于高度危险之境时,一些人或许会做出纯粹的自我牺牲行为,放弃自己的一切幸福手段,甚至生命本身。①

这种纯粹的自我牺牲,在边沁看来,是一种例外。即便真有圣人君子丝毫不在意于快乐与痛苦,这也构不成对心理快乐论的反驳。关于人性的普遍且必然的命题或许是不存在的。当提出一套道德或立法理论时,我们不应该、也不可能(徒劳地)找到和表达那些或许并不存在的普遍且必然的人性。关于人性的理论是关于平常人的一套概括,是用来解释平常人而非英雄圣人的。作为一套关于平常人行为的理论,尽管它未必普遍且必然地正确,但若它揭示了人们的普遍倾向,对绝大多数人来讲是可以成立的,它就算成功了。边沁认为,人是避苦求乐的,是自我优先的,又是有同情心的,这种说法对于大多数平常人的有效性是很难被否定的。

第四,关于以快乐机器的例子为根据的反驳。快乐机器和善良的谎言性质上是类似的:若一个人被诊断是患了癌症,这个人又是性情忧郁、极度恐惧癌症的人,直接在第一时间把诊断结果告诉他,会给他带来莫大的、持久的痛苦,而善良的谎言可以极大地减少或缩短这种痛苦。但对于性情豁达、能够正确对待疾病和生死的人来说,善良的谎言就可能是错误的,因为它可能妨碍他去积极地配合治疗。一些人认为,人们选择快乐机器以获得快乐的想法是反直觉的,但正如善良的谎言本身不是反直觉的一样,快乐机器也不是反直觉的。善良的谎言的另一个问题是,它也许难以维持太久,一旦有一天谎言被戳穿,由此而给病人带来的被欺骗的痛苦可能远远超过这个谎言给他减少的痛苦。此外,快乐机器比善良的谎言或许要更糟糕。当然,它给人带来的快乐是真实的快乐;快乐是一种感觉或体验,体验或感觉到的快乐就是真实的快乐。不少人之所以不觉得善良的谎言是反直觉的,但却觉得快乐机器是反直觉的,很可能因为,善良的谎言无处不在,而快乐机器却丝毫不具有现实性。这里,真正反直觉的,并不是人们避苦求乐的心理,而是快乐机器本身,可以满足人们的各种类型的避苦趋乐的需求、让人

---

① Gerald Postema, Utility, Publicity and Law: Essays on Bentham's Moral and Legal Philosophy, Oxford: Oxford University Press, 2019, 137.

们永不厌倦、永远快乐的机器是根本不可能存在的,甚至是不可想象的。若这样的快乐机器真的可以发明出来,若它真能满足各色人等的、性质很不相同的快乐需求,让我们永不乏味、永远快乐,谁又真会反对它呢?

第五,为了追求快乐,人们通常不得不去控制某些欲望,甚至要禁绝某些欲望,但这并不表明他不是在追求快乐。所谓的适得其反(self-defeating)的指责只不过表明,应该把避苦趋乐的人性和方法区别开来;时刻聚焦于快乐反而得不到快乐。聪明人时常通过控制对短暂的、不确定的、眼下的、驳杂的、贫瘠的或物质性的快乐的欲望,来追求更持久的、确定的、长远的、纯粹的、丰孕的、更广泛的或精神性快乐。关于快乐和利益的区别,边沁会说,利益和快乐不是对立的、非此即彼的;固然,利益不等于快乐,但快乐是一种利益,利益是快乐的手段或原因,或者说可以把利益推定为相对确定的、纯粹的、丰孕的、长远的快乐(尽管利益和快乐之间并没有严格的正比例关系)。对快乐的比较明智的追求通常体现为对利益的追求。那些追求有害快乐、拒绝有利痛苦的人,在边沁眼里,都是一群傻瓜:他们对自己的利益很无知,他们不会做快乐计算。利益和快乐之间的区别不足以表明人们不是在避苦趋乐。

五、计算问题

功利原则要求我们选择可以带来最大幸福的体制、立法和决策。因此,依据功利原则来做道德选择就转化成了计算问题。说明功利的理由就是"把算术适用于幸福的要素"[①]。一些人认为,人们并不是先计算,然后再根据计算选择行动。人是不是在计算?边沁认为人都在计算,计算是心理事实。制宪、立法和公共政策的制定就是要利用人们避苦求乐的心理机制,来设计把幸福最大化的体制、法律与政策。"一切人都在计算,尽管有些人算得好,有些人算得差,但是一切人都在计

---

① Jeremy Bentham, Legislator of the World, Philip Schofield and Jonathan Harris (eds.), Oxford: Clarendon Press, 1999, 250–251. See also Jeremy Bentham, IPML, J. H. Burns and H. L. A. Hart (eds.), Oxford: Clarendon Press, 1996, Chapter 5.

算,甚至疯子也在计算。"①边沁承认,"不能指望在每个道德判断、每次立法或司法决定之前都有严格的计算过程"②。人们的计算通常是潜在的,比如说,人们通常依照习惯或道德或法律来行为,这样的行为虽不能说是由直接的计算导致的,但也不能说这里就没有计算。这里的计算是潜在的:第一,这些规则本身是人类集体计算的产物;第二,总存在这样一种可能:即某时某刻,人们会发现有必要偏离这些规则,因为他们发现继续遵循这些规则已经是一种赔本的生意。边沁认为,说人们不计算,是对人们的心理的错误描述。成功的立法者或道德家要了解人的计算规律或方法(即道德心理学)。在《道德与立法原理导论》里,边沁提供了七个标准,来告诉立法者和人们该如何计算。这种计算究竟是什么样的计算呢?苦乐真的可以被计算吗?对功利主义的最频繁的指责之一是苦乐计算是不可能的。

这种指责的根据之一是苦乐感觉是不可通约的,缺乏公共的、统一的度量单位。③ 首先,不同类型的苦乐不可公约,没法放到一起来比较与计算。其次,苦乐具有主观性,因时而异,因人而异。再次,可以影响人的决策的苦乐不止是甚至主要不是该决策所产生的真实的、即时的苦乐。在计算时,人们对该行为所能产生的苦乐并不拥有确实的知识。综上,道德算数即快乐计算是不可能实现的白日梦。如果这些说法是唯一正确的,功利原则就是一套无法实践的原则。

统一的计算标准的缺乏、快乐的主观性、计算的难度等等这些问题,其实边沁也都完全意识到了。边沁承认,第一,快乐的强度是高度主观的,最难精确衡量和表达的。④ 苦乐的主观性和易变性其实是强度与敏感性的问题。人在不同的情形下敏感度不同。边沁曾专门对此

---

① Jeremy Bentham, IPML, J. H. Burns and H. L. A. Hart (eds.), Oxford: Clarendon Press, 1996, 173—174.

② Jeremy Bentham, IPML, J. H. Burns and H. L. A. Hart (eds.), Oxford: Clarendon Press, 1996, 40.

③ See Gerald Postema, *Utility, Publicity and Law: Essays on Bentham's Moral and Legal Philosophy*, Oxford: Oxford University Press, 2019, 88—89.

④ Jeremy Bentham, Legislator of the World, Philip Schofield and Jonathan Harris (eds.), Oxford: Clarendon Press, 1999, 254.

做了细致而冗长的讨论。① 如 Quinn 所说:"边沁知道,苦乐的经验——给边沁提供了客观的道德标准的简单实体——不只是主观的,对立法者来说是间接地存在的,而且它们还典型地取决于复杂的社会性的信仰和态度。"②第二,不同种类的、不同时间的、不同人的快乐是难以被确切地公约的,缺乏统一的度量单位,苦乐的人际比较是很难的。边沁承认苦乐经验本身是无法度量的。"质量,长与宽,热,光——对于这些微粒的数量,我们有可以感知的、可以表达的度量单位;但不论是幸运还是不幸运,对于苦乐的量,我们没有这样的度量单位。"③"很明显,在这样的没法公约的量之间,没法获得一个确定的明细表"④。边沁本人也明确强调,不同类型的惩罚也很少是可以完全通约的。正是因为这样,我们需要不同种类的刑罚。⑤ 这些评论,表达了边沁本人对精确计算的怀疑。

尽管有这些困难,但人们依然在计算。观察和分析人们在特定种类的情形下的选择,是可以总结出一些关于人们的苦乐计算的可靠的规律或命题的,是可以获得可靠的道德心理学知识的,从而人们是可以运用这些知识来指导立法和道德发展的。苦乐是主观的、多变的、不可通约的,这个说法固然不错,但若说这是道德心理学的全部,那就错

---

① See Jeremy Bentham, IPML, J. H. Burns and H. L. A. Hart (eds.), Oxford: Clarendon Press, 1996, Chapter 6.

② Michael Quinn, "Bentham on Mensuration: Calculation and Moral Reasoning", Utilitas, 26 (2014), 61.

③ Jeremy Bentham, Legislator of the World, Philip Schofield and Jonathan Harris (eds.), Oxford: Clarendon Press, 1999, 251, 253. Jeremy Bentham, Deontology together with A Table of the Springs of Action and Article on Utilitarianism, Amnon Goldworth (ed.), Oxford: Oxford University Press, 1983, 130 − 131. See Philip Schofield, Utility and Democracy: The Political Thought of Jeremy Bentham, Oxford: Oxford University Press, 2006, 43.

④ Jeremy Bentham, The Limits of the Penal Branch of Jurisprudence, Philip Schofield (ed.), Oxford: Clarendon Press, 2010, 205.

⑤ Jeremy Bentham, IPML, J. H. Burns and H. L. A. Hart (eds.), Oxford: Clarendon Press, 1996, 177.

了。苦乐也有其客观性和共同性,有其"经验确实性和公共可知性"。①边沁认为,人们相互之间也是充分地相似的;对于立法者和道德家来说,苦乐的相似性要比差异性更重要。"人们的感觉是充分地有规律可循的,是可以成为科学或艺术的对象的。"②很多行为或东西通常会给绝大多数人带来快乐或痛苦。一些苦乐的原因或手段是共通的,这些手段或许可以称作共同的利益或弊害。③ 通过观察人的行为,通过内在反思和想象,通过将心比心、推己及人,我们是可以获得关于自己和他人的苦乐心理尤其是关于导致苦乐的手段(利益或弊害)的、尽管不完全精确、但大体上可靠的知识的。④ 这些正是立法者所需要的。

苦乐可否计算,在很大程度上取决于我们是在追求什么样的计算。以每个人的具体而确定的苦乐经验为材料的单一的、固定的、绝对客观的、像数学一样精确的加减法计算当然是不可能的。⑤ 当然,这样的计算也不是边沁所要求的。功利原则要求根据某行为大约的貌似拥有的对苦乐的影响而非它的真确的影响来评价该行为。⑥ 以导致大家共享的苦乐的、类型化的资源(即利益或弊害)为材料的、大体上可靠的计算则是可能的。这种计算也正是制宪者和立法者所需要的。这些类型化的资源,最典型的就是边沁所说的功利的四个子项,即生存、安全(自由)、平等和富足。它们是适用于一切人的共同的快乐因或公共物品或

---

① Gerald Postema, Utility, Publicity and Law: Essays on Bentham's Moral and Legal Philosophy, Oxford: Oxford University Press, 2019, 73.

② Jeremy Bentham, The Works of Jeremy Bentham, published under the superintendence of John Bowring, Edinburgh: William Tait, 1838—1843, vol 1, 304.

③ Gerald Postema, Utility, Publicity and Law: Essays on Bentham's Moral and Legal Philosophy, Oxford: Oxford University Press, 2019, 126.

④ Jeremy Bentham, Deontology together with A Table of the Springs of Action and Article on Utilitarianism, Amnon Goldworth (ed.), Oxford: Oxford University Press, 1983, 131; Gerald Posetma, Utility, Publicity and Law: Essays on Bentham's Moral and Legal Philosophy, Oxford: Oxford University Press, 2019, 77, 83, 93.

⑤ Gerald Postema, Utility, Publicity and Law: Essays on Bentham's Moral and Legal Philosophy, Oxford: Oxford University Press, 2019, 76—79.

⑥ Jeremy Bentham, IPML, J. H. Burns and H. L. A. Hart (eds.), Oxford: Clarendon Press, 1996, 12.

普遍利益。对政府来说,幸福最大化的主要途径是最大化地实现这四大目标。安全是最重要的:在不损害人们的安全感的前提下,可以去追求平等,富足次之。① 这种不完全精确的计算,尽管是不完美的,但这并不是不计算的理由。这样的计算没数学那么精确,但却具有数学基础;比起不计算,它依然是巨大的进步;②"让我们回到功利性的数学运算上来。这种精确性的程度不论与我们在科学和艺术的某些分支中事实上已获得的那种可设想的完美性相差多远,不论它与绝对的完美相差多远,与其他的一切论证——在那里,每个观念都是漂浮的,任何精确性都不曾被获得,因为精确性从来不曾被追求——相比,在任何一个理性而坦诚的人看来,其好处都是难以用言语来形容的。"③当然,清醒地认识到这种计算的不精确性,也是非常重要的。如果我们意识到,这里的计算是对快乐的手段或利益的计算,我们就不会把它简单等同于快乐的计算;如果我们还知道,利益或快乐的手段的量与快乐的量本身并不是严格的正比例关系(如边际效益递减原理),我们就不会把计算的结果当成是圣经,而只是把它当成我们行动的参考。

所谓的对快乐计算的要求,在日常操作层面,经常表现为对细致的彻底的说理的要求:决策过程应该以对人间的苦乐经验和状况的深刻理解为基础,决策者应该认真对待关于苦乐的经验证据。边沁曾写道:"功利原则的手段和工具是计算,什么是计算?计算就是以最好的方式来使用某个领域的理由。"④理由就是关于痛苦和快乐的考虑,没有脱

---

① Jeremy Bentham, The Works of Jeremy Bentham, published under the superintendence of John Bowring, Edinburgh: William Tait, 1838—1843, vol 9, 127; Jeremy Bentham, First Principles Preparatory to Constitutional Code, Philip Schofield (ed.), Oxford: Oxford University Press, 1989, 153.

② Philip Schofield, Utility and Democracy: The Political Thought of Jeremy Bentham, Oxford: Oxford University Press, 2006, 43—44; Michael Quinn, "Bentham on Mensuration: Calculation and Moral Reasoning", Utilitas, 26 (2014), 102—103.

③ Jeremy Bentham, Legislator of the World, Philip Schofield and Jonathan Harris (eds.), Oxford: Clarendon Press, 1999, 255.

④ Jeremy Bentham, Deontology together with A Table of the Springs of Action and Article on Utilitarianism, Amnon Goldworth (ed.), Oxford: Oxford University Press, 1983, 43.

离痛苦和快乐的理由。尽管 Postema 对边沁的快乐计算的想法持保留态度，但他依然强调说："在边沁看来，严格的功利主义的推理，要求'计算'：即穷究各种行为、法律或制度的结果，尤其是它们对共同体的一切成员的福祉的影响。"①

六、快乐的量与质

根据边沁的功利原则，快乐和痛苦只是量的问题，没有质的差别。边沁曾说过，"抛开偏见，小孩的图钉游戏（push-pin）与诗词歌赋一样有价值。如果图钉游戏提供了更多快乐，它就比诗词歌赋更有价值。每个人都可以玩图钉游戏，诗词歌赋却只可以被少数人享用"②。很多人引用这句话来嘲笑边沁的功利原则是粗俗的，不可取的。比如说，密尔说快乐有高级与低级的质的差别："若有能力熟悉两项快乐的人把其中的一项置于远高于另一项的地位，并且偏爱它；即使知道这项快乐会带来更多的不满，他们也不会为了他们能享受的任何量的其他快乐而放弃它，我们就可以正当地说，这种被偏爱的享受具有一种性质上的优越性，以至于它可以压倒量的考虑，使量的考虑相较而言变得微不足道。"③密尔说他自己宁可做一个痛苦的苏格拉底，也不愿做一头快乐的猪。④

密尔基于快乐的质的差别而对功利原则的修正导致了功利原则的自相矛盾，尽管他试图捍卫功利原则。首先，他引入了质的标准，这样一来，功利原则所追求就不再是促进快乐的量的最大化，但边沁的功利原则的核心主张正是快乐的量的最大化。其次，密尔的区别标准不是

---

① Gerald Postema, Utility, Publicity and Law: Essays on Bentham's Moral and Legal Philosophy, Oxford: Oxford University Press, 2019, 93.

② Jeremy Bentham, The Works of Jeremy Bentham, published under the superintendence of John Bowring, Edinburgh: William Tait, 1838—1843, vol 2, 253.

③ J. S. Mill, "Utilitarianism", The Collected Works of John Stuart Mill, J. M. Robson (ed.), vol 10, 211.

④ J. S. Mill, "Utilitarianism", The Collected Works of John Stuart Mill, J. M. Robson (ed.), vol 10, 212.

以确定的原则为基础的,而是公共观念,但他的公共观念实际上是他所处的维多利亚时代贵族的偏见。

边沁的理想是用法律和理性的手段来建构公共福乐的大厦。功利原则是用以评价一切主体的一切行为的标准,是"道德和政治领域的一切行为的对错的真正的标准"①。这里,人的行为是指一切行为。功利原则既是制宪、立法和公共政策的道德原则(公共原则),也是私人为人处世的道德原则(私人原则)。但需要强调的是,在边沁的著述中,私人道德并不是他的主要关注,功利原则主要是作为公共原则来起作用的,边沁主要用它来确定和评价人们的行为规则。当边沁说小儿游戏与诗词歌赋有同等价值时,如 Ross Harrison 所说,他的意思不在于确定小儿游戏和诗词歌赋对私人生活的比较价值,而是指国家立法和政策要容许或鼓励各种类型的可以给人们带来快乐的活动。②

退一步来说,即使作为私人原则,边沁的功利原则也可以很好地处理密尔所谓的质的区分的问题。对边沁来说,真正的区别不是质的问题,而是量的问题。密尔所谓高级快乐实质上是量大的、持久的、纯粹的、可以不断繁衍的快乐。在边沁眼里,密尔所谓的追求高贵快乐、品行高洁之士,只是懂得自己的利益、善于计算而已。我们前文提到过,一个有道德的人可以正确地认识到个人快乐与群体快乐的一致性。把这两个方面结合起来,边沁似乎认为,人世间也许无所谓道德不道德,邪恶不邪恶,关键的区别是愚蠢与智慧。人的本性是避苦趋乐的,个人的快乐与群体的快乐总体上是一致的,但追求快乐并不是人的本性。不道德行为都是由对自己的利益(包括对私利与公利的关系)的错误认知和计算导致的。因为人类的多数不明白自己的真正利益,看不到自己的长远利益,看不到北极熊的利益与自己利益的相关性,拒绝计算、不计算或计算错误,或意志力薄弱地难以抗拒短期物质快乐的诱

---

① Jeremy Bentham, The Works of Jeremy Bentham, published under the superintendence of John Bowring, Edinburgh: William Tait, 1838—1843, vol 10, 79.

② Ross Harrison, *Bentham*, London: Routledge, 1983, 5.

惑,所以他们是愚蠢的。边沁说:"道德学的任务是教导人们正确计算快乐与痛苦,明智的道德家应该向人们证明邪恶的行为都是计算错误,邪恶的人都是愚蠢的。"①

原载于《河南大学学报(社会科学版)》2021年第 2 期,《人大报刊复印资料·法理学·法史学》2021年第 10 期全文转载

---

① Jeremy Bentham, Deontology; or the Science of Morality, arranged and edited by John Bowring, London: Longman, Rees, Orme, Browne, Green, and Longman; Edinburgh: William Tait,1834,vol 1,192.

部门法学研究

当代中国刑法体系的形成与完善

赵秉志[①]

一、前言

十一届三中全会以来,按照"健全社会主义民主,加强社会主义法制"的目标和"有法可依,有法必依,执法必严,违法必究"的方针,我国有计划、有步骤地开始了一系列立法活动,目前已基本形成了包括宪法及各部门法在内的门类齐全、层次完备的社会主义法律体系,为依法治国、建设社会主义法治国家、实现国家长治久安提供了有力的法制保障。刑法是现代法律体系中的基本法律和重要组成部分。刑法体系的形成也是我国现阶段社会主义法律体系形成或基本形成的重要标志之一。十一届三中全会以来,我国刑法立法得到了极大的发展,刑法的内容不断充实,刑法的体系不断完善,积极地为我国社会主义现代化建设发挥着保驾护航的作用。刑法体系是刑法的组成和结构,[②]也是承载刑法目的与功能的载体。完备而科学的刑法体系有利于刑法目的的顺利实现和刑法功能的良好发挥,并且"对立法规划、立法实践、司法实践、法律汇编、法律编纂、法律情理、法学研究规划、法学图书资料分类

[①] 赵秉志,法学博士,北京师范大学刑事法律科学研究院暨法学院教授,博士生导师。

[②] 赵秉志:《刑法总论》,北京:中国人民大学出版社,2007版,第36页。

以及法学工具书的编辑等工作,都具有直接或间接的意义"①。相反,"倘若人们不正确地构建或者安排了刑法体系的要素,那么,就有可能导致有缺陷的结果"②。因此,如何构建一个科学、完备而协调的刑法体系,为现代各国刑法立法所关注和重视。

当代中国的刑法体系始于新中国成立。新中国成立以来,中国刑法体系经历了一个漫长的形成过程,并随着中国刑事法治建设的不断发展,刑法体系的内容更为完备,结构更为科学。不过,中国刑法体系也存在一定的不足,有待于进一步充实、调整。因此,如何根据中国刑法体系形成和发展的特点,合理地确定中国刑法体系完善的方向,并采取适当的路径解决中国刑法体系完善中的重点问题,是当代中国刑法发展过程中所必须面对和解决的课题。

二、当代中国刑法体系构建与完善的历程

当代中国刑法体系的形成与完善经历了三个主要阶段,即从1949年新中国成立至1979年刑法典通过的形成阶段,从1979年刑法典的实施至1997年新刑法典通过的发展阶段,以及从1997年新刑法典实施至今的进一步发展和完善阶段。

(一) 当代中国刑法体系的形成

自1949年新中国的成立至1979年刑法典的通过,是当代中国刑法体系的初步形成阶段。其中,1979年刑法典的颁行是当代中国刑法体系初步形成的标志。

1949年新中国的成立,标志着中国的政权建设和法制建设进入了一个新的历史时期。不过,由于新中国成立之初的主要任务是稳定政权、发展经济,法制建设没有被及时提上议事日程,加之受十年"文化大

---

① 李国如,杨春洗:《当代中国刑法体系功能研究——兼及系统论方法的运用》,《浙江社会科学》,2000年第1期。

② 克劳斯·罗克辛著,蔡桂生译:《构建刑法体系的思考》,《中外法学》,2010年第1期。

革命"运动的影响,因此在新中国成立至1979年新中国第一部刑法典通过之前,中国的刑法立法还十分缺乏,主要的刑法立法只有中央人民政府委员会于1951年2月20日通过的《中华人民共和国惩治反革命条例》、中央人民政府委员会于1952年4月21日公布施行的《中华人民共和国惩治贪污条例》、全国人大常委会于1956年11月16日颁布的《关于宽大处理和安置城市残余反革命分子的决定》和《关于对反革命分子的管制一律由人民法院判决的决定》以及一些包含刑事罚则的非刑事法律,如《消防监督条例》《爆炸物品管理规则》和《中华人民共和国国境卫生检疫条例》等。[①] 由于立法的零散、不完备,这一时期的中国刑法规范还不成体系。

当代中国刑法体系形成于1979年。1979年7月1日五届全国人大二次会议通过的刑法典是新中国成立后的第一部刑法典。该刑法典共分为两编,共计192条。其中,第一编是"总则",下设"刑法的指导思想、任务和适用范围""犯罪""刑罚""刑罚的具体运用"和"其他规定"等五章;第二编是"分则",下设"反革命罪""危害公共安全罪""破坏社会主义经济秩序罪""侵犯公民人身权利、民主权利罪""侵犯财产罪""妨害社会管理秩序罪""妨害婚姻、家庭罪"和"渎职罪"等八章。总体上看,虽然该部刑法典只有区区192个条文,且条文大多很简短,是一部粗放型的刑法典,但是它第一次系统地规定了犯罪、刑罚的基本原理、原则和各类具体犯罪及其法定刑,是一个体系相对完善、结构相对合理的刑法典,标志着我国当代刑法体系的初步形成。

(二)当代中国刑法体系的发展

自1979年刑法典的实施至1997年新刑法典的通过,是当代中国刑法体系的初步发展阶段。受制定该部刑法典当时的政治、经济、文化及社会治安形势的限制,加上立法时间的仓促,使得这部刑法典在观念上比较保守,在内容上失于粗疏,以至于在很短时间内便显露出与社会

---

① 高铭暄,赵秉志:《中国刑法立法之演进》,北京:法律出版社,2007。

现实生活的诸多不适应。① 加之1979年制定刑法典时就曾考虑过是否应在刑法典中规定军职罪,但后来考虑到来不及研究清楚,决定另行起草军职罪暂行条例。② 因此,1979年刑法典颁布实施之后不久,国家立法机关即开始着手刑法典的补充、完善工作。1981年6月10日,全国人大常委会通过了《惩治军人违反职责罪暂行条例》。而随着改革开放的不断深入和我国社会、政治、经济的不断发展,新型犯罪不断出现。为此,国家立法机关进行了大量的刑事立法。自1981年至1997年新刑法典通过前,全国人大常委会先后通过了25部单行刑法,并在107个非刑事法律中设置了附属刑法规范。③ 通过这些单行刑法以及非刑事法律中的附属刑法规范,不仅刑法体系的空间效力、溯及力、犯罪主体、共同犯罪、刑罚种类、死刑案件的核准、量刑制度、罪数、分则罪名、罪状、法定刑、罚金适用、法条适用④等要素内容得到了进一步补充、完善,而且刑法体系的结构也得到了进一步的充实,形成了刑法典、单行刑法、附属刑法规范相互补充、相互配合的格局。但是,这一时期的刑法立法也存在一系列的缺陷,如刑法的内容不完善、有些罪刑关系的规范不协调、刑法规范过于粗略、刑事立法缺乏总体规划、立法解释极为欠缺等,⑤因而影响了刑法体系的完整和统一。

1997年新刑法典的通过,是当代中国刑法体系发展历程中具有里程碑意义的事件。1997年3月14日通过的新刑法典尽管在总体上基本延续了1979年刑法典的体系,但是在具体设计上更为完备。这主要体现在:(1)将"总则"第一章的章名由"刑法的指导思想、任务和适用范围"更改为"刑法的任务、基本原则和适用范围",增加规定了现代刑法的三项基本原则,强化了刑法的人权保障机能;(2)在"总则"第二章"犯罪"中增加了"单位犯罪"一节,进一步扩大了犯罪主体的范围,严密了

---

① 赵秉志,等:《中国新刑法典的修订与分则的重要进展》,《吉林大学社会科学学报》,1997年第6期。
② 赵秉志:《中国特别刑法研究》,北京:中国人民公安大学出版社,1997年,第44—52页。
③ 高铭暄,赵秉志:《中国刑法立法之演进》,北京:法律出版社,2007年,第5页。
④ 高铭暄,赵秉志:《中国刑法立法之演进》,北京:法律出版社,2007年。
⑤ 赵秉志:《刑法改革问题研究》,北京:中国法制出版社,1996年。

法网；(3)"分则"由原来的八章增加为十章，并进一步扩充、完善了刑法典分则的体系：一是将"军人违反职责罪"以专章的形式纳入刑法典，并且增加了"危害国防利益罪"专章，完备了对国家军事利益的刑法维护，也实现了刑法体系的统一；二是将"妨害婚姻、家庭罪"并入"侵犯公民人身权利、民主权利罪"一章，并根据惩治贪污贿赂犯罪的需要，将贪污贿赂犯罪分别从原"侵犯财产罪""渎职罪"中分离出来成为独立一章"贪污贿赂罪"，突出了对现代腐败犯罪的惩治；三是将"分则"第一章的章名由"反革命罪"更改为"危害国家安全罪"，将第三章的章名由"破坏社会主义经济秩序罪"更改为"破坏社会主义市场经济秩序罪"，充分体现了刑法的科学性与时代性特色；四是在"分则"的一些大"章"下设"节"，其中第三章"破坏社会主义市场经济秩序罪"下设八节，第六章"妨害社会管理秩序罪"下设九节，从而避免了大章的内容过于庞杂、条文过多过杂而难以把握的不足。经过这些修改，整个刑法典的体系显得更为统一、完备。

（三）当代中国刑法体系的完善

1997年新刑法典颁布实施之后，我国刑法体系进入了深入发展、完善的阶段。在这一阶段，因应社会实践发展的需要，当前我国刑法体系的变化主要体现在两个方面：一是单行刑法继续存在但已不再是主要的刑法补充、完善方式。1997年新刑法典颁行之后，在1998－2000年间，国家立法机关又颁行了3个单行刑法文件，它们分别是全国人大常委会1998年12月29日通过的《关于惩治骗购外汇、逃汇和非法买卖外汇犯罪的决定》，1999年10月30日通过的《关于取缔邪教组织、防范和惩治邪教活动的决定》和2000年12月28日通过的《关于维护互联网安全的决定》。[①] 但自此之后，全国人大常委会就再也没有颁行过单行刑法，目前单行刑法已经不再是一种主要的刑法完善方式。二是刑法修正案逐渐成为我国刑法补充、完善的主要方式。"相比于单行刑法和附属刑法的修法模式，这种修法模式兼顾修法的及时性、科学性

---

① 赵秉志：《积极促进刑法立法的改革与完善——纪念97刑法典颁行10周年感言》，《法学》，2007年第9期。

和维护刑法典的统一性,受到了刑法理论界和实务界的一致认同。从一定意义上讲,刑法修正案模式的确立,标志着我国刑法修改模式的基本成熟。"① 自1997年新刑法典颁行之后迄今,全国人大常委会先后颁行了7个刑法修正案,刑法修正案已经成为当前我国刑法修改的主要方式。

三、中国现行刑法体系的基本结构与主要特点

新中国成立至今,当代中国刑法体系历经数十年的发展,其结构已经基本成形,并呈现出一些主要特点。

(一)中国现行刑法体系的基本结构

中国现行刑法体系是由1997年的刑法典以及1997年至今的3部单行刑法和7个刑法修正案共同组成。总体上看,这3部单行刑法和7个刑法修正案只是对刑法典分则涉及的具体犯罪及法定刑的修改和补充,而且刑法修正案一经通过即融入刑法典而成为其有机组成部分,因而我国现行刑法体系仍主要体现为刑法典的体系。从结构上看,中国现行刑法体系的基本结构主要体现为:

第一,总体上采取的是编、章、节的层次结构。其中,章、节不是在每编、每章下均设有,而是根据条文的需要进行设计的,如"附则"下就没有章节,"总则"和"分则"的部分章下没有设节。这样,整体上基本形成了由编到章再到节的一个完整结构,整个刑法体系层次分明,结构严谨,一目了然。

第二,编是中国刑法体系中的最高层次,共有三编。其中,第一编是"总则",主要规定的是刑法的任务、基本原则和适用范围以及犯罪、刑罚的基本原理、原则;第二编是"分则",主要规定的是各类具体的犯罪及其法定刑;第三编是"附则",其一是规定刑法典的生效时间,其二是规定刑法典与以往单行刑法的关系,宣布刑法典生效后某些单行刑法的废止,以及某些单行刑事法律中有关刑事责任内容的失效。

---

① 赵秉志:《刑法修改的四特点和两方向》,《检察日报》,2009年3月2日。

第三,除了附则外,总则、分则都下设章,其中总则共分五章,分别是"刑法的任务、基本原则和适用范围""犯罪""刑罚""刑罚的具体运用"和"其他规定";分则共分十章,分别是"危害国家安全罪""危害公共安全罪""破坏社会主义市场经济秩序罪""侵犯公民人身权利、民主权利罪""侵犯财产罪""妨害社会管理秩序罪""危害国防利益罪""贪污贿赂罪""渎职罪"和"军人违反职责罪"。

第四,总则、分则的部分章下设节。如"总则"的第二、三、四章下均设节,其中第二章"犯罪"下设四节,分别是"犯罪和刑事责任""犯罪的预备、未遂和中止""共同犯罪"和"单位犯罪";第三章"刑罚"下设八节,除了有期徒刑、无期徒刑合为一节,刑罚的种类、其他三种主刑以及三种主要的附加刑各为一节;第四章"刑罚的具体运用"也下设八节,分别是"量刑""累犯""自首和立功""数罪并罚""缓刑""减刑""假释"和"时效"。而"分则"的第三章和第六章下亦设节,其中第三章"破坏社会主义市场经济秩序罪"下设八节,分别是"生产、销售伪劣商品罪""走私罪""妨害对公司、企业的管理秩序罪""破坏金融管理秩序罪""金融诈骗罪""危害税收征管罪""侵犯知识产权罪"和"扰乱市场秩序罪";第六章"妨害社会管理秩序罪"下设九节,分别是"扰乱公共秩序罪""妨害司法罪""妨害国(边)境管理罪""妨害文物管理罪""危害公共卫生罪""破坏环境资源保护罪""走私、贩卖、运输、制造毒品罪""组织、强迫、引诱、容留、介绍卖淫罪"和"制作、贩卖、传播淫秽物品罪"。

总体上看,作为中国刑法体系的宏观层次,编、章、节共同构筑了中国刑法的完整体系,保证了整个刑法体系的结构完整。

(二) 中国现行刑法体系的主要特点

从形式、内容和结构诸方面观察,可以发现,中国现行刑法体系主要具有以下几个方面的鲜明特点:

1. 刑法体系的形式相对统一

经过1997年的系统修法及之后的不断修改,中国现行刑法体系在形式上基本实现了统一。具体而言,这主要体现在:第一,1979年刑法典以及其后的单行刑法和附属刑法等,经过研究、修改、整合,都统统被纳进了1997年修订的刑法典,在刑法典之外已经不再存在可以独立成体系的刑法规范,从而比较圆满地实现了刑法的统一性。① 第二,1997年以后的刑法修改主要采取的是刑法修正案的方式,进一步有效地保证了刑法的统一性。虽然1997年新刑法典颁行之后,全国人大常委会也曾进行过单行刑法的立法,但总体上看,中国刑法修改的主要方式还是刑法修正案,并且迄今已先后颁行了7个刑法修正案。事实上,"以修正案的方式对刑法进行必要、及时的修改和补充,既能保持刑法典基本原则和主体结构、内容的稳定性,又具有良好的适应性,能够针对实践需要作出及时、恰当的反应,从而为解决刑法稳定性与适应性之间的关系,提供了一个重要的技术平台。"②

2.刑法体系的内容相对完备

刑法体系的完备性是相对于1997年刑法典修改之前的刑法规范状况而言的。③ 从刑法体系所体现的内容上看,中国现行刑法体系的完备性主要体现在:第一,将1997年新刑法典修改前拟制定的、较为成熟的反贪污贿赂法和中央军委提请全国人大常委会审议的惩治军人违反职责罪法编入了1997年刑法典,分别成为了刑法典分则第八章的"贪污贿赂罪"和第十章的"军人违反职责罪",同时增设"危害国防利益罪"为专章。④ 这样,在分则类罪即章的层次上,刑法体系显得更为完备。第二,在维持刑法典总则某些章下设节的基础上,刑法典分则第三章"破坏社会主义市场经济秩序罪"和第六章"妨害社会管理秩序罪"都增设了节的层次,其中"破坏社会主义市场经济秩序罪"一章中下设八节,"妨害社会管理秩序罪"一章中下设九节。从而进一步充实了刑法体系中某些庞大罪章的结构,使得刑法体系的内容和层次更为丰富、完备与合理。

---

① 高铭暄:《中国1997年修订的刑法典及其修改补充》,《欧洲法律与经济评论》,2002年夏季卷。

② 雷建斌:《1997年以来我国刑法的新进展——写在刑法修正案(六)通过之际》,《中国人大》,2006年第13期。

③ 赵秉志:《积极促进刑法立法的改革与完善:纪念97刑法典颁行10周年感言》,《法学》,2007年第9期。

④ 赵秉志:《积极促进刑法立法的改革与完善:纪念97刑法典颁行10周年感言》《法学》,2007年第9期。

3.刑法体系的结构相对科学

除了形式的统一与内容的完备外,中国现行刑法体系在结构上还具有科学性的特点。这主要体现在:第一,总则与分则相互配合。中国现行刑法体系援用了现代大陆法系刑法的基本框架,采取了总则、分则式的立法体例。其中,总则规定的是有关刑法、犯罪和刑罚的基本原理、原则,而分则规定的是具体犯罪及其法定刑。这样,总则规范与分则规范相互配合、相互作用,共同形成了一个严密的结构体系。第二,总则的各章节之间逻辑严密。一方面,刑法总则的五章基本上遵循了由刑法基本原理到犯罪的基本原理再到刑罚基本原理的顺序,逻辑严密;另一方面,刑法总则各章内的各节之间在排列上也遵循了严格的逻辑顺序,如第二章"犯罪"内的各节就基本上按照的是从犯罪的一般条件再到犯罪的特殊形态的顺序,第三章"刑罚"内的各节按照的是主刑、附加刑的排列顺序,第四章"刑罚的具体运用"内的各节则是按照从量刑到行刑再到刑罚消灭的顺序排列,逻辑严谨。第三,分则的各章节设置较为科学。一方面,分则根据犯罪侵害的同类客体的不同,将各种具体的犯罪分为十大类,并且又进一步根据其侵害具体客体的不同,将一些大类型的犯罪(如第三、六章)再分为若干小类;另一方面,分则大体根据危害的性质和危害程度的轻重对各类犯罪进行了排列。

四、当代中国刑法体系的进一步完善

关于中国刑法体系的完善,笔者曾经在1997年刑法典修订前后作过一些专题研究,并提出了有关立法完善的若干建议。① 笔者认为,从内容上看,其中有些建议在当前仍有继续坚持的必要,有些主张则应作适当的修正。在此,笔者拟在之前相关研究的基础上,着重探讨当代中国刑法体系完善的方向、途径及其要解决的重点问题。

(一) 当代中国刑法体系完善的方向

笔者认为,当代中国刑法体系的完善应当坚持朝着内容完备、结构科学的方向进行补充、调整。所谓内容完备,是指刑法体系的完善应当在章、节的层次上进一步充实有关内容,如不仅可以考虑增设"适用范围""未成年人犯罪的刑事责任""国际犯罪"等专章,还可以考虑在刑法典总则第二章"犯罪"之下增设"罪数"专节等,以进一步充实刑法典体系。所谓结构科学,是指刑法体系的完善应当注重结构的合理调整,进一步强化刑法体系结构的逻辑性和科学性。对此,一方面要选择适当的标准,合理排列刑法体系内各章及章内各节的顺序,以体现刑法的价值追求;另一方面要根据各章、各节的内容,合理确定各章、各节的名称,以使其准确反映各章、各节的同类客体,强化对相关客体的特别保护。

(二) 当代中国刑法体系完善的途径

目标的实现总是离不开一定的途径。中国刑法体系的完善要实现其内容完备、结构科学的目标,主要应注意采取以下两种途径:一是采取刑法修正案的方式修改、充实刑法体系;二是系统地修改刑法典以全

---

① 可具体参见赵秉志:《中国刑法修改若干问题研究》,《中国律师》,1997年第2期;赵秉志:《关于侵犯公民人身权利犯罪立法完善之探讨》,《中国刑事法杂志》,1996年第4期;赵秉志,等:《论特别刑法与刑法典的修改》,《中国法学》,1996年第4期;赵秉志:《关于侵犯公民民主权利罪和侵犯公民劳动权利罪立法完善的构想》,《现代法学》,1996年第4期;赵秉志,等:《中国刑法修改若干问题研究》,《法学研究》,1996年第5期;赵秉志:《刑法修改中的宏观问题研讨》,《法学研究》,1996年第3期;赵秉志:《关于完善刑法典分则体系结构的新思考》,《法律科学》,1996年第1期;赵秉志:《刑法改革问题研究》,北京:中国法制出版社,1996年;高铭暄,赵秉志:《中国刑法立法之演进》,北京:法律出版社,2007年;等。

面完善刑法体系。

关于刑法的完善应当采取刑法修正案的方式还是单行刑法的方式,中国刑法理论界和立法界曾经有过一些不同的认识,并且在过去很长的一段时间内,中国刑法的修改都更倾向于采取单行刑法的方式。如中国不仅在1979年刑法典颁行之后至1997年新刑法典修订之前陆续制订了25部单行刑法,而且在1997年新刑法典修订之后也先后颁行了3部单行刑法。不过,随着认识的不断深入,刑法修正案的方式逐渐成为人们的共识,目前也已经成为当下中国刑法修正的主要方式。比较刑法修改的两种方式,笔者以为,与单行刑法相比,刑法修正案具有许多明显的优势,应当成为中国刑法体系未来完善的主要方式:刑法修正案是由全国人大常委会通过立法修改程序对刑法典进行的局部修改补充,因而具有灵活、及时、针对性强、立法程序相对简便的特点;在与刑法典的关系上,刑法修正案是对刑法典原有条文的修改、补充、更换或者在刑法典中增补新的条文,这不但可以直接促成刑法典的改进,而且不能像单行刑法那样独立于刑法典而存在和被适用,它颁行后就要纳入刑法典中而成为刑法典的组成部分,从而方便人们理解与适用;刑法修正案不但直接纳入刑法典,而且立法技术使其并不打乱刑法典的条文次序,从而有利于维护刑法典的完整性、连续性和稳定性,有利于刑事法治的统一和协调。①

不过,除了刑法修正案的方式,中国刑法体系的完善在必要的时候还需要采取全面、系统修改刑法典的方式进行。一方面,刑法体系的完善不可能总是小修小补,当刑法结构和内容需要作较大调整与完善的时候,就应当采取系统修改刑法的方式;另一方面,刑法是以一些基本原则、原理作为基石的,如果随着刑法观念的变化,需要对这些基础性的刑法要素进行调整,就也应采取系统修改刑法的方式。比较而言,系统修改刑法是完善刑法体系的最有效也是最全面、最根本的方式。事实上,从技术上讲,不系统修改刑法,也往往难以对刑法典的相关章节作顺序上的调整,进而有可能影响整个刑法体系完善目标的实现。

---

① 赵秉志:《积极促进刑法立法的改革与完善:纪念97刑法典颁行10周年感言》,《法学》,2007年第9期。

（三）当代中国刑法体系完善的重点问题

当前，对中国刑法体系的完善，除了要解决完善的方向和途径外，还需要针对中国刑法体系中的重点问题，从总则和分则两个方面分别加以完善。

1. 刑法总则问题

刑法总则规定的是有关刑法、犯罪和刑罚的基本原理、原则，是中国刑法体系的重心所在。从体系完善的角度看，总则中需要完善的重点问题有：

（1）关于刑法适用范围之独立成章。中国刑法关于刑法适用范围的规定是放在刑法总则第一章"刑法的任务、基本原则和适用范围"中，既非独立的一章，也非独立的一节。从体系完善的角度看，笔者主张将刑法的适用范围独立成章。这主要有三个方面的考虑：一是刑法的适用范围涉及的是刑法的效力范围及其管辖权，是一类独立的问题，应当独立成章；二是在现行刑法典的"刑法的任务、基本原则和适用范围"一章中，刑法的适用范围占到了该章12条中的7条之多，从条文的数量上看，已经具备了独立成章的条件；三是将刑法的适用范围独立成章便于进一步调整、充实刑法适用范围的内容，如可以将现行刑法典第90条关于民族自治地方得制定对刑法的变通或者补充规定的条文以及第101条关于刑法总则应适用于其他有刑罚规定的法律的条文调整纳入刑法的适用范围一章，同时增加有关国际犯罪暨中国区际犯罪刑事管辖权的规定。这样既能保证刑法适用范围独立成章后内容的充实，又能保持章内的合理平衡。反之，如果将这些内容都纳入总则第一章中，将导致该章内有关刑法适用范围的条文过多，且不协调。

（2）关于增设罪数专节。当前，尽管中国刑法在一些分则性条文中有关于罪数的规定，但严格来说，中国刑法中并没有关于罪数的总则性规定，这导致了刑事司法实践中对罪数问题处理的不统一。对此，笔者认为，中国刑法体系中应当在总则第二章"犯罪"下设"罪数"专节。一方面，罪数问题既是中国刑法理论研究中的疑难问题，也是中国刑事司法适用中会经常碰到的难题，将罪数问题立法化并且专章化，有利于刑事司法的统一；另一方面，罪数问题归根结底是一个定罪问题，属于犯罪论的范畴,将其置于"总则"第二章"犯罪"中作为一节,比较合适。

（3）关于正当行为之独立成章。中国现行刑法沿袭了1979年刑法典的规定,在总则第二章"犯罪"的第一节"犯罪和刑事责任"中规定了正当防卫和紧急避险两种正当行为。对此,笔者以为,从体系完善的角度看,中国刑法体系中应当增设"正当行为"专章。这是因为:一方面,包含正当防卫和紧急避险在内的一切正当行为,并非犯罪行为或应当追究刑事责任的行为,而是排除、阻却犯罪性的行为。将正当防卫和紧急避险行为归入"犯罪"一章的"犯罪和刑事责任"一节,缺乏内在的逻辑性和科学性。① 另一方面,无论是在中国刑事司法的实践中还是在许多国家和地区的刑法典中,正当行为都不仅限于正当防卫和紧急避险两种行为,还包括了正当业务等行为。将正当行为专章化,有利于进一步充实、完善中国刑法体系中的正当行为内容,如可以考虑将正当业务行为、执行命令行为等纳入正当行为一章。

（4）关于保安处分专章之增设。关于保安处分的立法,中国刑法典中只有一些零散的规定,如刑法典第17条第4款关于未成年人管教、第37条关于非刑罚处罚方法和第64条关于没收违禁品和犯罪物品的规定,立法的数量少而分散,在整个刑法典中的地位很不突出,容易被忽视。② 为了完善保安处分的立法,笔者以为,应在刑法典中设立"保安处分"专章。这有三个方面的考虑:一是在刑法典中设立保安处分专章,势必要对现行刑法典中规定的保安处分措施予以增补,形成一个较为完整的、具有内在逻辑关系的体系,这样有利于提高保安处分在中国刑法中的地位。二是在刑法典中设立保安处分专章,与刑罚一章分列规定,使得保安处分与刑罚之间的关系更加清晰。相反,如果不设专章,而是将保安处分措施分散规定于有关刑事责任的条文之中,将使刑罚与保安处分的关系混淆不清,不符合当今各国刑法的一般观念。三是在刑法典中设立保安处分专章,可以对中国现有的、存在重大问题的劳动教养制度进行合理的二元化处置,一方面可以将劳动教养的部

---

① 赵秉志,等:《中国刑法修改若干问题研究》,《法学研究》,1996年第5期。
② 高铭暄,赵秉志:《中国刑法立法之演进》,北京:法律出版社,2007年,第158页。

分措施纳入刑罚的范畴,另一方面可以将劳动教养的其他一些制裁措施,如强制戒毒、责令管教、对物处分等纳入保安处分的范畴,从而合理地解决劳动教养制度的归属问题。

(5)关于未成年人犯罪的刑事责任专章之设立。基于未成年人生理和心理上的特殊性,世界各国刑法都对未成年人犯罪规定了一些特殊处遇措施,中国也不例外。中国也在刑法典中对未成年人犯罪作了一些特别的规定,如对未成年人犯罪的从宽处罚规定、对未成年人犯罪不得适用死刑的规定等。不过,总体上看,中国刑法对未成年人犯罪的规定还十分概括、分散,并在一定程度上影响了刑法适用的社会效果。为了突出对未成年人的特别保护,中国可以借鉴某些国家的立法经验和立法方式,在刑法典中增设对未成年人犯罪的刑事责任专章,集中、详细地阐明未成年人犯罪的概念、处罚原则等宏观问题,以及对未成年人犯罪在刑种、刑度乃至刑事责任和刑罚的免除等方面的一系列具体的特殊从宽内容。这样不仅有利于贯彻我国处理未成年人犯罪的一贯政策,促进整个社会对未成年人犯罪的惩治与防范的关注,也有利于我国刑事立法与强化和重视对未成年人犯罪给予特殊处遇的先进世界趋势协调发展。①

此外,关于刑法体系的完善,刑法典总则还可以考虑将宽严相济的基本刑事政策立法化,并将其纳入刑法典总则第一章,明确作为刑法的政策根据;将刑法总则第二章第二节的"犯罪的预备、未遂和中止"节名更改为"犯罪的停止形态",以方便将犯罪既遂的内容纳入其中。

2. 刑法分则问题

对于我国刑法典分则体系的完善而言,不仅需要增设新型类罪、合并相关类罪,而且还需要贯彻章节体例,并调整逻辑顺序。

(1)增设新型类罪。综观中国刑法典分则的体系,同时借鉴国外立法及相关国际条约的规定,笔者认为,在宏观层次上,中国刑法体系应增设一些新型类罪,特别是有关国际犯罪、恐怖活动犯罪和计算机网络犯罪的规定。

第一,增设国际犯罪类型。中国现行刑法典中关于国际犯罪已有

---

① 赵秉志,等:《中国刑法修改若干问题研究》,《法学研究》,1996年第5期。

一些零星的规定,如刑法典 122 条的劫持航空器罪等。但从总体上看,中国刑法典关于国际犯罪的规定十分零散,部分国际犯罪在刑法典中虽然有所体现但被分解,缺乏明确、系统的规定,无法体现国际犯罪的特点。因此,在采取章节制的前提下,可以考虑在刑法典分则中增设"国际犯罪"一章,详细规定诸如劫持航空器罪、海盗罪、侵略罪等相关的国际犯罪。这样,一方面有利于中国全面履行其加入国际公约所应承担的义务,另一方面也有利于进一步完善中国刑法典的分则体系,实现国内犯罪与国际犯罪的统一,增强刑法体系的完备性。

第二,增设恐怖活动犯罪类型。恐怖活动犯罪是当今世界各国面临的共同难题。为加强对恐怖活动犯罪的惩治,2001 年 12 月 29 日通过的《中华人民共和国刑法修正案(三)》明确规定了组织、领导、参加恐怖活动组织罪和资助恐怖活动罪。不过,由于中国刑法并没有规定恐怖活动组织的概念,也没有规定专门的恐怖主义行为罪,这使得中国刑法在惩治恐怖主义犯罪的犯罪认定、刑罚裁量和恐怖组织认定等方面都面临着很多的困难。① 为了加强对恐怖活动犯罪的惩治力度和惩罚的针对性,在采取章节制的前提下,中国有必要在刑法分则危害公共安全罪章中增设恐怖活动罪专节。这样,一方面刑法可以在恐怖活动罪专节中对相关概念作出明确界定,完备恐怖活动犯罪的罪名体系,完善相关的刑罚制度,以增加刑法惩治恐怖活动犯罪的针对性和系统性;另一方面,刑法典关于恐怖活动犯罪的规定还可以和未来的反恐法相互配合,既充分发挥反恐的刑罚和非刑罚措施的综合作用,又能有效地保证刑法体系的完整和统一。

第三,增设计算机网络犯罪类型。计算机网络犯罪是当前中国社会面临的一类新型犯罪。在刑法上,经过《刑法修正案(七)》的修改,中国现行刑法典中关于计算机网络犯罪的条文已经较为丰富。不过,为了突出对计算机网络犯罪的刑法惩治,在采取章节制的前提下,有必要在刑法分则中增设计算机网络犯罪专节。一方面,计算机网络犯罪不同于传统的扰乱公共秩序犯罪,具有明显的隐蔽性,将其放在扰乱公共秩序罪 节,不能充分体现其犯罪特点,应当单独设节;另一方面,在中

---

① 赵秉志,等:《中国惩治恐怖主义犯罪的刑事司法对策》,《北京师范大学学报(社会科学版)》,2008 年第 5 期。

国刑法典分则中，侵犯知识产权犯罪、破坏环境资源犯罪、妨害文物管理犯罪等新型犯罪均已在相关罪章中独立成节，因此将计算机网络犯罪在刑法典分则第六章妨害社会管理秩序罪中独立成节符合中国刑法典的立法取向。

(2) 合并相关类罪。除了增加新型类罪外，为了提高刑法体系的严谨性和科学性，我国有必要对刑法典分则的部分章进行合并。

第一，应将"危害国防利益罪"和"军人违反职责罪"合并为"危害国家军事利益罪"一章。我国现行刑法典将"危害国防利益罪"和"军人违反职责罪"分别成章，其中"危害国防利益罪"一章是按照同类客体进行归类，而"军人违反职责罪"一章则是按照犯罪主体进行归类。不过，笔者以为，从客体上看，危害国防利益罪和军人违反职责罪的同类客体都是国家军事利益，且均为长期存在的犯罪类型。① 因此，我国现行刑法典依照不同的标准将其分为两章，不仅与我国刑法典分则的整体分类标准不符，而且容易造成两章内容之间的交叉、重复。从科学的角度思考，应当将"危害国防利益罪"和"军人违反职责罪"合并为"危害国家军事利益罪"一章。

第二，也可考虑将"贪污贿赂罪"和"渎职罪"合并为职务犯罪一章。为适应反腐败斗争的需要，强化对贪污贿赂罪的打击，我国现行刑法典将1979年刑法典中有关贪污贿赂犯罪的条款合并并进行适当充实，已独立成章。但是，从类型上看，贪污贿赂罪与渎职罪均属于职务犯罪，都具有亵渎职务的共性，因此从体系完善的角度，在采取章节制的前提下，应当将贪污贿赂罪与渎职罪合并为职务犯罪一章，同时为了突出对贪污贿赂犯罪的惩治，可以将贪污贿赂罪与渎职罪在职务犯罪的章下分别设节。

(3) 贯彻章节体例。关于刑法典分则体系的安排，中国刑法学界和国家立法机关曾经提出了三种方案：一是大章制，即只对犯罪进行大的分类，设立大章，章下不设节，每章的内容比较丰富、条文也很多；二是章节制，即对内容庞杂、条文过多的犯罪类型，可以在章下设节，每节即为不同的犯罪类型；三是小章制，即章下不设节，将原来内容庞杂、条

---

① 赵秉志：《关于完善刑法典分则体系结构的新思考》，《法律科学》，1996年第1期。

文过多的犯罪类型划分为若干章,每章条文少,分则罪章增多。最终,中国刑法典分则体系采取的是章节制。应当说,在大章制格局下采取章节制的做法是中国刑法的一种现实选择。因为采取小章制来调整刑法典分则体系结构固然是一种比较理想的选择,可以使刑法典分则各章犯罪的特色鲜明,条文的数量易于平衡,便于研究和司法适用,但是在1979年刑法典已采取大章制的立法架构下,小章制对刑法典分则体系结构的变动过大,显然不是一种现实的选择。①

不过,章节制在中国现行刑法典分则中的贯彻并不彻底,刑法分则的绝大多数章下都没有设节。这显然不利于刑法典分则体系的平衡与协调。对此,笔者以为,从贯彻章节制的角度,我国刑法典分则应当在每章下都设节。这主要有三个方面的考虑:一是在所有的章下都设节有利于保证刑法典分则体例的统一,也有利于在体系结构上保持各章的平衡;二是一些章下的同类客体在类型上存在一定的差异,应当采取节的方式予以分立,如现行刑法典分则第四章的客体就包括了公民的人身权利、民主权利、劳动权利和婚姻、家庭权利等,采取节的方式将侵犯这些同类客体的犯罪有针对性地统一规定,有利于强化刑法对相关客体的特别保护;三是在各章下都设节有利于司法人员和广大人民群体更好地了解、掌握刑法典分则繁多的罪名,从而有利于更好地促进刑法的适用,发挥刑法的行为规制功能。

(4)调整逻辑顺序。刑法典分则的逻辑体系主要体现为刑法典分则各章节顺序的合理排列。从总体上看,我国现行刑法典分则的逻辑顺序是合理的,但也存在一些不足,在进一步增补、合并相关类罪的基础上,应对相关章的顺序作如下调整:

第一,应将"危害国防利益罪"和"军人违反职责罪"合并为"危害国家军事利益罪"专章放在"危害国家安全罪"章之后、"危害公共安全罪"章之前,成为调整后的刑法典分则的第二章。其主要的考虑是,在客体的重要性上,国家军事利益应当高于公共安全,低于国家安全。

第二,将"侵犯公民人身权利、民主权利罪"一章更名为"侵犯公民基本权利罪"后,应在排列顺序上将其提前到"破坏社会主义市场经济

---

① 高铭暄,赵秉志:《中国刑法立法之演进》,北京:法律出版社,2007年,第158页。

秩序罪"之前,作为调整后的刑法典分则的第四章。这是因为,按照现代人权的一般理念,公民基本权利应当高于经济权利,因此在排列顺序上应将其置于"破坏社会主义市场经济秩序罪"之前,同时将"破坏社会主义市场经济秩序罪"一章挪后作为调整后的刑法典分则的第六章。

第三,应将"贪污贿赂罪"和"渎职罪"合并后的"职务犯罪"章作为调整后的刑法典分则第五章,在顺序上位居"侵犯公民基本权利罪"章之后、"破坏社会主义市场经济秩序罪"章之前,这是为了强调对贪污贿赂犯罪以及渎职犯罪等侵害公职行为的刑法惩治。

第四,应将新增的国际犯罪专章放在刑法典分则的最后,作为调整后的刑法典分则的第九章。这一方面是参照、借鉴了国外许多刑法典的通行做法,另一方面也是因为国际犯罪所侵害的是国际利益,与其他章所侵害的国内利益在性质和类别有所不同,而将其放在刑法典分则体系的最后,有利于与刑法典分则前面各章所规定的国内犯罪相区别。

五、结语

作为一个整体,刑法体系关乎一个国家的基本价值取向,也关乎刑法立法的科学性以及刑法目的的实现和刑法功能的发挥。从总体上看,中国现行刑法体系的形式相对统一,内容相对完备,结构相对科学,是一个相对合理、完善的体系。但严格来说,中国现行刑法体系无论是在内容上还是在结构上也都存在一定的缺陷,这在一定程度上影响了刑法功能的发挥。不过,笔者相信,朝着内容完备、结构科学的发展方向,通过刑法修正案或者系统修改刑法典的方式,中国的刑法体系一定能够随着社会的不断发展而进一步充实、完善。作为刑法内容和立法技术完善的基础和载体,中国的刑法体系也只有根据社会发展的需要不断充实内容、完善结构,才能为中国刑法的完善打下坚实的基础,并进而不断地推动中国刑事法治建设的进步。

原载于《河南大学学报(社会科学版)》2010年第6期,《新华文摘》2011年第5期全文转载

刑法中"国家工作人员"概念的立法演变

刘仁文①

引 言

在中国刑法中,"国家工作人员"是一个重要概念。刑法中有的犯罪,如贪污罪、受贿罪,以主体是国家工作人员为前提,因此在这些犯罪中,"国家工作人员"的身份具备与否将影响到犯罪的成立。还有的犯罪,是以"国家工作人员"作为犯罪对象的,如行贿罪,因而"国家工作人员"的认定其实也影响到犯罪的成立。另有些犯罪,主体是否是"国家工作人员",则影响到量刑,如刑法第238条第4款规定,国家机关工作人员利用职权非拘禁他人或者以其他方法非法剥夺他人人身自由的,应从重处罚,②刑法第243条第2款规定,国家机关工作人员犯诬告陷害罪的,从重处罚。但是一个如此重要的概念,其含义却并不清晰,一方面随着立法、立法解释和司法解释的变动,其内涵和外延时而收缩,时而扩张;另一方面,变动着的社会结构和包括中国特色政治制度在内的具体国情又加剧了该概念的动态性和不确定性。

本来,刑法事关法益保护和人权保障,满足国民的预测可能性应是一个法治社会对其规范的基本要求,特别是1997年新刑法已经废除了

---

① 刘仁文,法学博士,北京大学博士后,中国社会科学院法学研究所研究员,博士生导师。
② 根据《刑法》第93条的规定,国家工作人员包括"国家机关中从事公务的人员"和其他"以国家工作人员论"的人员。

类推制度,确立了罪刑法定原则,而刑法的明确性则是罪刑法定原则的应有之义。但为什么在"国家工作人员"这样一个重要的刑法概念上却难以做到明确化呢?对这个问题刑法学界还缺乏足够的关注和解释。尽管以往有过少数论文涉及"国家工作人员"这个主题,但大都是从静态的意义上来讨论,如国家工作人员的范围、认定国家工作人员的标准等。① 本文试图从动态的意义上来对我国刑法中"国家工作人员"概念从1979年以来的立法和司法演变作一考察。② 通过这种考察,我们或许可以对上述困惑增加一份理解,并为寻求一个妥善的解决方案提供若干启示,同时也可从中看出当代中国社会的某些发展轨迹。

一、1979—1982:公有制松动下的立法变化

1979年,全国人大通过了新中国第一部刑法典《中华人民共和国刑法》,③该法典对国家工作人员的定义是:"本法所说的国家工作人员是指一切国家机关、企业、事业单位和其他依照法律从事公务的人员。"(第83条)这个定义具有以下几个特点:

1. 没有明确区分企业、事业单位的所有制性质。因为在当时的社会经济条件下,企业、事业单位只有全民所有制和集体所有制两种性

---

① 参见赵秉志,等:《论国家工作人员范围的界定》,《法律科学》,1999年第5期;郝守才:《我国刑法中国家工作人员的界定标准》,《河南省政法管理干部学院学报》,2002年第4期,等。

② 虽然改革开放以1978年为起点,但1979年是我国第一部刑法典颁布的时间。

③ 关于新中国刑法的起草、波折和1979年刑法的制定过程,可参见刘仁文:《中国刑法学60年》,《浙江大学学报(人文社会科学版)》,2010年第1期。

质,而这两种都被认为是社会主义公有制。① 不过,由于下文将提及的对"公务"的理解,集体所有制企业、事业单位的工作人员在解释上并不被视为国家工作人员。如参与过刑法起草拟订工作的高铭暄教授指出:集体组织的工作人员(如生产队的队长、会计,城乡集体企业的管理人员等),不算国家工作人员。② 最高人民法院刑事审判庭原庭长甘明秀先生主编的书在对该条中的"企业、事业单位"进行解释时认为:"'企业单位',是指国家经营的实行经济核算的从事工、农、商、交通运输、金融等活动的单位,例如工厂、矿山、铁路、银行。'事业单位',是指国家设立的学校、医院、科研、新闻出版等非经济核算单位。"③

2. 确立了"从事公务"作为认定国家工作人员的标准。但究竟何为"从事公务",法律没有进一步明确。学界的理解是:"公务基本上是属于国家管理活动,因此直接从事生产作业、运输作业,不属于'公务'这个范畴。直接从事生产的工人,不包括在'国家工作人员'概念之内;售货员是商业工人;还有炊事员等勤杂人员,也都不包括在'国家工作人员'概念之内。"④前述甘明秀先生主编的书也指出:"在上述单位中,没有依法从事公务,只从事生产劳动或者勤杂工种的人员或军队中的战士,则不属于国家工作人员。"⑤

---

① 集体所有制只是当时公有制的辅助形式,主要适用于发展水平相对较低的经济领域(如农业领域、手工业领域和传统型服务业领域),或者是解决就业之类具体民生问题的权宜安排。由于其公有化程度和战略意义都低于国有经济组织,资源获得不是中央统制型计划经济的主要关注对象,因而往往不得不依托组建它们的国有单位和社区来获得必要资源。(参见陆学艺主编:《当代中国社会结构》,北京:社会科学文献出版社,2010年,第346页。)理解这一点,也许有助于我们理解下文如甘明秀先生主编的书中为什么径直将企业、事业单位解释为国家经营和国家设立的企业、事业单位。

② 高铭暄:《中华人民共和国刑法的孕育和诞生》,北京:法律出版社,1981年,第130页。

③ 甘明秀:《刑事诉讼实用大全》,石家庄:河北人民出版社,1993年,第935页。

④ 高铭暄:《中华人民共和国刑法的孕育和诞生》,北京:法律出版社,1981年,第130页。

⑤ 甘明秀:《刑事诉讼实用大全》,石家庄:河北人民出版社,1993年,第935页。

3. 采取了"其他依照法律从事公务的人员"这样的兜底立法方式。这里的"其他",为以后的解释提供了很大的空间。如前述高铭暄教授的著作指出,理解起来可包括民主党派、人民团体等;①而前述甘明秀先生主编的书则认为:它是指依照法律规定担任职务,并按照一定权限行使业务、行政管理职能的人员,例如受国家机关和企业、事业单位以及人民团体委托,执行公务的人员。②

1982年,全国人大常委会通过的《关于严惩严重破坏经济的罪犯的决定》(下称《决定》)③中规定:"本决定所称国家工作人员,包括在国家各级权力机关、各级行政机关、各级司法机关、军队、国营企业、国家事业机构中工作的人员,以及其他各种依照法律从事公务的人员。"《决定》的特点是:

第一,将1979年刑法中的"一切国家机关"具体为"国家各级权力机关、各级行政机关、各级司法机关、军队",在这方面朝着所谓的明确性方向前进了一步。但问题是,所列举的这几项都是在理解上没有疑问的,即使不列举实践中也普遍把它们看做是国家机关。但对于中国共产党的各级机构、全国政协和地方各级政协、工会、共青团、妇联等人民团体这类需要明确的问题却仍然采取了回避的态度。

第二,将1979年刑法中的"企业、事业单位"改成了"国营企业、国家事业机构"。这种修改表明立法者基于改革开放后我国企业、事业单

---

① 高铭暄:《中华人民共和国刑法的孕育和诞生》,北京:法律出版社,1981年,第130页。

② 甘明秀:《刑事诉讼实用大全》,石家庄:河北人民出版社,1993年,第935页。

③ 《关于严惩严重破坏经济的罪犯的决定》是在改革开放后经济犯罪急剧上升的情况下颁布的一部单行刑法,它对原刑法中的有关条款进行了补充和修改,提高了原来的法定刑刑级,包括增加了盗窃罪等犯罪的死刑。

位已经出现了多种所有制并存的局面,①不再不加区别地将一切企业、事业单位中的工作人员都视为国家工作人员。不过,值得注意的是,《决定》使用了"国营企业"的字样,而不是"国有企业",因为当时还没有实行所有权和经营权分离、政企分开的国有企业改革。

第三,较之1979年刑法的规定,《决定》对国家机关、国有企事业单位中的国家工作人员,没有坚持"从事公务"的要求,而是使用"工作(的)人员"的提法,这被认为是以后导致国家工作人员认定混乱的一个重要原因。② 从字面上理解,"工作(的)人员"似乎比"从事公务"的人员范围要大。③

二、1982—1995:多种所有制并进中的扩张与收缩

1985年,最高人民法院(以下称"高法")、最高人民检察院((以下称"高检")发布的《关于当前办理经济犯罪案件中具体应用刑法的若干问题的解答(试行)》中规定:"贪污罪的主体是国家工作人员,也可以是

---

① 非公有制经济的发展,在20世纪80年代初期至少有两个重要契机:一是农村经济体制改革促成的农户积累形成以及农村自由集贸市场管制的放开,这在广大农村地区启动了私人市场经济活动。二是20世纪70年代末80年代初知识青年大规模返城造成城市就业压力空前巨大,政府无力解决问题,被迫出台新的就业政策,允许回城知青自找就业门路,包括从事个体劳动等。据统计,1978年全国城镇个体劳动者仅为15万人,1979年以后城镇个体劳动者规模迅速扩张,到1983年已经达到231万人。城乡个体劳动的发展必然催生组织化的私营经济。参见陆学艺主编:《当代中国社会结构》,北京:社会科学文献出版社,2010年,第352页。

② 朱云山:《论国家工作人员——对刑法第九十三条的解读》,北京:中国社会科学院法学研究所博士后研究报告,2009年,第8页。

③ 由于《决定》是单行刑法,其补充和修改的是特定犯罪,即1979年刑法规定的走私、套汇、投机倒把、受贿、包庇、徇私舞弊、伪证、报复陷害等犯罪,因此也有人认为,《决定》对国家工作人员的定义不具有普遍意义,只能是针对前述特定犯罪才适用。佐证这一观点的另一理由是,《决定》对特定犯罪适用的有条件从新的溯及力,并没有被扩大适用。参见朱云山:《论国家工作人员——对刑法第九十三条的解读》,北京:中国社会科学院法学研究所博士后研究报告,2009年,第8页。

集体经济组织工作人员或者其他受国家机关、企业、事业单位、人民团体委托从事公务的人员。"①这个《解答》将"集体经济组织工作人员"扩大为"贪污罪"的主体,明显是以司法解释的名义行立法之实。虽然此种能动司法超出了司法解释的权限,从学理上固然可以批评和反省,②但如果要问为什么司法会表现得如此积极？也许我们可以从当时集体经济组织发展迅速、其中的贪污现象亟须刑法来加以规制的现实中寻找原因。③ 如此一来,原本在解释上不包括"集体经济组织工作人员"的"国家工作人员"概念就被逐步扩大到包括这部分人员了,如1987年高检《关于正确认定和处理玩忽职守罪的若干意见(试行)》指出:④"其他依照法律从事公务的人员",是指根据法律规定,经人民选举或受国家机关、军队、社会团体、全民所有制、集体所有制的企业、事业单位的委托、聘用,从事管理工作的人员；全民所有制或集体所有制的企业、事业单位,将其全部或部分资产,发包给个人或若干人负责经营,其承包

---

① 根据1979年刑法第155条的规定,贪污罪的主体是"国家工作人员","受国家机关、企业、事业单位、民团体委托从事公务的人员"犯贪污罪的,依照贪污罪的规定处罚。

② 但如何纠正越权的司法解释,比如通过一定的程序来提起、审查和宣布其无效,却至今没有一个有效的机制。实践中有时由于"两高"对对方的司法解释不满而提请全国人大常委会出台新的立法解释,从而事实上废除了此前高法或高检的司法解释,这样的例子倒是有的,如2000年高法发布《关于审理黑社会性质组织犯罪的案件具体应用法律若干问题的解释》,高检不同意该司法解释的部分内容,认为它在刑法第294条之外对认定黑社会性质的组织又附加了条件,尤其是所谓"保护伞"的规定,突破了刑法的规定,于是向全国人大常委会提出了对刑法第294条中的"黑社会性质"的含义作立法解释的请求。后全国人大常委会于2002年通过了《关于〈中华人民共和国刑法〉第二百九十四条第一款的解释》,将"保护伞"不再当作黑社会性质组织的必备特征。参见刘仁文:《刑事一体化下的经济分析》,北京:中国人民公安大学出版社,2007年,第192页以下。

③ 20世纪80年代初期,城乡集体企业得到大规模的发展,乡镇企业的发展尤为突出,到1984年形成村村点火、处处冒烟的异军突起局面。参见陆学艺主编:《当代中国社会结构》,北京:社会科学文献出版社,2010年,第352页。

④ 根据1979年刑法第187条的规定,玩忽职守罪的主体是"国家工作人员"。

经营的负责人员和管理工作人员,应视为国家工作人员。① 这里,出现了"发包""承包"的字样,因为上个世纪80年代中期以后,城镇国有企业改革启动,先后实行承包经营、租赁经营等经营形式和劳动管理体制改革。②

1988年,全国人大常委会通过了《关于惩治贪污罪贿赂罪的补充规定》(以下称《规定》),吸收了上述司法解释的内容,将贪污、受贿、挪用公款三种犯罪的主体规定为"国家工作人员、集体经济组织工作人员或者其他经手、管理公共财物的人员",而对巨额财产来源不明罪和隐瞒境外存款罪的主体则限定为"国家工作人员"。这表明,立法者似乎将集体经济组织工作人员和其他经手、管理公共财物的人员排除在了国家工作人员的范围之外。如前所述,1979年刑法颁布后,集体经济组织工作人员本来就不被视为国家工作人员的范围,因此,实际上《规定》扩大了贪污、受贿罪的主体范围,即从原来的"国家工作人员"扩大到包括集体经济组织工作人员和其他经手、管理公共财物的人员。根据"两高"于1989年发布的《关于执行〈关于惩治贪污罪贿赂罪的补充规定〉若干问题的解答》(以下称《解答》),"集体经济组织工作人员"是指在集体经济组织中从事公务的人员;③"其他经手、管理公共财物的人员"包括受国家机关、企业、事业单位、人民团体委托从事公务的人员;基层群众性自治组织(如居民委员会、村民委员会)经手、管理公共财物的人员;全民所有制企业、集体所有制企业的承包经营者;以全民

---

① 该司法解释还指出:全民所有制和集体所有制的企业、事业单位中从事生产活动的工人以及群众合作经营组织和个体经营户的主管负责人员,不属于国家工作人员范围。

② 陆学艺主编:《当代中国社会结构》,北京:社会科学文献出版社,2010年,第352页。

③ 既然通说一直认为集体经济组织工作人员不属于国家工作人员,因而也就无所谓"从事公务",但"两高"的《解答》却由于陷入"非国家工作人员不能构成贪污、受贿罪"的误区,而牵强地将这些人员往"国家工作人员"上靠,因而出现了集体经济组织工作人员也"从事公务"这种不伦不类的表述。参见朱云山:《论国家工作人员——对刑法第九十三条的解读》,北京:中国社会科学院法学研究所博士后研究报告,2009年,第11—12页。

所有制和集体所有制企业为基础的股份制企业中经手、管理财物的人员;中方是全民所有制或集体所有制企业性质的中外合资经营企业、中外合作经营企业中经手、管理财物的人员。通过这一《解答》,贪污、受贿、挪用公款犯罪的主体被大大地扩大,股份制改革、中外合资经营企业、中外合作经营企业等新的经济形式被纳入最高司法机关的视野。

到1995年,情况又发生了变化。是年2月全国人大常委会通过了《关于惩治违反公司法的犯罪的决定》,该《决定》第9、10、11条分别规定了以公司董事、监事、职工为犯罪主体的公司、企业人员受贿罪、职务侵占罪和挪用资金罪。其第12条规定:"国家工作人员犯本决定第9条、第10条、第11条规定之罪的,依照《关于惩治贪污罪贿赂罪的补充规定》的规定处罚。"据此,《关于惩治违反公司法的犯罪的决定》显然缩小了《关于惩治贪污罪贿赂罪的补充规定》中受贿罪、贪污罪和挪用公款罪的主体范围,把集体经济组织工作人员和其他经手、管理公共财物的人员排除在受贿罪、贪污罪和挪用公款罪的主体范围之外。① 这一立法显示了立法者意欲对纯正的国家工作人员犯罪予以从严惩处、而把非纯正的国家工作人员犯罪加以区别对待的刑事政策思想②。但问题是,随着公司形式的多样化,在那些股份制公司、中外合资经营企业和中外合作经营企业中,如何准确认定公司、企业中的国家工作人员和非国家工作人员,成为一个直接影响司法实践的难题,一时刑法学界对此讨论激烈,见仁见智。

针对上述问题,最高人民检察院于1995年11月发布了《关于办理公司、企业人员受贿、侵占和挪用公司、企业资金犯罪案件适用法律的几个问题的通知》,对"国家工作人员"再次作了解释。根据这一通知,"国家工作人员"是指:1.国家机关工作人员,即在国家各级权力机关、各级行政机关、各级司法机关和军队工作的人员;2.在国家各类事业机

---

① 《关于惩治违反公司法的犯罪的决定》第14条规定:"有限责任公司、股份有限公司以外的企业职工有本决定第9条、第10条、第1129条规定的犯罪行为的,适用本决定。"

② 公司、企业人员受贿罪、职务侵占罪和挪用资金罪均比受贿罪、贪污罪和挪用公款罪的刑罚轻。

构中工作的人员;3.国有企业中的管理工作人员;4.公司、企业中由政府主管部门任命或者委派的管理人员;5.国有企业委派到参股、合营公司、企业中行使管理职能的人员;6.其他依法从事公务的人员。同年12月,最高人民法院又发布了《关于办理违反公司法受贿、侵占和挪用等刑事案件适用法律若干问题的解释》,①根据这一解释,公司、企业中的国家工作人员应当是指在国有公司、企业或者其他公司、企业中行使管理职权并具有国家工作人员身份的人员,包括受国有公司、国有企业委派或者聘请,作为国有公司、国有企业代表,在中外合资、合作、股份公司、企业中,行使管理职权,并具有国家工作人员身份的人员。

"两高"的两个司法解释各有侧重,其中的一个区别是:"高检"强调国家工作人员"从事公务"的特征,而"高法"则强调国家工作人员的身份,②由此出现了"公务论"和"身份论"的冲突,③并引起实际操作中的混乱。一些地方为规范司法,不得不再出台相关规定,如江苏省高级人民法院、江苏省人民检察院1996年5月联合发布了《关于公司、企业中贪污、贿赂、挪用公款与侵吞、商业受贿、挪用资金犯罪主体的讨论纪要》,规定:国家工作人员必须具有国家干部身份,并且是经县以上政府人事管理机关同意,正式办理了干部审批手续的在编在册人员,这是典型的"身份论"。

"身份论"对那些非国家干部编制但事实上行使国家管理职能的人无能为力。例如,江苏省南京市某县出现的"郑秀华事件"就是一例:被

---

① 从这里也可以看出最高人民检察院和最高人民法院在发布司法解释时各行其是的弊端。关于如何增强"两高"司法解释之间的协调性的建议,可参见刘仁文:《刑法的结构与视野》,北京:北京大学出版社,2010年,第62页以下。

② 但是"国家工作人员"的具体含义还是不明确,所以有论者指出,"高法"的解释陷入了以国家工作人员来解释国家工作人员的循环论证。参见朱云山:《论国家工作人员——对刑法第九十三条的解读》,北京:中国社会科学院法学研究所博士后研究报告,2009年,第14页。

③ "公务论"和"身份论"在学理上也有称"功能论"和"组织论"的,我国台湾学者黄荣坚曾在一次学术研讨会上针对"公务论"和"身份论"两种对立的观点提出第三种思路:也许二者不是0和1的关系,而是各占多少个百分比的关系。

告人郑秀华于1992年被该县法院城关法庭聘为临时工,并自1993年起被安排参与办理简易民事案件。2000年因受害人举报,该县检察院以涉嫌枉法裁判罪对郑秀华提起公诉。2001年,该县法院以郑秀华不是"国家机关工作人员"、不符合渎职犯罪主体为由,判决郑秀华无罪。①

三、1997年新刑法对于国家工作人员的界定及其解读

1997年新刑法制定时,对于国家工作人员的范围如何界定,依然争议颇多。有的主张国家工作人员应当缩小范围,只限于国家机关工

---

① 冒群,等:《"农民法官"渎职无罪震动司法界》,《解放日报》,2003年3月14日。

作人员,认为这样做符合政企分开和国家人事制度的改革方向;①有的主张不宜作大的变动,认为我国是以公有制为基础的社会主义国家,实践中许多贪污受贿案件发生在国有企业,将国有企业、事业单位工作人员列为国家工作人员,有利于保护国有资产。立法机关经反复研究,考虑到随着改革的深入,现有的国有公司、企业、事业单位的人事管理制度虽然发生了根本变化,依法享有独立自主的人事管理权,但国家为了加强对国有资产的管理,政府对企业进行适当的行政干预也是必要的,这种干预表现为直接任命干部到国有公司、企业、事业单位中担任职务,行使行政管理职权,因此,这部分人应视为国家工作人员。另外,在我国依照法律从事国家管理事务的人员中,除国家机关工作人员外,还有在工会、青年团、妇联等人民团体中工作的人员,以及其他在国有公司、企业、事业单位中从事党务工作的人员,这部分人员也应列入国家

---

① 如中国人民大学法学院刑法总则修改小组1994年提交的总则修改稿第4稿第101条:"本法所说的国家工作人员是指一切在国家权力机关、行政机关、司法机关、军队、党政机关从事公务的人员。"(参见高铭暄,赵秉志编:《新中国刑法立法文献资料总览》(下),北京:中国人民公安大学出版社,1998年,第2960页。)公安部刑法修改领导小组办公室1996年11月提交的《关于国家工作人员范围的立法建议》指出:"国家工作人员是指在各级国家权力机关、行政机关、司法机关、军事机关和人民团体中依法从事公务的人员,以及由人民政府(或其主管部门)直接任命或委派在国有企业、国家事业机构中依照法律行使管理职权的人员。"该建议还指出,国家工作人员应具有国家干部的资格,即属于国家编制内的人员,这显然又回到了身份论。(参见高铭暄,赵秉志编:《新中国刑法立法文献资料总览》(下),北京:中国人民公安大学出版社,1998年,第2700页以下)事实上,刑法修订草案在这个问题上也是一再摇摆,如1995年8月全国人大常委会法制工作委员会印发的《中华人民共和国刑法总则修改稿》第87条规定:"本法所说的国家工作人员,是指在国家权力机关、行政机关、司法机关、军队、政党中从事公务的人员。"(参见高铭暄,赵秉志编:《新中国刑法立法文献资料总览》(中),北京:中国人民公安大学出版社,1998年,第1069页)1997年1月印发的稿子第95条也规定:"本法所称国家工作人员,是指一切在国家权力机关、行政机关、司法机关、军事机关和人民团体中从事公务的人员。"(参见高铭暄,赵秉志编:《新中国刑法立法文献资料总览》(中),北京:中国人民公安大学出版社,1998年,第1562页)但其他几个稿子都包括国有公司、企业、事业单位中从事公务的人员,足见在该问题取舍上的难度。

工作人员的范围。① 因此,最终原则上还是维持了1979年刑法规定的国家工作人员的范围。不过,从行文方式看,与1979年相比,也还是有所区别,如新刑法第93条用两款的方式来规定国家工作人员,其第一款指出:"本法所称的国家工作人员,是指国家机关中从事公务的人员。"接着第二款又指出:"国有公司、企业、事业单位、人民团体中从事公务的人员和国家机关、国有公司、企业、事业单位委派到非国有公司、企业、事业单位、社会团体从事公务的人员,以及其他依照法律从事公务的人员,以国家工作人员论。"这与1979年刑法和1982年《关于严惩严重破坏经济的罪犯的决定》相比,不同于后二者将国家机关、企业、事业单位和其他依照法律从事公务的人员混合规定在同一款,体现了立法者想把国家工作人员尽量往国家机关中从事公务的人员靠近的意图。自此,新刑法第93条第二款的"以国家工作人员论"又被称为"准国家工作人员"。② "'以国家工作人员论'的人员从国家政治体制改革的长远发展来看,政企分开以后,本身不应属于国家工作人员,但从目前的实际情况出发,这样规定有利于防止国家利益遭受重大损失,有利于惩罚犯罪。"③

值得注意的是,在刑法修订过程中,关于中国共产党等政党组织的工作人员是否属于国家工作人员的问题也曾引起过关注,如前述中国人民大学法学院刑法总则修改小组拟订的总则修改稿关于国家工作人员的界定中就有"党政机关从事公务的人员"。官方版本最早提到"政党"的是1988年11月全国人大常委会法制工作委员会印发的一个修改稿,其第87条规定:"本法所说的国家工作人员,是指在国家权力机关、行政机关、司法机关、军队、政党、全民所有制企业事业单位、人民团

---

① 全国人大常委会法制工作委员会刑法室:《中华人民共和国刑法条文说明、立法理由及相关规定》,北京:北京大学出版社,2009年,第119—120页。
② 赵秉志,等:《论国家工作人员的界定》,《法律科学》,1999年第5期。
③ 全国人大常委会法制工作委员会刑法室:《中华人民共和国刑法条文说明、立法理由及相关规定》,北京:北京大学出版社,2009年,第120页。

体中从事公务的人员。"①其后,1988年12月的修改稿该条保留原样。② 直到1995年8月全国人大常委会法制工作委员会印发的《中华人民共和国刑法(总则修改稿)》仍然有"政党"的内容:"本法所说的国家工作人员,是指在国家权力机关、行政机关、司法机关、军队、政党中从事公务的人员。"(第87条)③但接下来的1996年8月8日的《中华人民共和国刑法(总则修改稿)》和同年8月31日的《中华人民共和国刑法(修改草稿)》,却去掉了有关"政党"的内容。④ 当然,在解释上,理论界通常都认为:根据党中央和国务院的有关规定,参照国家公务员法进行管理的中国共产党的各级机关、中国人民政治协会议的各级机关中从事公务的人员,也视为国家机关工作人员。⑤ 在司法实践中,也是这样认定的,如前中共北京市委书记陈希同、前中共上海市委书记陈良宇等均是作为国家机关工作人员被定罪判刑的。

四、新刑法实施以来"国家工作人员"概念的扩张

如果说本文第二部分所描述的1982—1995年间"国家工作人员"概念是由扩张到收缩的话,那么1997年以来的"国家工作人员"概念则又呈现出由收缩到扩张的局面。试举例说明:

(一)"其他依照法律从事公务的人员"的扩张

1997年新刑法实施后,有关部门反映,实践中村民委员会等农村

---

① 高铭暄,赵秉志:《新中国刑法立法文献资料总览》(中),北京:中国人民公安大学出版社,1998年,第881页。
② 高铭暄,赵秉志:《新中国刑法立法文献资料总览》(中),北京:中国人民公安大学出版社,1998年,第918页。
③ 高铭暄,赵秉志:《新中国刑法立法文献资料总览》(中),北京:中国人民公安大学出版社,1998年,第1069页。
④ 高铭暄,赵秉志:《新中国刑法立法文献资料总览》(中),北京:中国人民公安大学出版社,1998年,第1157页、第1232页。
⑤ 赵秉志:《刑法新教程》,北京:中国人民大学出版社,2001年,第825页。

基层组织①的人员利用职务上的便利,非法侵占、挪用公共财物,索取、收受他人财物的情况很多,对此如何处理,一些部门的意见很不统一。在最高人民法院和最高人民检察院的建议下,2000年4月,全国人大常委会通过了《关于刑法第93条第2款的解释》(下称《解释》)。根据这一解释,村民委员会等农村基层组织人员协助人民政府从事下列行政管理工作,属于第93条第2款规定的"其他依照法律从事公务的人员":1.救灾、抢险、防汛、优抚、扶贫、移民、救济款物的管理;2.社会捐助公益事业款物的管理;3.国有土地的经营和管理;4.土地征用补偿费用的管理;5.代征、代缴税款;6.有关计划生育、户籍、征兵工作;7.协助人民政府从事的其他行政管理工作。

该立法解释在上述基础上进一步指出:村民委员会等农村基层组织人员从事以上规定的公务,利用职务上的便利,非法占有公共财物、挪用公款、索取或非法收受他人财物,构成犯罪的,适用刑法中的贪污罪、挪用公款罪、受贿罪定罪判刑。

农村基层组织人员在传统意义上确实不被视作国家工作人员,他们的身份仍然是农民,因此,如果持"身份论",肯定是得不出支持上述解释的结论的。《解释》也并不是要将农村基层组织人员一概以国家工作人员论,而只是在协助人民政府从事特定的行政管理工作时才可以。也就是说,当他们从事的只是村里的集体事务,而不是国家事务时,就不能将其以国家工作人员论。

另外,还需要注意,立法机关只是对司法机关反映突出、亟待解决的村民委员会等农村基层组织人员何种情况下可视为"其他依照法律从事公务的人员"作出解释,②对于农村基层组织人员以外的"其他依照法律从事公务的人员"的范围,仍然没有明确,对此,立法机关以"有

---

① 我国农村的基层组织除村民委员会外,还有村党支部、村经联社、经济合作社、农工商联合企业、治保会、妇联、团支部、民兵排、村民小组和各种协会等。从目前出现的情况看,发生在村党支部、村民委员会和村经联社、经济合作社、农工商联合企业等掌管村经济活动的人员身上的问题比较多。下述解释中所说的"村民委员会等基层组织人员"主要是指这些组织的人员,因为他们是农村最主要的可能协助政府从事其他行政管理工作的人员。

② 即便这种解释,也留了"协助人民政府从事的其他行政管理工作"这个尾巴。

的法律已经明确规定,有的在实践中没有问题,有的在今后还需要进一步研究"来加以回应。①

(二)渎职罪主体的扩张

1979年刑法中的渎职罪主体为"国家工作人员",1997年新刑法对此作了重大修改,改为"国家机关工作人员"。

其实,在刑法修订过程中,围绕渎职罪的主体也一直存在争议,例如,直到1997年1月的《中华人民共和国刑法(修订草案)》,渎职罪的主体还是"国家工作人员",但到1997年2月的《中华人民共和国刑法(修订草案)》,却改成了"国家机关工作人员"。② 对此,当时的最高人民检察院刑法修改研究小组先后于1997年2月20日和3月6日提出意见,前一份意见指出:将渎职罪主体由"国家工作人员"改为"国家机关工作人员",大大缩小了这类犯罪的适用范围,脱离与这些犯罪作斗争的实际情况,且没有经过充分论证,在实际执行中可能会出现很多漏洞和偏差,是不恰当的,例如,滥用职权罪和玩忽职守罪,在司法实践中,犯罪嫌疑人主要是经手管理国有资产的在国有企事业单位从事公务的人员,如此修改后,原来这些人员的犯罪行为将无法惩处,故建议恢复原"国家工作人员"的规定。③ 后一份意见再次指出:修订草案规定的滥用职权或者玩忽职守罪的主体仅限于"国家机关工作人员",这同实际情况相距甚远,且与国家法律、行政法规中的有关规定不相符合。虽然修订草案在其他章节中规定了国有公司、企业的人员失职造成损失的几类犯罪,但不足以包括目前按照法律、行政法规应认定为玩忽职守的各类案件。所以建议将"国家机关工作人员"改为"国家工作

---

① 顾昂然:《全国人大法律委员会关于〈中华人民共和国刑法〉第九十三条第二款的解释(草案)审议结果的报告》,高铭暄、赵秉志:《中国刑法立法文献资料精选》,北京:法律出版社,2007年,第145页。

② 高铭暄,赵秉志:《新中国刑法立法文献资料总览》(中),北京:中国人民公安大学出版社,1998年,第1625页、第1720页。

③ 高铭暄,赵秉志:《新中国刑法立法文献资料总览》(下),北京:中国人民公安大学出版社,1998年,第2650页。

人员";或者增加一款:其他国家工作人员犯前两款罪的,依照各该款处罚。①

新刑法最终没有采纳上述意见,还是将滥用职权罪和玩忽职守罪等渎职罪的主体限定为"国家机关工作人员"。② 应当承认,新刑法对此是欠缺严密论证的,因而实践中问题马上接踵而来。

首先遇到的是,对于国有公司、企业、事业单位的人员玩忽职守或滥用职权,造成严重损失的,由于其明显不属于"国家机关工作人员",所以不能用玩忽职守罪和滥用职权罪去处理。虽然新刑法在第168条确立了徇私舞弊造成国有公司、企业破产或者严重亏损罪,但在刑法执行过程中,最高人民检察院、一些人大代表以及一些单位、部门反映,有些国有公司、企业主管人员由于严重不负责任或者在工作中公然违反国家有关规定,致使国家利益遭受重大损失,如擅自为他人提供担保,给本单位造成重大损失的;违反国家规定,在国际外汇、期货市场上进行外汇、期货投机,给国家造成重大损失的;在仓储或者企业管理方面严重失职,给企业造成重大损失的等社会危害性很大的行为,由于不具备刑法第168条规定的"徇私舞弊"情节,难以追究刑事责任。此外,第168条规定的犯罪主体只限于国有公司、企业直接负责的主管人员,包括不了其他国有公司、企业的工作人员,如负责管理粮库的保管员,由于严重不负责任,致使库存粮食发霉、变质,给国家利益造成重大损失,也无法适用该条款。③ 于是,在1999年全国人大常委会通过的《刑法

---

① 高铭暄,赵秉志:《新中国刑法立法文献资料总览》(下),北京:中国人民公安大学出版社,1998年,第2652页。

② 据解释,这样做的理由主要是考虑到国家机关工作人员行使着国家公权力,这些人员如果玩忽职守、滥用职权或者徇私舞弊,社会危害性较大。为使国家机关工作人员正确行使权力,有必要对其渎职行为单独作出规定。而对于国有公司、企业、事业单位等国家工作人员在工作中不尽职守、给国家造成重大损失的渎职行为,则根据其行为的不同性质和所侵害的客体,分别在有关章节中作出具体规定。参见全国人大常委会法制工作委员会刑法室:《走向完善的刑法》,北京:中国民主法制出版社,2006年,第313页。

③ 全国人大常委会法制工作委员会刑法室:《中华人民共和国刑法条文说明、立法理由及相关规定》,北京:北京大学出版社,2009年,第290—291页。

修正案》中,将168条修改为"国有公司、企业人员失职罪"、①"国有公司、企业人员滥用职权罪",不仅如此,在该条中还增加了"国有事业单位人员失职罪""国有事业单位人员滥用职权罪",从而在犯罪行为方式和犯罪主体等方面都作了大大扩充。②

上述努力表明立法者想通过扩充第168条这样的方式来弥补漏洞,从而继续维护渎职罪一章"国家机关工作人员"的纯正主体地位。但这种努力很快又遭到新的挑战。根据《宪法》规定,国家机关包括国家权力机关、行政机关、审判机关、检察机关、军事机关。③ 因此,渎职罪的主体应是在上述机关中从事公务的人员(当然如前所述,也包括在各级共产党、民主党派、政协和人民团体中从事公务的人员)。但随着体制改革的深入,出现了如下一些新情况:一是法律授权规定某些非国家机关的组织,在某些领域代表国家行使管理、监督职权;二是在机构改革中,有的地方将原来的一些国家机关调整为事业单位,但仍然保留其行使某些行政管理的职能;三是有些国家机关将自己行使的职权依法委托给一些组织行使;四是实践中有的国家机关根据工作需要聘用

---

① 无论是条文中的"严重不负责任"还是罪名中的"失职",我都不觉得与渎职罪中的"玩忽职守"有什么本质区别,不知立法者是否是刻意掩盖其1997年的失误还是别的什么考虑,在这里没有使用"国有公司、企业人员玩忽职守罪"这样的措辞。

② 这给我们一个启示:如果立法时太追求理想化(纯化渎职罪的主体),而不注意充分照应现实的需要,那么在这种理想化的立法通过后,反而可能经由刑法修正这种程序上更加宽松的途径(刑法修正全国人大常委会通过即可,而1997年新刑法则要由全国人大来通过),来使立法者的美好理想受到更加严重的"破坏"。以168条为例,本来国有事业单位人员失职和滥用职权的问题不在前述"反映"之列,却也借机一并"完善"了。

③ 《宪法》用的是"国家机构",而刑法用的是"国家机关",因为宪法中的"国家机构"并没有包括共产党、民主党派、政协、人民团体等,而刑法中对"国家机关"的理解显然是包括这些组织的,因此有人试图区分"国家机构"和"国家机关"不是同一个意思。但这种区分太牵强,二者应当是同一个意思。至于共产党、民主党派、政协、人民团体等组织为什么要纳入刑法中的"国家机关"范畴,我觉得可以理解为顾昂然先生在《全国人大法律委员会关于〈中华人民共和国刑法〉第九十三条第二款的解释(草案)审议结果的报告》中所说的"有的在实践中没有问题"。

了一部分国家机关以外的人员从事公务。① 上述这些人员虽然在形式上未列入国家机关编制,但实际是在国家机关中工作或者行使国家机关工作人员的权力。这些人员在行使国家权力时,玩忽职守、滥用职权、徇私舞弊对社会所造成的危害与国家机关工作人员是同样的,但按照罪刑法定原则,这些人员显然不具有"国家机关工作人员"的身份,因而无法定罪。例如,2001年10月,山东省安丘市白芬子镇卫生院副院长王某某在一起重复发放碘油丸导致一小学学生超量服用死亡的案件中负有不可推卸的责任,后检察机关以玩忽职守罪起诉,法院判决王某某无罪,其理由是:白芬子镇卫生院不是国家机关,仅仅是一个乡级医疗卫生服务机构,故王某某不是刑法意义上的国家机关工作人员。②

针对将渎职罪主体限定为"国家机关工作人员"偏窄这一现象,高检、高法先后出台一系列的司法解释,不断地扩大渎职罪的主体范围,如2000年4月高检在对北京市人民检察院《关于中国证监会主体认定的请示》的答复函中指出:中国证监会是具有行政职责的事业单位,其干部应视同为国家机关工作人员。2000年4月高检在《关于以暴力、威胁方法阻碍事业编制人员依法执行行政执法职务是否可以对侵害人以妨害公务罪论处的批复》中指出:对于以暴力、威胁方法阻碍国有事业单位人员依照法律、行政法规的规定,执行行政执法职务的,或者以暴力、威胁方法阻碍国家机关中受委托从事行政执法活动的事业编制人员执行行政职务的,可以对侵害人以妨害公务罪追究刑事责任。该《批复》虽然是针对妨害公务罪的构成,但由于根据刑法第277条的规定,妨害公务罪的对象是依法执行公务的国家机关工作人员,因此,它实际上是将依法执行行政执法职务的事业编制人员以国家机关工作人员论。2000年5月高检在对上海市人民检察院《关于镇财政所所长是否适用国家机关工作人员的批复》中指出:对于属行政执法事业单位的镇财政所中按国家机关在编干部管理的工作人员,在履行政府行政公

---

① 全国人大常委会法制工作委员会刑法室:《中华人民共和国刑法条文说明、立法理由及相关规定》,北京:北京大学出版社,2009年,第804页。
② 杨建民:《一起"没有"责任人的人命案》,《方圆》,2002年第10期。

务活动中,滥用职权或玩忽职守构成犯罪的,应以国家机关工作人员论。① 2000年10月高检《关于属工人编制的乡(镇)工商所所长能否依照刑法第三百九十七条的规定追究刑事责任问题的批复》指出:经人事部门任命,但为工人编制的乡(镇)工商所所长,依法履行工商行政管理职责时,属其他依照法律从事公务的人员,应以国家机关工作人员论。② 2001年3月高检《关于工人等非监管机关在编监管人员私放在押人员和失职致使在押人员脱逃行为适用法律问题的解释》,也将工人等非监管机关在编监管人员视为"司法工作人员"。2000年9月高法《关于未被公安机关正式录用的人员、狱医能否构成失职致使在押人员脱逃罪主体问题的批复》指出:对于未被公安机关正式录用、受委托履行监管职责的人员,或者受委派承担了监管职责的狱医,由于严重不负责任,致使在押人员脱逃,造成严重后果的,应当以"失职致使在押人员脱逃罪"定罪处罚。据此,认定"失职致使在押人员脱逃罪"的主体(司法工作人员),不以是否被公安机关正式录用为标准,也不以行为人岗位专业为标准,只要是受委托或受委派履行或承担监管职责即可。③

---

① 该《批复》一方面将"国家机关工作人员"扩大到了"事业单位工作人员",另一方面却坚持"身份论"而非"公务论",即必须是"按国家机关在编干部管理的工作人员"。

② 该《批复》将工人编制的乡(镇)工商所所长扩大为"国家机关工作人员",可以说已经从"身份论"走向了"公务论"。因为就身份而言,工人是无论如何不能解释成"国家工作人员"的,更不能解释成"国家机关工作人员"。通说一直都认为,"国家工作人员"必须是国家干部,而干部是与工人、农民相对的一个概念。下一个《关于工人等非监管机关在编监管人员私放在押人员和失职致使在押人员脱逃行为适用法律问题的解释》也是如此。

③ 该《批复》同时使用了"委托"和"委派"两个概念,但其具体含义与区别却不得而知。一般而言,委派关系是不平等主体间的行政法律行为,而委托是平等主体间的民事法律行为。

上述这些司法解释一方面存在头痛医头、脚痛医脚的问题,①另一方面也由于司法机关自己擅自扩大渎职罪的主体,而遭到学界的批评,被认为是违反了罪刑法定原则。② 有鉴于此,全国人大常委会于 2002 年通过了《关于〈中华人民共和国刑法〉第九章渎职罪主体适用问题的解释》。③ 根据该解释,下列人员在代表国家行使职权时,有渎职行为,构成犯罪的,依照刑法关于渎职罪的规定追究刑事责任:1.在依照法律、法规规定行使国家行政管理职权的组织中从事公务的人员。这些行使国家行政管理职权的组织并非国家机关,但法律、法规授权其行使国家行政管理职能,如根据《证券法》的规定,证券业和银行业、信托业、保险业实行分业经营、分业管理,证券公司与银行、信托、保险业务机构分别设立,国务院证券监督管理机构依法对全国证券市场实行集中统一监督管理。修改后的《保险法》也规定,国务院保险监督管理机构负责对保险业实施监督管理。有些机构在体制改革前原本是国家机关,体制改革后调整为事业单位,但其仍然行使着国家对这一领域的管理职能。在这些组织中从事公务的人员在代表国家机关行使职权时,有渎职行为构成犯罪的,适用渎职罪的规定追究刑事责任。2.在受国家机关委托代表国家行使职权的组织中从事公务的人员。实践中有些组织本身不是国家机关,但其受国家机关委托,代表国家行使管理权,如一些地方的卫生行政部门委托卫生防疫站向食品卫生经营企业和食品生产经营人员发放卫生许可证,有的文化市场管理部门委托其下属事

---

① 从各地司法机关的请示和"两高"的批复来看,这方面的法律适用疑难问题确实比较突出,另一方面,我们也可以看到,中国的司法能动性主要还是由最高司法机关来主导,各地(更不用说具体办案的法官和检察官)有过于依赖向上面请示的倾向。关于这个问题的进一步思考,可参见刘仁文:《刑法的结构与视野》,北京:北京大学出版社,2010 年,第 56 页以下。

② 程皓:《渎职罪的立法缺陷概述》,赵秉志主编:《刑法学研究精品集锦》(2),北京:法律出版社,2007 年,第 890—901 页。

③ 严格说来,扩大渎职罪主体的适用范围,已经不是一个法律解释的问题,而是一个立法的问题,因而仅通过立法解释的方式来达到变相修法的目的,似乎并不可取。比较理想的方案应是通过刑法修正,将渎职罪的主体由"国家机关工作人员"修改为"公务人员"。

业单位负责文化娱乐场所的审批、管理等。① 3.虽未列入国家机关人员编制但在国家机关中从事公务的人员。实践中由于受到国家机关编制等的限制,②有的国家机关采取招聘等方式使用国家机关以外的人从事公务,行使国家机关在某一领域的管理权。这些人虽然不占国家机关编制,但其在代表国家机关行使职权时,有同国家机关工作人员相同的职权,因此其渎职行为构成犯罪的,也适用渎职罪的规定追究刑事责任。

秉承上述立法解释的精神,高法在2003年的《全国法院审理经济犯罪案件工作座谈会纪要》中,对"国家机关工作人员"的含义也作了相应扩张。该《纪要》还指出:在乡(镇)以上中国共产党机关、人民政协机关中从事公务的人员,司法实践中也应当视为国家机关工作人员。至此,我们可以比较清晰地看到,立法机关和司法机关已经基本抛弃了"身份论",而采"公务论"(功能论)。③

---

① 根据《行政处罚法》第18条的规定,行政机关依照法律、法规或者规章的规定,可以在其法定权限内委托符合法定条件的组织实施行政处罚,受委托组织在委托范围内,以委托行政机关名义实施行政处罚。实践中,一些国家行政机关据此将部分行政处罚权进行了委托授权。

② 在有的地方和部门,超编的情况可能超出我们的想象。例如,据2010年1月25日中央电视台的"焦点访谈"报道:河南省平顶山市六个区县的环保局超编人数近80%,其中叶县环保局编制是70个,30实有人员总数是140多,超编人数已经超过了100%。这还不是最严重的,鲁山县环保局实有155人,编制只有28人,超编450%。当然,超编的原因可能有多种,这个报道中所说的超编人数有近半是复转军人。为什么让环保局安置这么多的复转军人呢?据说是因为它可以收取排污费,有来钱的路子。

③ 高检在2003年《关于集体性质的乡镇卫生院院长利用职务之便收受他人财物的行为如何适用法律问题的答复》中指出:经过乡镇政府或主管行政机关任命的乡镇卫生院院长,在依法从事本区域卫生工作的管理与业务技术指导,承担医疗预防保健服务工作等公务活动时,属于刑法规定的其他依照法律从事公务的人员,可以成为受贿罪的主体(国家工作人员)。这里,把集体性质的乡镇卫生院院长(不属于国家干部编制)解释为"以国家工作人员论",显然也是采取了"公务论",而非"身份论"。

余 论

"国家工作人员"是一个颇具中国特色的刑法用语,①它与中国的干部人事制度有着密切的联系。新中国的干部人事制度,是在民主革命时期解放区和人民军队干部人事制度的基础上,借鉴前苏联的经验发展起来的。其根本特征是对各类人员进行集中统一的管理,从组织上确保党和国家在各个历史时期的政治、经济和文化任务的完成。因此,长期以来,我们都把国家公职人员称为国家工作人员或者国家干部,以与工人、农民相区分。不仅如此,由于在新中国的前30年,我们实行的是高度集中的计划经济和纯而又纯的公有制,企业、学校等都是公有的,因而在这些单位从事公务的人员也都被称作国家工作人员或国家干部。②

1993年,顺应社会主义市场经济的建立和发展,我国制定了《国家公务员暂行条例》,再经过10余年的摸索,到2005年制定《中华人民共和国公务员法》,我国人事制度正在走一条渐进式的分类管理的改革道

---

① 在其他国家和地区,与我国"国家工作人员"相对应的概念是"公务员"。虽然在行政法上,"公务员"的概念和范围是清楚的,但在刑法上,一般认为公务员的概念和范围应有别于行政法:刑法上的公务员范围比行政法上的公务员范围广,如民意代表不是行政法上的公务员,但实务公认是刑法上的公务员。之所以如此,乃在于行政法与刑法的规范目的不同:前者是替老百姓服务,而后者是保护公民利益、维护社会秩序。(参见甘添贵:《新修正刑法公务员的概念》,《刑法公务员概念的比较研究学术研讨会论文集》,2010年4月,辅仁大学)至于刑法上的公务员范围究竟为何,这是一个世界性的难题,用台湾学者黄荣坚的话来说:"还没有哪个国家已完全解决'公务员'这个概念的明确内涵。"究其原因,在于刑法上的"公务员"("国家工作人员")与其说是一个法学概念,还不如说是一个社会学概念和政治学概念,其范围的收缩与反收缩、扩张与反扩张需要结合统治者对国家任务和角色定位的认识、一定社会形态下的政治结构、经济结构和社会结构来思考,这就从某种意义上决定了它的"不确定性"。

② 例如,1952年中央人民政府公布实施的《惩治贪污条例》,将"一切国家机关、企业、学校及其附属机构的工作人员""社会团体的工作人员""现役革命军人"等都纳入"国家工作人员"的范围。

路。在这种渐进式的分类管理改革中,刑法中笼统的"国家工作人员"概念,势必遭遇困惑。①

而且,中国的公务员制度与西方的公务员制度相比,又有着本质的区别,如我们坚持党的基本路线,不搞"政治中立"的原则;坚持党管干部的原则等。这就不可避免地出现中国共产党的各级机关工作人员也应属于实践中没有争议的国家工作人员这种"前理解"的中国现象。此外,像我们的政治协商制度,多党合作制度,工会、共青团、妇联、法学会等人民团体,都是历史形成的,在这些部门的工作人员无疑也是国家工作人员。②

更重要的是,随着市场经济体制的建立和发展,我们的经济组织形态发生了巨大的变化,不仅过去那种大一统的公有制被打破,更有承包经营、租赁经营、股份制、中外合资、中外合作等多种新型经济形式,而我国又是一个强调对国有资产给予特别保护的国家,这样,在这些新型经济形式中,区分一个人是否属于国家工作人员,或者区分一个公司的财产是否属于国有财产,并不容易,但却又对相关当事人的命运影响甚大,轻则影响刑罚轻重,重则影响罪的有无。例如,在国有资本控股或者参股的股份有限公司中,从事管理工作的人员是否属于国家工作人员?其公司财产是否属于国有财产?司法实践中屡有争议,直到2001年高法颁布《关于在国有资本控股或者参股的股份有限公司中从事管理工作的人员利用职务之便非法占有本公司财物如何定罪问题的批复》,才解决这个问题。③

由于中国的经济体制改革也是一种渐进式的改革,因而在改革过程中注定会出现一些法律的灰色地带,如曾经有一段时间在社会上出

---

① 因此,一个可行的思路是,刑法既在总则规定"国家工作人员"的一般定义,又在分则中针对不同的犯罪对"国家工作人员"的具体范围予以界定。

② 从严格贯彻罪刑法定原则出发,我并不同意将此类中国特色的问题作为游离于法律之外的"前理解"现象来处理,而是主张立法不要回避中国的现实。

③ 根据该《批复》,国有公司的认定应采纯国有说(过去司法实践中出现过采国有控股说),即资产完全属于国有性质的公司才属于国有公司;在国有资本控股或者参股的股份有限公司中从事管理工作的人员,除受国家机关、国有公司、企业、事业单位委派从事公务的以外,不属于国家工作人员。

现比较多的戴"红帽子"企业：名为国有，实为私有。其原因有的是由于《公司法》在当时还没有颁布，所以个人要注册公司必须要有一个国营的主管单位，有的则是为了在税费方面享受国有企业的优惠政策，还有的是觉得国有企业名声好些，出去好做生意。这些挂靠在国有企业名下的私人企业，不出事时以自己是国有企业为荣，出了事后又想方设法要证明自己完全是自己出资、自负盈亏，只对挂靠的国有企业交点管理费而已。但在司法实践中，对这样的案子有的采"形式说"，即只看你的营业执照，如果营业执照上说你是国有，那么你就是国家工作人员，相应地也就可以构成贪污罪等；另有的采"实质说"，即虽然营业执照上写的是国有，但如果确实是有名无实，则对这类戴红帽子的企业以私人企业论，此时其工作人员就不被认为是国家工作人员。在有的案子中，被告人是否构成贪污罪，就看他是否被认定为"国家工作人员"，如果是，则最高刑可判死刑；如果不是，甚至就无罪。①

正是在国家政治、经济体制和干部人事制度的变迁中，我们看到立法机关和司法机关不断做出努力，通过立法、修法、立法解释、司法解释、判例等多种途径，来寻求解决司法实践中国家工作人员认定上的疑难与争议。在这一解决过程中，有关部门的价值观并不完全相同，因而决定其立场亦有所区别，如有的站在打击犯罪的立场主张尽可能地对国家工作人员进行扩大解释，有的站在保障人权的立场则主张严格限制对国家工作人员的解释。这种情形同样存在于专家学者间。② 由此更加剧了这一问题的复杂性和博弈性。争议声中，有关当事人的命运也此起彼伏，令人感慨。本来，刑法上的"公务员"（"国家工作人员"）概念就属一个"不确定法律概念"，而转型期的中国无疑加剧了这一概念的不确定性和变异性。

刑法必须回应社会关切的问题，因而当"公务论"比"身份论"更加

---

① 参见董显苹、徐庆平：《千万富翁7年翻案历程：从死刑犯到无罪释放》，《中国经济周刊》，2007年2月5日。同一个行为人、同一种行为，在事实没有变化的情况下，却一会死刑，一会无罪，对此，我不得不生出疑问和困惑：难道它要么社会危害性极大，要么就根本没有社会危害性？这样巨大的反差怎不令人深思！

② 如前述关于戴"红帽子"企业的性质认定是采"形式说"还是"实质说"，论者说法不一。

符合我国当前的现实时,在国家工作人员的认定上采"公务论"就有其合理性。但是,应当看到,我国目前对"公务"的理解较之别的一些国家和地区,其范围要宽泛得多,从国家政治体制改革的发展方向和公民社会的发育趋势来看,未来我国"国家工作人员"的范围肯定会缩小。同样,作为刑法学者,我们不能不关切的是,在当下的立法、司法和学说中,如何使"公务"和"国家工作人员"这类不确定的法律概念尽可能地在具体语境中加以明确?对于那些需要突破正常文义的法律适用,如何保证行为后果的可预期性这一法治原则的贯彻?① 毕竟,刑法不仅要打击犯罪,还须兼顾对人权的保障。

原载于《河南大学学报(社会科学版)》2010年第6期,系专家约稿

---

① 如通过立法解释或者司法解释将某一种行为解释为"公务",或将某一类人解释为"国家工作人员"时,不要溯及既往,只对该立法解释或司法解释颁行以后发生的行为生效。

我国有组织犯罪刑法立法 20 年的回顾、反思与展望

蔡 军[①]

"有组织犯罪"一词是一个舶来品,尽管我国学界对该概念尚未达成共识,[②]但越来越多的学者乃至司法实务工作者认同"有组织犯罪即指黑社会(性质)组织犯罪,即实施有组织犯罪的犯罪组织应以获取经济或其他物质利益为目的,由三人以上组成,具有层级关系与内部分工,持续性地实施犯罪行为"的观点。[③] 本文也采用此种观点,认为我国的有组织犯罪就是指黑社会(性质)组织犯罪,在我国刑法具体体现的罪名为组织、领导、参加黑社会性质组织罪,入境发展黑社会组织罪,包庇、纵容黑社会性质组织罪以及其他关联罪名。

一、我国有组织犯罪刑法立法演进之回顾

综观我国有组织犯罪的刑法立法进程,其演进大概可以分为以下阶段:

1. 立法的探索阶段(1979—1996):以地方法规和部门文件的形式对有组织犯罪进行试探性描述。由于对有组织犯罪这一新的犯罪现象

[①] 蔡军,法学博士,河南大学犯罪控制与刑事政策研究所教授。
[②] 我国学界有组织犯罪的定义可归为广义与狭义之分。狭义的有组织犯罪,仅指黑社会(性质)组织犯罪,而广义的有组织犯罪则包括团伙犯罪、集团犯罪、黑社会组织犯罪、黑社会性质组织犯罪等多种犯罪形态。
[③] 刘莹:《有组织犯罪侦查研究》,北京:中国检察出版社,2011 年,第 4 页。

缺乏认识,在1979年新中国颁布的第一部刑法典中对有组织犯罪问题没有明确具体规定,只是对"共同""聚众""集团"犯罪条款进行了笼统的规定。

我国惩治有组织犯罪的刑法立法最早起始于地方法规。改革开放伊始,境外黑社会组织开始向境内渗透,为了有效打击这种新型犯罪势力,1982年,深圳市政府发布了《关于取缔黑社会组织的通告》(简称《通告》)。《通告》是自20世纪50年代初打击和取缔反动会道门之后,在我国正式的政府机构文件中首次出现"黑社会"一词。在全国性的官方文件中,第一次"严打"时的"31号文件"[①];而在1986年全国第三次"严打"《1986年全国公安工作计划要点》中则明确指出打击"带有黑社会性质的流氓团伙和各种恶霸"[②]。1988年,珠海市也发布了取缔黑社会组织公告。1989年,深圳市政府再次发布《关于取缔黑社会活动公告》,同时,市公安局、市检察院、市中级人民法院及市司法局四家联合发布了《关于处理黑社会组织成员及带黑社会性质的违法犯罪团伙成员的若干政策界限(试行)》。在这一文件中,第一次对黑社会组织和带有黑社会性质的违法犯罪团伙进行界定。1990年,广东省公安厅、广东省高级人民法院、广东省人民检察院和广东省司法厅联合制定"粤公(研)字第156号文件",对黑社会组织和黑社会性质组织做了明确解释。1992年10月在公安部召开的部分省、市、县打击团伙犯罪研讨会上,第一次提出黑社会性质的组织(犯罪团伙)的6个特征:"(1)在当地已形成一股恶势力,有一定势力范围;(2)犯罪职业化,较长期从事一种或几种犯罪;(3)人数一般较多且相对固定;(4)反社会性特别强,作恶多端,残害群众;(5)往往有一定的经济实力,有的甚至控制了部分经济

---

① 该文件指出:流氓团伙分子"是新的历史条件下产生的新的社会渣滓、黑社会分子。他们以杀人越货、强奸妇女、劫机劫船、爆炸放火等手段来残害无辜群众,他们仇恨社会主义,对社会治安危害极大。我们一定要认识流氓团伙的性质,决不能小看他们的破坏作用"。

② 何秉松:《黑社会组织(有组织犯罪集团)的概念与特征》,《中国社会科学》,2001年第4期。

实体和地盘;(6)千方百计拉拢腐蚀公安、司法和党政干部,寻求保护。"①1993年11月16日,在广东省第八届人大第五次会议上通过了《广东省惩治黑社会组织活动的规定》(以下简称《规定》,该《规定》于同年12月1日施行),这成为我国第一部惩治有组织犯罪的地方性法规,也是我国第一部反有组织犯罪的立法文件。相对于1989年深圳市对黑社会的定义,上述这个地方法规对黑社会组织的界定,抓住了犯罪组织的组织特征,更强调组织结构的严密性,要求有名称、帮主、帮规等特点,体现了对黑社会组织认识的深化,在司法实践中具有一定的可操作性。

2. 立法的初成阶段(1996—1997):我国有组织犯罪刑法立法体系初步确立。1996年,第八届全国人大常委会开始正式启动刑法修改工作。在刑法典修订的研拟中,针对我国黑社会性质的犯罪越来越多、危害越来越大的现实,有部门和学者提出设立相关有组织犯罪的罪名。例如,公安部修订刑法领导小组办公室向全国人大常委会提交一份《关于增设有组织犯罪和黑社会犯罪的设想》的立法建议文件,提出增设有组织犯罪或黑社会犯罪的立法建议。② 1996年8月,在全国人大常委会法制工作委员会完成的《刑法分则修改稿》中,吸收了公安部上述建议的部分内容,确立了有组织犯罪集团的犯罪,并设置了三款规定。③在1996年10月10日刑法修订草案(征求意见稿)中,首次提出并确立

---

① 何秉松:《黑社会组织(有组织犯罪集团)的概念与特征》,《中国社会科学》,2001年第4期。

② 高铭暄、赵秉志主编:《新中国刑法立法文献资料总览》,北京:中国人民公安大学出版社,1998年,第2657页。

③ 高铭暄、赵秉志主编:《新中国刑法立法文献资料总览》,北京:中国人民公安大学出版社,1998年,第1193页。第一款规定:"组织犯罪集团,以非法手段控制社会经济组织,或者试图控制国家机关的司法、行政活动的,对组织者、领导者或罪恶重大的,处7年以上有期徒刑,并处剥夺政治权利罚金;情节特别严重的,处无期徒刑或者死刑,并处剥夺政治权利、罚金。"第二款规定:"犯前款罪,有杀人重伤等犯罪行为的,按照本法有关规定从重处罚。"第三款规定:"犯本条规定之罪,与境外黑社会组织勾结的,从重处罚。"(参见阮方民、王晓:《有组织犯罪新论》,杭州:浙江大学出版社,2005年,第135页。)

了有组织犯罪的相关规定,即第261条规定:"有组织地进行违法犯罪活动,以暴力、威胁或者其他手段为非作恶,称霸一方,欺压群众,对首要分子或者其他罪恶重大的,处五年以上有期徒刑。"在1996年11月举行的刑法修改座谈会上,时任全国人大常委会副委员长的王汉斌同志指出:我国十分典型的、严重的黑社会组织犯罪还没有出现,但带有黑社会性质的犯罪集团经常出现。①随后通过多次座谈会的讨论,同时考虑到我国当前尚未出现明显的、典型的黑社会组织犯罪,立法机关在1996年12月形成了《中华人民共和国刑法(修订草案)》,在该草案第266条第一款规定了组织、领导、参加黑社会性质组织罪,而非黑社会组织犯罪。在第二款增加了数罪并罚的规定,第三款增加了对境外的黑社会组织到境内发展组织成员或者进行有组织的违法犯罪活动的规定。1997年3月1日,《中华人民共和国刑法(修订草案)》又做了较大修改:一是在草案第一款的罪状中增加了"积极参加",与"组织""领导"行为并列;二是将之前规定的"其他参加进行违法活动"修改为"其他参加";三是对其他参加者增加规定了剥夺政治权利;四是又增加了一款为第4款,规定了包庇黑社会组织罪。②1997年3月14日,《中华人民共和国刑法》经第八届全国人民代表大会第五次会议修订通过,修订后的刑法典在其分则的第六章第一节"扰乱公共秩序罪"第294条规定有黑社会性质组织的犯罪,具体包括三个罪名:组织、领导、参加黑社会性质组织罪,入境发展黑社会组织罪以及包庇、纵容黑社会性质组织罪。1997年修订的刑法典第一次在刑法上规定了有组织犯罪集团即黑社会性质组织和有组织犯罪,标志着我国有组织犯罪的刑法立法初步确立,为我国有效打击有组织犯罪提供了明确的法律依据。

3. 立法的完善阶段(1998—2011):经过司法实践的不断磨合,促成了我国有组织犯罪刑法立法的渐进完善。2000年12月10日,为了配合在全国范围内展开的新一轮打击有组织犯罪的专项行动,解决黑

---

① 高铭暄,赵秉志主编:《新中国刑法立法文献资料总览》,北京:中国人民公安大学出版社,1998年,第2151—2152页。
② 高铭暄:《中华人民共和国刑法的孕育诞生和发展完善》,北京:北京大学出版社,2012年,第521页。

社会性质组织认定标准的不统一问题,最高人民法院发布了《关于审理黑社会性质组织犯罪的案件具体应用法律若干问题的解释》(以下简称《解释》),对刑法第294条规定的黑社会性质组织进行概括性细化,从四个方面明确了黑社会性质组织的法律特征。① 相比刑法规定来说,《解释》所确定的认定黑社会性质组织的四个特征更为明确,操作性也很强。但是,《解释》主张用"保护伞"要件将一般犯罪集团与黑社会性质组织区别开来,这一规定也随之产生了新的问题。针对《解释》所规定的"保护伞"要件问题,全国人大常委会于2002年4月28日对刑法第294条的有关规定以及如何认定黑社会性质组织的法律特征做出了立法解释——《全国人大常委会关于刑法第294条第一款的解释》(以下简称《立法解释》),对黑社会性质组织罪应具备的特征做了四个方面的限定,把国家工作人员对黑社会性质组织的包庇或者纵容作为选择特征。② 自此,我国最高司法机关统一了对黑社会性质组织的认定标准,也为后来对有组织犯罪立法的进一步完善打下了坚实的基础。

  2006年10月,中共中央十六届六中全会通过了《关于构建社会主义和谐社会若干重大问题的决定》,明确提出要实施宽严相济的刑事政策,同时,由于各地方尤其是重庆地区在"打黑除恶"专项行动中出现了一些新问题,2009年12月,三部委联合下发了《办理黑社会性质组织罪案件座谈会纪要》(以下简称《纪要》)。《纪要》的核心内容是对黑社会性质组织的"四个特征"作了更为具体、明确的规定,针对司法实践中

---

① 1.组织结构比较紧密,人数众多,有比较明显的组织者、领导者、骨干成员基本固定,有较为严格的纪律;2.通过违法犯罪活动或者其他手段获取经济利益,具有一定的经济实力;3.通过贿赂、威胁等手段,引诱、逼迫国家工作人员参加黑社会性质组织活动,或者为其提供非法保护;4.在一定区域或者行业范围内,以暴力、胁迫、滋扰等手段,大肆进行敲诈勒索,欺行霸市,聚众斗殴、寻衅滋事、故意伤害等违法犯罪活动,严重破坏经济社会、生活秩序。

② 四个特征表为:第一,形成较稳定的犯罪组织,人数较多,有明确的组织者、领导者,骨干成员基本固定;第二,有组织地通过违法犯罪活动或者其他手段获取经济利益,具有一定的经济实力,以支持该组织的活动;第三,以暴力、威胁或者其他手段,有组织地多次进行违法犯罪活动,为非作恶,欺压、残害群众;第四,通过实施违法犯罪活动,或者利用国家工作人员的包庇或者纵容,称霸一方,在一定区域或者行业内,形成非法控制或者重大影响,严重破坏经济、社会生活秩序。

出现的具体问题也做了具体回应,如黑社会性质组织如何认定、办理黑社会性质组织犯罪案件的其他问题如何处理等。《纪要》的规定为后来《刑法修正案(八)》中对有组织犯罪立法的重大修改完善提供了指导方针。进入21世纪以后,伴随着我国政治、经济、文化等各层面变革的加快,我国的有组织犯罪也进入活跃期,不断出现新情况、新变化和新特点,犯罪的破坏性也在不断加大,抗打击能力不断增强,犯罪分子逃避法律制裁的行为方式不断变换,如有组织犯罪的企业化趋势日益明显。现行立法在面对我国有组织犯罪的这种当代转型时出现了诸多不适应的地方,刑法立法的不足不断显现。为了应对新形势下有组织犯罪的新趋势,解决司法实践中面临的新情况和棘手问题,同时为了在宽严相济刑事政策的指导下将自1997年以后10余年来在历次司法解释、立法解释以及司法实践中形成的经验予以总结和统一,2011年2月25日,《刑法修正案(八)》在第43条对1997年刑法第294条关于黑社会性质组织犯罪的专门规定进行了较大修改,同时也在修正案的其他若干条文中对有组织犯罪关联犯罪的立法予以修订。从《刑法修正案(八)》对有组织犯罪立法的修改情况看,此次修订比较全面地贯彻了宽严相济刑事政策的要求,归纳总结了1997年修订刑法后我国有组织犯罪刑法立法在实践中适用的经验,体现了刑事一体化思想,使得法网更加严密,有关有组织犯罪的罪状表述和认定标准更加明确具体,对犯罪的惩处力度有所加大,基本符合罪责刑相适应的要求和刑法的根本价值追求。① 至此,经过30余年的发展完善,我国惩治有组织犯罪的刑法体系基本建成。

二、我国有组织犯罪20年刑法立法之反思

纵观我国有组织犯罪刑法立法的演进过程,发现其呈现出犯罪形势、刑事立法、刑事司法相互影响的互动特色,反映了随着对有组织犯罪观念的不断深化,我国刑事政策观念及刑事立法也在不断调整的动

---

① 王晨:《黑社会性质组织犯罪的立法变化及其进一步完善——以刑法修正案(八)为观照》,《时代法学》,2011年第5期。

态发展过程。

　　1997年刑法初步确立有组织犯罪的相关罪名时,由于我国有组织犯罪的特征和危害并没有完全显露,司法实务界和理论界对此犯罪现象尚未深入观察研究,立法者并没有完全认识到有组织犯罪与普通犯罪集团的根本差别,还只是将其视为一个由共同犯罪→犯罪集团→黑社会犯罪发展链条中的最高级阶段的犯罪形态,进而认为有组织犯罪在总体上还属于共同犯罪和犯罪集团的范畴。基于这种犯罪观念,1997年修订刑法时在第294条规定了有组织犯罪的三个相关罪名,虽然是刑法立法上的巨大进步,但是其缺陷和不足显而易见。这种缺陷和不足不仅表现在罪状表述上,也表现在打击和惩处有组织犯罪的社会效果上,间接促进了21世纪以后我国有组织犯罪的快速发展演进。犯罪形势的发展倒逼司法部门在司法实践中不断地检讨固有立法,改变犯罪观念,进行司法创新;同时,犯罪观念的转变也会塑造新的刑事政策观,并最终促成刑法立法的变革。经过1997年以后10余年的实践摸索和理论探究,2011年《刑法修正案(八)》放弃了传统的"脸谱化"观念,认识到有组织犯罪从根本上与普通犯罪集团相差甚远,运用一般共同犯罪、犯罪集团的理论和规定无法有效打击和预防有组织犯罪的转型升级,遂站在新的刑法立场上运用新的刑法手段对刑法立法予以修正,①将有组织犯罪视为与传统共同犯罪和普通犯罪集团完全不同的新的犯罪类型,在更加宽阔的视野上尝试性地适用新的罚则和刑事诉讼程序,初步开始了从专门立法向关联立法甚至是立体立法的转变。② 应该说,《刑法修正案(八)》虽然并不完美,但却是我国有组织犯罪观念和刑法立法的一次飞跃。

　　然而回顾我国有组织犯罪刑法立法20年的演进,仍能发现其存在诸多不足。主要问题如下:

　　1. 立法模式问题。综观世界各国关于有组织犯罪的立法例,大体

---

　　① 周光权:《转型期刑法立法的思路与方法》,《中国社会科学》,2016年第3期。

　　② 针对当前有组织犯罪已经呈现多样化特点,《刑法修正案(八)》对黑社会性质组织经常实施的犯罪行为做出专门规定,如对强迫交易、敲诈勒索、寻衅滋事等降低入罪门槛,提高法定刑,来实现对该类犯罪的协同打击和预防。

上可分为隐含式、法典式、专门立法式以及综合式四种模式。① 1997年修订刑法，第一次在刑法上设置了有组织犯罪的相关罪名，从立法模式上看，我国有组织犯罪立法采取的是法典式体例，即在刑法典分则中专门规定有组织犯罪的条款。法典模式虽然结束了打击和惩处有组织犯罪无法可依的局面，但是由于不能适应快速变化的犯罪形势和复杂多样的犯罪现实，其保守性、滞后性也备受各方质疑。另外，虽然法典模式有利于保持刑法规范的协调、统一和稳定，更具权威性和威慑力，但是受制于刑法典分则这一特点，造成了在解决惩治有组织犯罪实体问题的同时很难兼顾办理有组织犯罪案件特殊程序性的规定，如电子监视、控制下交付、证人保护、污点证人等制度，而这恰恰是与实体规定相辅相成、不可偏废的重要制度，它们对预防和有效打击有组织犯罪起到不可估量的作用。

2. 立法的前瞻性问题。经过30余年的快速发展演变，我国有组织犯罪已经呈现出新的发展面向，表露出不同于以往乃至不同于国外的新特征。例如，有组织犯罪的各种发展形态交替演进、同时并存，"去暴力化"尤其是"合法化"趋势加剧，犯罪手段日益多样化，新型犯罪组织开始涌现、出现大量成熟的有组织犯罪集团等。② 刑法立法应当满足与犯罪作斗争的实际需要。然而，由于现有的立法只规定了三种有关黑社会性质组织的犯罪，受制于立法规制的范围和层次，这一方面使得司法实践中无法同尚未达到黑社会性质组织犯罪标准的非典型有组织犯罪作斗争，无法有效预防和控制有组织犯罪的实施与演化；另一方面，当黑社会性质组织进一步发展到顶级形态的黑社会阶段时，我们也将面临无法可依的局面。因此，立法上严重脱离实际且缺乏前瞻性，是我国当前有组织犯罪立法的致命缺陷之一。这种缺陷短期内负面影响也许并不明显，但在可以预计的将来，其必然会极大地制约我国预防和惩治有组织犯罪的顺利进行。此外，尽管《刑法修正案（八）》是在"宽严

---

① 卢建平主编：《有组织犯罪比较研究》，北京：法律出版社，2004年，第60—63页。

② 蔡军：《中国反有组织犯罪的刑事政策研究》，北京：中国大百科全书出版社，2013年，第49—66页。

相济"刑事政策的指导下制定的,但在有组织犯罪的立法方面主要体现的是"从严"的一面,主要强调严密法网、提高法定刑,而"以宽济严"的一面显得相对不足,这也必将大大制约对未来多变的有组织犯罪新形态的打击和预防。

3. 立法的系统性问题。从1997年修订刑法增设黑社会性质组织罪到《刑法修正案(八)》完善有组织犯罪刑法立法,我国初步建立起了有组织犯罪的刑法体系。然而,相较于国外以及我国港澳台地区有组织犯罪的刑法立法,我国现行刑法立法仍存在较大的体系性问题,相关规定粗糙且不严密,留下了很多法律漏洞。例如我国台湾和香港地区,经过长期的发展完善,有组织犯罪的刑法立法已经从特别立法演进到专门立法再到步入关联立法阶段。① 在关联刑法阶段,有组织犯罪的规定不再是在孤立于刑法某一或某几个条文中规定某一个或某几个犯罪罪名,与其他犯罪乃至刑法总则规定没有任何衔接与配合,而是在深入认识犯罪现象的基础上树立的整体犯罪观指引下,对有组织犯罪的预防、惩处和打击所做出的整体性(立体性)刑法安排。经过20余年的刑法立法演进,我国的有组织犯罪的刑法立法充其量属于专门立法阶段,《刑法修正案(八)》的修订才刚刚体现出些许关联刑法的雏形,缺陷明显:其一,没有在刑法总则犯罪体系和刑事责任体系中对有组织犯罪做出特别的制度设计,"黑社会性质组织犯罪"的刑法定性及认定标准的规定仍然忽视了有组织犯罪的发展规律,大大束缚了对有组织犯罪的全面打击和预防;其二,除了《刑法修正案(八)》对强迫交易罪、敲诈勒索罪和寻衅滋事罪等进行修改外,没有进一步规定严厉打击与有组织犯罪相牵连的其他犯罪行为,如接受带有黑社会性质组织贿赂的受贿罪、妨害对带有黑社会性质组织调查的犯罪行为、有组织高利放贷行为、资助有组织犯罪的行为等,也没有对有组织犯罪集团习惯实施及赖以生存的洗钱犯罪做出详细的规定;其三,由于有组织犯罪集团具有特殊的组织性结构和掩饰性极强的行为模式,因此对有组织犯罪的有效打击必须内外结合,注重从组织的内部进行分化瓦解,这也能体现宽严

---

① 李仲民:《两岸四地黑社会(性质)组织犯罪比较研究》,西南政法大学博士学位论文,2015年,第16—27页。

相济刑事政策精神,而现行刑法并没有鼓励单纯参加犯罪组织者自动退出的规定;其四,未规定严厉打击黑社会所实施的其他犯罪行为,因为有组织犯罪最根本的危害和特征就是犯罪的"组织性",其危害远非个人犯罪或者基于个人犯罪的共同犯罪所能比拟。

4. 刑事责任与刑罚配置问题。与一般的共同犯罪和集团犯罪相比,有组织犯罪具有更为独特的典型特征与极强的反社会性倾向,社会危害性巨大。因此,为有组织犯罪设置区别于一般共同犯罪或者普通的集团犯罪的特殊罚则理所当然,而域外一些国家、地区和联合国公约的相关规定也证明了这一思想被广泛接受。然而,除了在《刑法修正案(八)》中将有组织犯罪纳入特殊累犯制度和禁止缓刑、假释之列外,我国刑法对于多数有组织犯罪并未规定特殊的刑罚原则,对除符合《刑法修正案(八)》规定以外的其他有组织犯罪均依普通的个人犯罪或者共同犯罪处罚。然而,有组织犯罪不仅具有强烈的经济目的,而且还具有一定的政治渗透力和对一定行业或地区的非法控制力,组织成员众多,犯罪能量巨大,远非一般共同犯罪中"孤立的个人行为的一种合意"能比。因此,仅依据一般共同犯罪的刑罚罚则惩治有组织犯罪,无论是从行为的社会危害性和行为人的主观恶性考量,还是从行为人的人身危险性角度观察,均有悖于罪刑均衡的量刑原则,无法实现报应刑和目的刑的初衷。

此外,现行刑法缺乏针对有组织犯罪的特殊的量刑情节,没有根据有组织犯罪的性质作有针对性的处罚。刑法中量刑情节的规定,如从重情节、减刑情节和免刑事由等,都是切实践行刑罚个别化以区别对待犯罪人的重要举措,也是执行"宽严相济"刑事政策的最好体现,同时它对于惩治、打击和分化瓦解犯罪组织具有重要作用。因此,很多国家和地区的刑法中都有有组织犯罪特殊量刑情节的规定①,而且《联合国打

---

① 如俄罗斯刑法规定,国家公职人员利用自己的职权实施组织、领导或者参加犯罪集团的从重处罚,可判处 10 年以上 20 年以下有期徒刑;澳门地区《有组织犯罪法》也规定,公务人员实施发起和创立黑社会罪、参加和支持黑社会罪、执行黑社会的领导和指挥职务罪三种犯罪的,加重惩罚三分之一;德国刑法规定,出于己意且确实努力阻止符合其目标之犯行之实施者;自动将其所知犯罪活动计划,于尚可阻止其实施之适当时机内报告官署者,均免除其刑。

击跨国有组织犯罪公约》也提倡各缔约国作出相应规定。在我国现行刑法中,虽然从一般意义上规定了国家工作人员犯罪从重处罚的情节,以及自首、立功等减轻或免除刑罚的事由,但是针对有组织犯罪特点的特殊量刑情节的规定阙如,从而影响了打击有组织犯罪的效果,不能不说是一个很大的遗憾。

三、我国有组织犯罪刑法立法之展望

针对我国有组织犯罪刑法立法前文所述的缺陷,我国未来的刑法立法改革走向就是要总结既往立法和司法实践探索经验,正视立法存在的不足,不断地从结构、制度和立法技术等方面加以完善,运用多元、能动、理性的总体立法方略构建完备的有组织犯罪刑法体系。

(一)通过多元立法解决立法的模式问题

关于如何选择我国有组织犯罪刑法立法模式问题,学者们提出了如下主要观点:一是主张维系现有立法模式不改变,可对现行刑法典进行修订、补充和完善。

如有学者认为:"1997年刑法典实施以后,关于犯罪和刑罚的修改主要通过刑法修正案方式进行,以保证刑法体例的协调和统一。如果采用专门立法的模式规定有组织犯罪的定罪量刑问题,势必打破中国现行的刑法典体例,浪费立法资源。因此,中国现阶段对有组织犯罪采用刑法典中的分散式立法的模式更为适。"[①]二是主张"通过专门法规对有组织犯罪的相关问题加以规定则有助于消除刑法典立法模式不能对实体问题和程序问题同时加以规定这一缺陷","从长远看,专门法规型立法模式有助于对有组织犯罪做出系统、完备的规定"。[②] 这一主张是当前我国学界的主流观点。

---

① 赵秉志,张伟珂:《中国惩治有组织犯罪的立法演进及其前瞻——兼及与〈联合国打击跨国有组织犯罪公约〉的协调》,《学海》,2012年第1期。

② 卢建平主编:《有组织犯罪比较研究》,北京:法律出版社,2004年,第62—63页。

"为某一国人民而制定的法律,具有国民的适就性,如果一个国家的法律竟能适合于另一个国家的话,那只是算作凑巧。"① 尽管综合考察我国港澳台地区以及域外一些国家,采取专门立法模式的不在少数(如美国和我国香港地区),这种立法模式也具有局部的合理性,但是立法模式的选择必须考虑我国国情和立法传统。近 20 余年来,我国刑法理论上对刑法立法模式存在争议,主要有三种观点:一是主张刑法立法应走法典化道路;二是主张刑法立法应走综合化道路;三是主张刑法立法应走二元化道路。事实上,我国近 20 余年的刑法立法实践无疑是走着第一条道路,即不断通过刑法修正案的方式修订刑法。虽然统一的刑法典模式具有不可否认的积极价值——在确保刑法立法的统一性的同时兼顾了灵活性,但也有学者指出,修正案立法模式的"零打碎敲"在总体立法思路上未必清晰,在方法上还比较粗放,不能将刑法典作为唯一倚重的对象,而是在多元化的基础上建立以刑法典为核心,形成刑法典和其他立法形式分工协调的成文刑法体系。② 对此,笔者深以为然,主张我国有组织犯罪立法应采取综合性立法模式,即在刑法典和刑事诉讼法上分别制定有关有组织犯罪的相关规定,同时又制定单行刑事法律,采用刑法典和单行刑事法规相结合的立法模式。尽管此种多元综合的立法模式失之于零散而给司法活动带来一定麻烦,但是其有助于对有组织犯罪的相关问题作出详细、完备的规定,同时又维系了刑法典的统一性和权威性,也在一定程度上呼应了我国 20 余年刑法立法的有益经验。

(二) 通过能动立法解决立法的前瞻问题

能动立法,是指要根据社会情势的变化和需要,立法上及时做出回应,从而保持立法的活跃化和积极干预社会生活的姿态。③ 能动立法的总体方略不仅要求刑法立法应当及时回应社会转型期犯罪情势的变

---

① 孟德斯鸠著,张雁深译:《论法的精神》第 1 册,北京:商务印书馆,1982 年,第 6 页。
② 周光权:《转型期刑法立法的思路与方法》,《中国社会科学》,2016 年第 3 期。
③ 周光权:《转型期刑法立法的思路与方法》,《中国社会科学》,2016 年第 3 期。

化和社会治理的需求,而且应当更加积极主动地介入社会生活,根据对犯罪发展规律的科学观察和预测,对于新出现乃至将要出现的危害行为作出规定。换言之,能动立法观念必然要求刑法立法具有前瞻性。法律的生命并不仅仅来源于既往的司法实践,也特别需要运用合理的实证分析和逻辑推理,准确把握法律规范的发展趋势,使立法具有前瞻性,以此来保证立法的稳定和权威。但是,立法的前瞻性必须建立在科学的基础上,①这就要求刑法立法始终坚持以解决实践问题为主的立法导向,始终坚持以解决重点问题为重心的立法方向。

从我国有组织犯罪刑法立法演进过程来看,一直以来仍然沿用的是传统的回应式立法思路,从而导致对有组织犯罪的刑法治理陷入"越打越强"的怪圈。因此,应立足于现代转型社会有组织犯罪发展演变的新态势,以一种前瞻式的立法思路指导刑法立法,有效规制有组织犯罪:其一,正视我国目前有组织犯罪多种形态同时并存、交替演进的犯罪现状,适当转换"我国现阶段尚不存在典型黑社会"的观念,在刑法中引入和确立"有组织犯罪"的概念,实现对有组织犯罪"从小到大"发展的全过程预防和规制;其二,针对有组织犯罪出现的"行为多样化""犯罪掩饰化"等特点,及时转变立法的保守局面,适当加大犯罪化的力度,增加有组织犯罪的罪名设置,如增设帮助、资助、保护有组织犯罪组织罪和有组织高利放贷罪等,扩大与细化"组织罪"与"行为罪"的规定,丰富和完善我国有组织犯罪的罪名体系;其三,由有组织的集团在分工明确的情况下以合作方式实施的违法行为,其社会危害性远大于单独犯罪,因此应当在准确预测有组织犯罪未来发展趋势的基础上,刑法积极介入以拓宽刑法惩治的领域,对有组织犯罪"去暴力化"尤其是"企业化"趋势等予以综合性、前瞻性的制度设计与立法安排。

(三) 通过理性立法解决立法的体系性与罪刑设置问题

完善的刑法结构是有效执法的前提和基础,其要求刑法立法在充分考量和反映犯罪现实的基础上合理超前,设计出严密、合理和配套的刑法制度体系,减少法律漏洞,做到罪刑规范的平衡与协调。既有经验

---

① 何勤华:《立法超前——法律运行的规律之一》,《法学》,1991年第3期。

表明,构建良好完善的刑法结构一定要坚持理性的立法观念。这里所讲的理性,意指在立法总体思路和罪刑设置上注重科学性、系统性和适度性。科学性要求在刑法立法时注重犯罪的事实状况和社会治理的需求,回应重大社会关注;系统性要求刑法立法应当是逻辑严谨、规定严密而形成体系;适度性则要求刑法立法符合需要且有所抑制。理性立法的总体方略包括坚持理性的犯罪观和确立理性的刑罚观。

"传统刑法以对付个人犯罪、强调个人责任为特色。"[①]就我国有组织犯罪刑法立法而言,一直坚持的是传统刑法观念,意图在"对付个人犯罪"的刑法框架内解决有组织犯罪问题。中外多年的实践证明,有组织犯罪的犯罪能量非个人犯罪以及个人犯罪的集合——一般共同犯罪——所能比拟,其危害性更大,预防和打击更具艰巨性,现行刑法有关有组织犯罪的规定存在体系性缺陷,罪刑设置上也不符合理性立法要求,未来立法应当进行完善。主要策略有:第一,有组织犯罪是一种复杂的犯罪形态,必须基于对犯罪现象的认识而改变传统的犯罪观念,回应刑事治理的迫切需求,将有组织犯罪与个人犯罪彻底区分,在刑法总则、分则的体系安排上做出特殊设计,围绕有组织犯罪的"组织性"特征修订刑法,同时制定单行法律——《有组织犯罪法》,形成以刑法为基础、刑事诉讼法、单行刑法紧密配合的立体刑事法律体系;[②]第二,针对有组织犯罪的发展演变规律和特别危害,进一步严密惩处体系,将支持、包庇有组织犯罪的外围犯罪以及有组织犯罪的伴生犯罪行为纳入规制范围,形成有组织犯罪的"组织罪""行为罪"和"掩饰隐瞒罪"一体化的规制惩处体系;第三,秉承理性观念,贯彻"宽严相济"的刑事政策,根据罪刑相适应原则有针对性地合理分配刑事责任,合理设置罪刑体系:针对我国有组织犯罪中的"组织罪"刑罚设置偏重、"行为罪"刑罚设置偏轻的状况,应适当降低有组织犯罪中的"组织罪"的刑罚幅度,适度

---

① 周光权:《转型期刑法立法的思路与方法》,《中国社会科学》,2016年第3期。
② 众所周知,有组织犯罪是一种复杂的犯罪形态,对其预防和打击也是一个系统工程,虽然主要依靠刑事制裁措施来落实,但是也需要刑事制裁措施以外的一系列手段来辅助,包括经济、民事、行政等方面的制裁和处罚措施。因此,对有组织犯罪的预防和惩处,不能仅依靠制定某一种或某一类法律,而是需要一系列配套的法律制度体系严密配合适用,才能有所成效。

加重有组织犯罪集团实施的"行为罪"的刑罚设置;以有效预防和打击有组织犯罪为根本目的,科学合理地设计刑法总则和刑法分则规定,规定特殊的量刑情节,建立起科学、合理、有效的刑罚体系;针对有组织犯罪"牟利性"本质,丰富刑罚种类,增加资格刑和财产刑(如没收制度)的比重,科学规范地处置有组织犯罪的涉案财产。

总之,经过近 20 余年的改革演进,我国有组织犯罪的刑法立法无论是在科学性还是在完备性方面都取得了不同程度的增强,为我国预防和打击有组织犯罪提供了刑事法律支撑。当然,正如前文所述,我国有组织犯罪的刑法立法尚存较大不足,我们要总结刑法立法的既往经验,在正视不足的基础上坚持多元、能动、理性的刑法立法观,积极探索刑法立法的体系优化、制度改革和技术完善,严密法网,不断地从结构、制度和技术等方面完善我国有组织犯罪的刑法立法。

原载于《河南大学学报(社会科学版)》2017 年第 6 期,《新华文摘》2018 年第 5 期全文转载,《高等学校文科学术文摘》2018 年第 1 期全文转载,《人大报刊复印资料·刑事法学》2018 年第 3 期全文转载

层级性：认罪认罚制度的另一个侧面

郭 烁[1]

一、问题提出：案件激增与办案人员稳定的矛盾

当前我国正处于社会转型时期，一方面，经济高速发展导致了贫富差距拉大、社会矛盾逐渐凸显，社会风险因素日益增加，整体犯罪数量逐年上升；另一方面，随着科技进步，国家控制社会的能力大幅提升，侦查机关发现犯罪与侦查案件的手段愈发先进，刑事案件的侦破率得以提高，这在客观上使得进入诉讼程序的刑事案件不断增加。除此之外，在国家法治与人权保障的要求下，包括劳动教养等的行政性管控措施被大量废除。相应的管控责任也就归于刑事实体法，由此便形成了"刑法轻刑化"趋势，这导致一系列原本非罪行为"刑事化"，需由刑事诉讼程序加以追责。

以上三方面因素共同导致了刑事案件数量激增，从公开的统计数据来看，1998年全国公安机关立案的刑事案件数量为1986068起，全国检察机关提起公诉的刑事案件为403145件，全国人民法院一审收案的刑事案件数量482164件。到了2015年，上述三项数据分别上升至

---

[1] 郭烁，法学博士，北京交通大学法学院副教授。

7174037起、1050879与1126748件。① 十余年间,刑事案件的年发案量增长了两倍多,通过刑事诉讼处理的案件也成倍增长,而与此同时,刑事案件办案人员数却未能与案件数量的暴增相匹配。以检察机关人员为例,1998年底全国检察机关人员共计223999人,其中办案人员156924人;到了2015年底全国检察机关人员258794人,其中办案人员162533人。② 在刑事案件公诉量上升160%的情况下,检察办案人员数仅增加了3.6%,公安机关与法院的情况也与之类似。事实上自1980年代中期政法专项编制定额后,政法人员数量就一直处于某种接近饱和的状态,并未随着实际案件数量而增长。

刑事案件量大幅度增加与办案人员数的基本稳定,总体上使得三机关陷入了"案多人少"的困境。从刑事诉讼程序本身考量,解决人案矛盾的突破口在于案件的繁简分流,通过构建不同案件情形的刑事诉讼程序,以简易化程序处理简单案件,来实现司法资源的合理分配,最终达致平衡的人案关系。这一点已经在理论界与实务界达成共识。认罪认罚从宽制度正是基于此目的导向而提出的。通过构建认罪认罚机制,实现认罪案件与不认罪案件在程序上的分流,以较为简易的程序处理认罪案件,实现司法资源的有效利用。

虽然认罪认罚从宽制度的目的导向较为明确,所实现的价值也十分显见,但就该制度具体化的实际建构仍存大量疑难之处。认罪认罚从宽制度以认罪、认罚为基础,以此作为适用程序的应然导向,但实质上认罪、认罚却存在不同层级、不同侧面的表征,如何认定此"认罪"与彼"认罪",如何判断此"认罚"与彼"认罚",如何根据层级来判定从宽的幅度与限度,皆需进一步深入研究,以从理论上为制度实践提供支撑。

---

① 数据来源于中华人民共和国国家统计局编写的《中国统计年鉴》(1999—2016),"公共管理、社会保障和社会组织"项下,"公安机关立案的刑事案件及构成""人民检察院审查逮捕、审查起诉情况"及"人民法院审理刑事一审案件收结案情况"。

② 数据来源于中国法律年鉴编辑部编写的《中国法律年鉴》(1999—2016)。

二、"认罪认罚":从宽制度的理论基础

认罪认罚从宽制度,从字面语义分析来看,即对认罪、认罚案件的犯罪嫌疑人、被告人予以从宽处理的制度。根据全国人大常委会通过的《关于授权最高人民法院、最高人民检察院在部分地区开展刑事案件认罪认罚从宽制度试点工作的决定》(以下简称《决定》),其目的在于"为进一步落实宽严相济刑事政策,完善刑事诉讼程序,合理配置司法资源,提高办理刑事案件的质量与效率,确保无罪的人不受刑事追究,有罪的人受到公正惩罚,维护当事人的合法权益,促进司法公正",而"对犯罪嫌疑人、刑事被告人自愿如实供述自己的罪行,对指控的犯罪事实没有异议,同意人民检察院量刑建议并签署具结书的案件,可以依法从宽处理"。具言之,"依法从宽处理"是结果,"自愿如实供述自己的罪行""对指控的犯罪事实没有异议""同意人民检察院量刑建议并签署具结书"是从宽处理的条件。

认罪认罚从宽制度可分解为"认罪""认罚"与"从宽"三项内容。其中"认罪"指"自愿如实供述自己的罪行"与"对指控的犯罪事实没有异议","认罚"指"同意人民检察院量刑建议并签署具结书",并由此得到从宽处理。值得研究的是,为何认罪、认罚就应得从宽处理?从宽处理包含了哪些内容?

认罪、认罚与从宽处理之间似乎存在着某种必然关联。从古往今来、世界各国的各类法律中都可见之,如自首这种典型意义上的认罪从宽制度,自秦汉以降皆为规定于刑律之中,汉律之"先自告、除其罪",唐律之"犯罪未发而能自首者免除其罪",等等。① 现行《刑法》亦规定,"对于自首的犯罪分子,可以从轻或者减轻处罚。其中,犯罪较轻的,可以免除处罚"。规定自首的意义在于,"分化瓦解犯罪分子,鼓励和引导犯罪分子自动投案、改过自新,进而有效地实现刑罚目的,并加强刑事斗争的准确性"②。

---

① 张孔修:《认定自首要有哪些条件》,《法学》,1985 年第 7 期。
② 高铭暄主编:《刑法专论》(上册),北京:高等教育出版社,2002 年,第 591 页。

但是，认罪、认罚与从宽处理之间的关联仍值得深究，自首从宽的合法性根据仍不明确，理论上亦存争议。第一种观点是将自首与犯罪的社会危害性相关联。该观点认为犯罪的社会危害性并非在犯罪结束时即告消失，而是持续至犯罪分子归案并受到惩罚之时。在此阶段犯罪分子仍有继续危害社会之可能，只有在其归案并受刑法处罚后，社会秩序方能得以恢复。而自首意味着犯罪者本人终止了社会危害的状态，减少了其对社会的危害性，因此可相应从宽处理。① 第二种观点将自首从宽与犯罪分子人身危险性的降低相联系。该观点认为社会危害性是犯罪行为本身导致的，在犯罪终了之后就处于既定之状态而不可变更，可能发生变动的仅为犯罪分子的人身危险性，也即自首表明了犯罪分子人身危险性的降低，因此不能将其与强制到案的犯罪者等量齐观，须给予其较为从宽的待遇。② 第三种观点将自首的从宽依据划分为主客观两方面来进行考量：主观上具有自首情节的犯罪者明显较无此情节的主观恶性要小；客观上自首减少了办案机关司法成本的消耗，减少了客观危害，基于此应对自首的犯罪分子从宽处理。③

上述三种观点皆有可取之处。笔者认为，就现时社会条件综合来看，自首从宽的根据确有两方面因素：其一，人身危险性论。自报应刑论之后，刑罚的功能更多地转向了目的刑论上，形成了并合主义的刑罚理论，即以教育改造罪犯、预防犯罪为其主要目的，兼具惩罚犯罪之效果。④ 自首，表明了犯罪嫌疑人的人身危险性降低，其在"教育、改造与预防"的目的上得到了部分实现，因此应当适当减轻此方面施以的刑罚。其二，诉讼经济论。自首的直接结果是侦查机关无需进行一般化的侦查活动，免除了侦查机关在破案、取证等方面的资源消耗，有效提高了诉讼效率，因此也应给予犯罪者一定的"褒奖"。另一与认罪认罚机制类似的"坦白"制度，也因上述原由而具有了实体法上可从宽之依

---

① 周振想：《刑罚适用论》，北京：法律出版社，1990年，第297—298页。
② 陈兴良：《刑法哲学》，北京：中国政法大学出版社，1992年，第619—620页。
③ 丁慕英，李淳，胡云腾主编：《刑法实施中的重点难点问题研究》，北京：法律出版社，1998年，第547—549页。
④ 张明楷：《新刑法与并合主义》，《中国社会科学》，2000年第1期。

据,而对"自愿如实供述自己的罪行""对指控的犯罪事实没有异议"的犯罪嫌疑人、被告人之从宽,也可囊括于上述依据之中。

不过,认罪认罚制度中的从宽规定,并非仅指实体量刑从宽这一个方面。在《决定》出台前,官方提出了关于认罪认罚制度的方针指示,"要加强研究论证,在坚守司法公正的前提下,探索在刑事诉讼中对被告人自愿认罪、自愿接受处罚、积极退赃退赔的,及时简化或终止诉讼的程序制度,落实认罪认罚从宽政策,以节约司法资源,提高司法效率"①。据此,认罪认罚从宽制度中的"从宽"不仅包含了实体上的从宽,"及时简化或终止诉讼的程序制度"亦指向了程序上的"从简"。②程序从简的规定具有目的与结果的两面性:其一,对于大部分轻罪而言,简化的诉讼程序能够节省大量司法资源,实现诉讼经济之目的,而此也构成实体量刑从宽的依据;其二,就自愿认罪认罚的犯罪嫌疑人、被告人,尤其对于可能判处非监禁刑的犯罪人而言,程序从简实质上减轻了其诉累,能够使其较为迅速地从繁冗复杂的诉讼程序中脱离出来,亦可视为一种"从宽"。值得探讨的是,程序从简是否"从宽"之一面?一方面,诉讼程序的简化能够有效缩短诉讼所耗时间,使犯罪嫌疑人、被告人得以迅速交付审判并获得确定之判决结果,减少了当事人在诉讼程序中的不确定性,这对于当事人人权保障有着积极意义;另一方面,诉讼程序的简化实质上以克减犯罪嫌疑人、被告人的诉讼权利为手段以达致诉讼经济的目的,其又对当事人人权构成可能之侵犯。

概而言之,认罪认罚本身就是从宽之基础,从宽与认罪认罚之间存在着合乎逻辑的因果关系。对认罪认罚案件从宽处理,有着两方面的依据,而此依据本身也将成为最终从宽幅度的量化依据。对于所有的认罪认罚案件而言,一方面认罪认罚的犯罪嫌疑人、被告人本身就具有低于无此因素的犯罪人的人身危险性,因此刑罚对其之矫正也应作某

---

① 孟建柱:《坚持以改革创新为引领 防控风险服务发展》,《人民日报》,2014年11月7日。

② "实行认罪认罚从宽制度,既包括实体上从宽处理,也包括程序上从简处理,这有利于促使犯罪嫌疑人、被告人如实供述犯罪事实,配合司法机关依法处理好案件。"孟建柱:《坚持以改革创新为引领 防控风险服务发展》,《人民法院报》,2016年1月24日。

种程度的宽缓;另一方面认罪认罚的当事人节省了侦查机关、检察机关、审判机关办理案件的所费资源,侦查机关可得迅速侦查终结,检察机关可较快审查起诉,审判机关也可较快查明案情并以具结书作为判决依据,此亦应当作为从轻或减轻被告人刑罚之理由。

三、从宽依据下的认罪认罚制度问题

人身危险性的降低是认罪认罚案件的犯罪嫌疑人、被告人得以从宽处理的重要依据之一。就此而言,按照现有规定,适用认罪认罚从宽制度的犯罪嫌疑人、被告人需"自愿如实供述自己的罪行""对指控的犯罪事实没有异议""同意量刑建议,签署具结书"。表面上看,全部符合条件的犯罪嫌疑人具有较低的人身危险性,但实质上选择认罪认罚的犯罪嫌疑人,其目的极有可能是为了获得从宽处理。

相较之下,如无"从宽"规定,犯罪嫌疑人仍自愿认罪的,其人身危险性才显更低。换言之,从宽规定反而使得人身危险性的程度无从判断,仅自愿供述罪行的犯罪嫌疑人、被告人之人身危险性未必比同样案件符合认罪认罚适用条件之人身危险性更高,以之作为额外从宽的依据并无科学性证成。

与实体法上的从宽规定相比,认罪认罚从宽制度的从宽依据主要在于程序性的诉讼经济方面。除具备共性的便利侦查、方便诉讼顺利推进的功能外,认罪认罚制度在诉讼经济上还存在程序简化的作用。这种程序的简化集中体现在对不同案件的分流上,即将犯罪嫌疑人、被告人认罪认罚的情况作为一项考虑诉讼程序的关键因素予以考虑,相应地适用简易程序与速裁程序。

但是,此种分流实际上并非认罪认罚制度的程序功能,而是刑事诉讼的简化程序本身的价值体现。就可依法判处三年以下有期徒刑、拘役、管制、单处罚金的基层法院一审轻微案件而言,认罪认罚的案件可以适用对应的简易程序或速裁程序,进一步减轻办案机关的工作负担,同时也对部分被告人起到"从宽"之作用。简易程序与速裁程序有着其本身的适用条件,如简易程序的适用条件包括"案件事实清楚、证据充分""被告人承认自己所犯罪行,对指控的犯罪事实没有异议""被告人对适用简易程序没有异议"这三项,符合上述三项条件的案件皆可适用简易程序,非以认罪认罚为限,速裁程序亦与之相同。此外,一般认为认罪认罚制度适用所有的刑事案件①即使认罪认罚的重罪案件,同样要遵循一般程序进行审理。

实践层面,认罪认罚从宽制度在程序的简化主要体现在"签署具结书""人民法院依法作出判决时,一般应当采纳人民检察院指控的罪名和量刑建议"上。在此情形下,审判阶段的工作重点之一在于"审查认罪认罚的自愿性和认罪认罚具结书内容的真实性、合法性",其包含了口供审查与自愿性审查两方面内容。对于认罪认罚的重罪案件而言,审判机关在证据审查的基础上,确认犯罪情况属实,即应当在合法性范围之内按照检察机关指控的罪名和量刑建议作出判决,表面上简化了审判机关判断裁量的程序。

但是,这种简化在诉讼经济上又存在多大效益非常值得怀疑。最高人民法院、最高人民检察院、公安部、国家安全部、司法部《关于在部分地区开展刑事案件认罪认罚从宽制度试点工作的办法》(下文简称《办法》)第二十条规定,当"起诉指控的罪名与审理认定的罪名不一致"或"经审理认为人民检察院的量刑建议明显不当"时,可不采纳人民检察院指控的罪名和量刑建议。也就是说,案件仍须经审判进行全面审查。尤其在审判责任制实施的当下,法官对案件的审理慎之又慎,这种审查很难说比一般程序简化多少。除此之外,在认罪认罚案件中,法官还额外承担了"自愿性"审查的责任,这亦是对诉讼资源的消耗。

认罪认罚制度的从宽依据不足,但在实体的量刑层面,该制度却给予被告人额外的从宽待遇。《办法》规定,"对不具有法定减轻处罚情节的认罪认罚案件,应当在法定刑的限度以内从轻判处刑罚",而刑法关于坦白的后果则规定为"可以从轻处罚",这实质上并不均衡。

从诉讼经济方面进行考量,诉讼成本大量减少乃适用刑事速裁程序的案件,对于此类案件的被告人给予额外的从轻处理,符合诉讼中的

---

① 《办法》并未限制认罪认罚制度的适用案件之范围,学界一般也认为该制度"不应有案件适用范围的限制"。参见陈卫东:《认罪认罚从宽制度研究》,《中国法学》,2016年第2期。

权利义务相称原理。值得注意的是,认罪认罚从宽制度与速裁程序的适用规定了相似的认罪与认罚条件①,并放宽了适用速裁程序的条件。大量认罪认罚的轻罪案件经速裁程序处理,"由审判员独任审判,送达期限不受刑事诉讼法规定的限制,不进行法庭调查、法庭辩论,当庭宣判",这使得审判阶段司法资源得以节约,对此类案件的犯罪嫌疑人、被告人进行额外的从宽处理,乃具备合理依据。但前文已述,诉讼分流带来的经济性效果乃各类诉讼简化程序本身的作用,而非认罪认罚制度产生的结果。

四、认罪与认罚的层级性与从宽幅度

认罪与认罚并非一个非正即反的命题,其可细分为数个层级,绝不是认罪或是不认罪、认罚或不认罚两个概念可概括的。司法实践中的情况纷繁复杂,认罪形态各不相同,而认罪认罚制度本身的包容性,使得上述情况皆有可能纳入该制度中。

就认罪而言,其情形包括以下几个方面。首先,乃最为典型的认罪情形,即犯罪嫌疑人、被告人既供述了自己的罪行,也同意侦控机关提出的指控。其次,基于法律或行为认识的原因,犯罪嫌疑人、被告人承认自己做出过某行为,但不认为其属犯罪。这包括两种情况:其一乃基于对法律规定的不了解,譬如正常的捕猎行为,可能因误捕国家保护动物而入罪,但行为人对此并无认识;其二乃对行为性质的认识差异,如承认自己做出过伤害行为,但认为属正当防卫而不是犯罪。再次,基于法律与事实认识的差异,犯罪嫌疑人、被告人承认自己做出过某行为,且自认该行为成立犯罪,但所认之罪并非侦控机关指控之罪名。这同样包括两种情况:其一,案件事实基本清楚,但对行为性质定性存有争

---

① 最高人民法院、最高人民检察院、公安部、司法部《关于在部分地区开展刑事案件速裁程序试点工作的办法》规定,适用速裁程序需要符合下列条件:(一)案件事实清楚、证据充分的;(二)犯罪嫌疑人、被告人承认自己所犯罪行,对指控的犯罪事实没有异议的;(三)当事人对适用法律没有争议,犯罪嫌疑人、被告人同意人民检察院提出的量刑建议的;(四)犯罪嫌疑人、被告人同意适用速裁程序的。

议,如行为人醉酒驾驶机动车造成公共财产重大损失,控方认为属交通肇事罪,而辩方认为是醉酒驾驶罪;其二,案件主观方面未查清,行为人认一轻罪,而控方认为可能属一重罪,如海关查获一批走私普通货物,其中夹藏毒品,行为人供述仅对走私普通货物有认识,而不知委托人夹藏毒品,但控方根据经验认为其对走私毒品事实存在认识,但缺乏确实证据予以证明。

从认罪认罚的制度表达上,似乎特指的是"犯罪嫌疑人、被告人自愿如实供述自己的罪行,对指控的犯罪事实没有异议,同意量刑建议,签署具结书的,可以依法从宽处理"(《办法》第一条)。此种情形,亦即"认罪认罚",乃一种在刑事诉讼程序之下的特殊办案模式,其要求犯罪嫌疑人、被告人自愿认罪、同意包括犯罪事实与量刑建议在内的所有指控与签署具结书,以相对明确的量刑建议提起公诉,并使其获得从宽判决的效果。但《办法》第4条又规定称"贯彻宽严相济刑事政策,充分考虑犯罪的社会危害性和犯罪嫌疑人、被告人的人身危险性,结合认罪认罚的具体情况,确定是否从宽以及从宽幅度,做到该宽则宽,当严则严,宽严相济,确保办案法律效果和社会效果",即指认罪认罚具有不同的情况。

认罪认罚的后果乃"可以依法从宽处理",其主要指量刑上的从宽,《办法》对此进行了明确规定,包括"对不具有法定减轻处罚情节的认罪认罚案件,应当在法定刑的限度以内从轻判处刑罚;犯罪情节轻微不需要判处刑罚的,可以依法免予刑事处罚"。事实上,该规定在法律上的依据即为《刑法》第六十七条第三款中"犯罪嫌疑人虽不具有前两款规定的自首情节,但是如实供述自己罪行的,可以从轻处罚"与《刑法》第三十七条"对于犯罪情节轻微不需要判处刑罚的,可以免予刑事处罚"的规定。换言之,认罪认罚从宽制度的本质在于重申或"激活"实体法中"坦白从宽"与"微罪免刑"的规定,基本上并无实体从宽的额外优惠。但是,明显地,认罪认罚制度在"如实供述自己罪行"条件的基础上另增了"自愿""对指控的犯罪事实没有异议""同意量刑建议""签署具结书"的额外条件。换言之,在额外新增适用条件后,对案件本身的实体从宽却并无相应额外"优惠",这本身似乎就是一种权利义务的不对等。

认罪认罚的从宽依据与上文提及的自首制度有着类似的构造。其一,在于诉讼经济的考量,尤其是侦查资源的节省方面。刑事诉讼中,办案资源耗费最甚在于侦查阶段。在此期间,办案人员需要收集所有与案件事实有关的、证明犯罪嫌疑人有罪无罪的证据材料,以供检察机关批准逮捕、提起公诉,并最终交由法院审查与作出判决。侦查阶段工作质量的好坏,直接决定了审查起诉与审判阶段的质效。一如坦白之功能,认罪认罚首先解决的是侦查之困难,通过如实供述,一可使侦查人员获取作为"证据之王"的口供,二可使侦查人员循口供收集相应的实物证据,使得侦查所需耗费之资源得到节省,并可使诉讼更易于推进。① 认罪认罚制度进一步简化了公诉与审判的判断程序,通过从宽量刑上的认同,节约了检察机关与法院在此之上判断所费资源。其二,人身危险性的降低。认罪认罚案件的犯罪嫌疑人、被告人已经如实供述犯罪事实,并自愿接受刑罚处罚,表明其人身危险性已显著低于"抗拒"刑罚的人,对其亦应从宽。

以从宽依据而论,在广义层面认罪与认罚存在多个层级,认罪认罚制度表达特指的"认罪认罚"实乃其中一种情况(见表1)。换言之,其他不属于认罪认罚制度中特定"认罪""认罚"的,亦具有从宽的依据与理由。对于认罪案件,其从宽依据实际即来源于认罪与认罚两个维度。以从宽依据区分认罪认罚的层级,对于完善认罪认罚制度、形成体系完备的认罪案件处理模式与程序,具有重要意义。认罪的第一层级表征为"如实供述自己罪行",可将其称为"认事";在认事之外,同意指控之罪的,即为认罪认罚制度中典型的"认罪";而在这两者之间,虽然认罪但并非指控之罪的,亦为一种独立情况。根据认罪、认罚的具体程度,基本可以将实践中的情形按照认罪与认罚两个维度归于以下五类(见表1):

表1 认罪认罚的层级性关系

	认事不认罪	认彼罪	认罪
不认罚	1	2	3
认罚	4	5	

认事不认罪,包括基于法律认识与为行为作合法性辩解两类情形,

---

① 王敏远:《认罪认罚从宽制度疑难问题研究》,《中国法学》,2017年第1期。

此种类型之从宽依据与坦白相同,即客观上具备了便利侦查的表型,犯罪嫌疑人通过对"事"的自认,使侦查机关能够较为迅速地查明案情、搜集证据,达到侦查终结之结果并就此移交检察机关审查起诉。认事不认罪处于认罪的边缘,对于法律认识不足的犯罪嫌疑人、被告人,办案人员向其说明法律规定后,其很可能就转向了认罪的结果;对于行为性质认识偏差的情形,则需侦查机关收集其他证据对犯罪主观方面予以证明。总而言之,认事不认罪的情形仅满足了一定程度上诉讼经济的需求,是一类较低层级的认罪,但亦应在量刑的层面予以从宽。认罪案件的层级中,最特殊的一类是认彼罪的情形,即承认自己的行为构成犯罪,但否认指控的罪名。其一,在犯罪事实已经查清的情况下,可能由于涉罪行为兼具两项罪名的表现形式,同时该两项罪名也不涉及包含、竞合的关系,检察机关得择一提起公诉,这种情形中行为人是否认可指控的罪名,对于从宽依据的扩张实无影响。在我国,法院具有查明案情之义务,可以对起诉书所载之外径行,以其他罪名作出判决,因此不论以诉讼经济还是以人身危险性而论,是否承认指控之罪都与从宽理由并无关联。《办法》第二十条亦规定,当"起诉指控的罪名与审理认定的罪名不一致"时,可以不采纳人民检察院指控的罪名和量刑建议,按照法院审理认定的事实进行判决。其二,在犯罪事实未查清的情况下,如上文中之走私案,在主观方面无法查明时,应按照犯罪嫌疑人供述的情况提起公诉。上表中2、4两种情况与认罚与否关联不大,皆需以彻底查明案情为基础,但在案情无法查明的情形下,则应变更起诉罪名与嫌疑人所认之罪一致,并可适用认罪认罚制度从宽处理。

认罪不认罚,即犯罪嫌疑人、被告人如实供述犯罪事实,但不同意检察机关量刑建议的情况。以从轻依据而论,此类案件当事人如实供述了犯罪事实,满足了诉讼经济的部分要求,且人身危险性有所减轻,符合从宽处理的有关条件。与认罪认罚案件不同之处在于,其不同意检察机关提出的量刑建议。量刑建议仅具建议性质,虽然在大部分案件中最终判决结果都与量刑建议相同或在量刑建议的范围之内,但最终判决结果仍由法院作出。同意量刑建议的目的在于进一步进行程序简化,一则使其符合速裁程序的一项条件,二则可简化法庭辩论中关于量刑的内容。对于可速裁程序的对象案件而言,此简化确可达到进一步节约司法资源的效果,但对于可能判处一年以上有期徒刑的案件,即使简化了部分法庭辩论环节,其实现司法经济的效果亦不明显。换言之,可能判处一年以上有期徒刑的认罪不认罚案件,实际认罚与否与其从宽处理的范围关系不大。

认罪认罚具有的层级性,使得从宽规定也应按照相应的层次予以设定。在案件从宽的依据来源于人身危险性与诉讼经济的语境下,从宽的层级也应以此为基准进行架构,而非一刀切地以某一固定标准作为从宽的操作手段。当然,由于个案之间的差异性,对具体从宽的幅度与范围仍需进行司法裁量。

原载于《河南大学学报(社会科学版)》2018年第2期,《人大报刊复印资料·诉讼法学、司法制度》2018年第6期全文转载

《民法典》规定的非法人组织制度与三国民法中类似制度的关系梳理

徐国栋①

引 言

国人期盼已久的《民法典》终于在 2020 年 5 月 28 日获得通过,现正面临解释狂潮,其中规定的非法人组织制度也会经受解释。长期以来,我国民法学界都把该制度的滥觞误认为《德国民法典》规定的无权利能力社团和《意大利民法典》规定的未受承认的社团。其实,我国学界理解的非法人组织是第三市场主体,而《德国民法典》和《意大利民法典》规定的类似制度规范的是非市场主体,或曰精神结社。此文拟提醒《民法典》的解释者正确寻找我国非法人组织制度的起源,并提醒我国民法学和立法界注意我国民法保障经济结社有余、保障精神结社不足的缺陷。

一、《民法典》规定的非法人组织概览

(一)《民法典》规定的非法人组织的内涵与类型

《民法典》第 102 条第 1 款规定:非法人组织是不具有法人资格,但是能够依法以自己的名义从事民事活动的组织。该款确定的非法人组

---

① 徐国栋,法学博士,厦门大学法学院特聘教授。

织的内涵有二:其一,不具有法人资格。也即不享有权利能力和行为能力。其二,能以组织自身而非组织成员的名义进行民事活动,这意味着这个组织有自己的人格,但第102条第1款又说非法人组织无法人资格。这似乎自相矛盾。

按《民法典》第102条第2款,非法人组织有个人独资企业、合伙企业、不具有法人资格的专业服务机构等类型。(1)个人独资企业。指一人投资经营的企业,投资者对企业的债务承担无限责任。(2)合伙企业。是依法设立、各合伙人根据合伙协议共同出资、合伙经营、共享收益、共担风险,并对合伙企业债务承担连带无限责任的营利性组织。(3)不具有法人资格的专业服务机构。专业服务机构是以其专门知识和技能为社会提供帮助的团体。其有以下类型:合伙制律师事务所;合伙制会计师事务所;合伙制的税务师事务所。

另外,《民法典》第102条第2款在罗列完个人独资企业、合伙企业、不具有法人资格的专业服务机构后还有一个"等"字,表明自己所为者为不完全列举。学界认为这个"等"中可包括业主委员会,[1]即由物业管理区域内业主代表组成的监督物业管理公司运作的民间组织。

(二)《民法典》规定的非法人组织的特征

第一,应当登记。这是《民法典》第103条的要求。该条第2款甚至要求一些非法人组织在登记前得到有关机关批准。在德国法上,组织体完成登记即具有权利能力,不登记即不具有权利能力。也就是说,登记与取得权利能力是一种因果关系。[2]但我国法学主流观点一直不接受此种观点,认为法人之独立法律地位或权利能力来源于其独立财产,与是否登记无干。第二,存在于经济区域。个人独资企业、合伙企业都是经济活动组织。合伙制的律师事务所、会计师事务所、税务师事务所也是第三产业领域的经济组织,《民法典》第102条未考虑国民为

---

[1] 张新宝,汪榆森:《〈民法总则〉规定的"非法人组织"基本问题研讨》,《比较法研究》,2018年第3期。

[2] 邹爱华:《论德国和苏俄民法典权利能力含义的区别》,《湖北大学学报》(哲学社会科学版),2008年第3期。

满足精神需要结成的组织。第三，以营利为目的。显然，个人独资企业、合伙企业、不具有法人资格的专业服务机构都以营利为目的。而外国法上的非法人组织，既有营利目的的，也有非营利目的的。

二、《民法典》规定的非法人组织制度与德国法上的类似制度比较

我国学者无不把非法人组织制度的起源追溯到《德国民法典》第54条规定的无权利能力社团（Nicht rechtsfähige Vereine）。① 那么，Verein何意？该词义为"团体、协会、社团、联合会"。② 团体或社团有精神性的，也有经济性的，无权利能力社团到底何指呢？要回答这个问题，要从《德国基本法》第9条第1款说起。对于该款的德语原文 Alle Deutschen haben das Recht, Vereine und Gesellschaften zu bilden 有三种译法，它们代表了译者们对德国的"结社自由"中的"社"的不同理解。其一，所有德国人都有结社的权利。③ 此译无视动词 bilden 有 Verein 和 Gesellschaft 两个宾语，抹煞了协会（Verein）与公司（Gesellschaft）的区别。译者理解不了"社"有不同的类型。其二，所有的德国人都有权建立协会和公司。④ 此译正视了动词 bilden 有两个宾语，分别把它们译为协会和公司，由此告诉人们结社自由有两种类型。协会是非经济性的，是结社的首要形式；公司是经济性的，是结社的次要形式。其三，所有的德国人都有权结成社团、合伙与企业。⑤ 此译不仅尊重原文包含的结社自由的两种类型，而且把第二种类型展开，把它分为合伙和企

---

① 例见赵群：《非法人团体作为第二民事主体问题的研究》，《中国法学》，1999年第1期。
② 《德汉词典》编写组：《德汉词典》，北京：上海译文出版社，1983年，第1318页。
③ 吴锦良：《合作主义与公共政策制定——以德国为例》，《中共杭州市委党校学报》，2005年第2期。
④ 埃弗尔特·阿尔科马著，毕小青译：《结社自由与市民社会》，《环球法律评论》，2002年夏季号。
⑤ 王名，李勇，黄浩明：《德国非营利组织》，北京：清华大学出版社，2006年，第59页。

业。但这就有些超过了,因为尽管德文词 Gesellschaft 有合伙的意思,①却无企业的意思,在德文中,企业是 Geschäft。② 由此可见,按照《德国基本法》,结社有精神结社(协会)和经济结社(公司或合伙)两种类型。

那么,《德国民法典》第 54 条中的 Verein 指哪种类型呢?该条第 1 款辞曰:无权利能力的社团,适用关于合伙的规定(Auf Vereine, die nicht rechtsfähig sind, finden die Vorschriften über die Gesellschaft Anwendung)。在该款中,如同在《德国基本法》第 9 条第 1 款中一样,也同时出现了 Verein 和 Gesellschaft,立法者要求,对于 Verein,适用就 Gesellschaft 制定的规则。等于说,就精神性的社团,适用就经济性的合伙制定的规则。经济性合伙的规定见诸《德国民法典》第 705—740 条。它们规定合伙合同、合伙人的出资、合伙事务的执行、合伙人的责任等内容。③ 从制定的目的来看,《德国民法典》第 54 条主要针对各种雇主联合会、工会、政党等精神团体而设,对于它们,适用关于合伙的规定。这样的安排对上述组织体的成员不利。他们的组织体因此无团体人格,所以行为人必须亲自负责。这样的苛待出自立法者的蓄意安排:促使受不了的非法人组织的成员尽快取得权利能力,完成各种登记手续。如果受不了这样的折腾,就赶紧解散。④ 但这一规定产生了歪打正着的效果,上述组织体宁愿放弃权利能力也不愿受政府的监管,无权利能力的社团制度成了它们存在的合法依据。⑤ 第 54 条的意外适用效果是制定《德国民法典》时有效的 1871 年《德意志帝国宪法》不承认结社自由的结果。该宪法受制于当时的专制条件,规定的公民权利寡少,只

---

① 《德国民法典》第 705 条及以下数条。
② 《德汉词典》编写组:《德汉词典》,上海:上海译文出版社,1983 年,第 496 页。
③ 陈卫佐译:《德国民法典》第 2 版,北京:法律出版社,2006 年,第 292 页及以次。
④ 迪特尔·梅迪库斯,邵建东译:《德国民法总论》,北京:法律出版社,2000 年,第 853 页。
⑤ 迪特尔·梅迪库斯,邵建东译:《德国民法总论》,北京:法律出版社,2000 年,第 854 页。

在"帝国立法权"的名头下规定了迁徙自由权和居住自由权(第4条)。① 《德国民法典》第54条拐着弯有限地承认了结社自由,当时起到了宪法这方面的规定的作用。到了1919年,情况发生了改变,是年制定的《魏玛宪法》第124条明确了公民的结社权。其辞曰:(1)德国人民,其目的若不违背刑法,有组织社团(Verein)及法团(Gesellschaft)之权。此项权利不得以预防方法限制之。(2)宗教上之社团及法团,得适用本条规定。(3)社团得依据民法规定,获得权利能力。此项权利能力之获得,不能因该社团为求达其政治上、社会上、宗教上目的而拒绝之。② 不难看出该条第3款对《德国民法典》第54条的矫正意义。它要求广泛地赋予社团权利能力,不许搞无权利能力社团。而且,该条也把结社的"社"分为精神性的和经济性的,Verein 指精神性的社团。应该说,1949年的《德国基本法》采用同样的处理,是受了《魏玛宪法》的影响。

《德国民法典》第21条还以非经济社团(Nicht Wirtschaftlicher Verein)的术语指称经登记取得权利能力的精神性的社团。其辞曰:非以经济上的营业经营为目的的社团,因登记于有管辖权的区法院的登记簿取得权利能力。③ 这种社团的例子是唱歌者协(Gesangverein)、运动协会(Sportverein)、慈善协会(Wohltätigkeitsverein)。④ 前者是世俗歌曲演唱爱好者的组织,通常维持至少一个交响乐队。⑤ 中者是各单项运动的爱好者组成的团体,例如篮球协会、足球协会、拳击协会。⑥

---

① 法学教材编辑部《外国法制史》编写组:《外国法制史资料选编》下册,北京:北京大学出版社,1982年,第660页。

② 姜士林,陈玮主编:《世界宪法大全》上卷,北京:中国广播电视出版社,1989年,第733页。

③ 陈卫佐译:《德国民法典》第2版,北京:法律出版社,2006年,第10—11页。

④ Vgl. Anett Zimmer, *Grundformen Organisierter Interessen*: Vereine, FernUniversität in Hagen, 2006, S. 15.

⑤ Vgl. Eintrag von Gesangverein, Auf https://de.wikipedia.org/wiki/Gesangverein, 2020年2月12日。

⑥ Vgl. Eintrag von Sportverein, Auf https://de.wikipedia.org/wiki/Sportverein, 2020年2月12日。

后者是一个犹太人的互助组织。① 与非经济社团对立的是第 22 条规定的经济社团（Wirtschaftlicher Verein）。该条辞曰：在无特别的联邦法律规定的情况下，以经济上的营业经营为目的的社团因国家的授予取得权利能力。② 这种社团的例子有：丧葬基金（Sterbekasse）、医疗费清算中心（Ärztliche Verrechnungsstelle）、住宅建造合作社（Wohnungsbauverein）。③ 前者是特定行业、特定地方的人组成的互保协会，汇聚的资金主要用来支付会员的葬礼费用。④ 中者是全科医生、牙医和资深住院医生组成的协会，帮助医生办理与保险公司间的医疗账单结算，并为病人接受的自费医疗部分按照法定的费率提供发票。⑤ 后者由需要住宅的成员组成，成员要缴纳一定的会金，然后以合作社的名义取得国家的各种优惠或资助，建成的住房归合作社所有，会员享有终身使用权，以此免受普通商品房的高价。⑥ 不难看出，第 21 条和第 22 条规定的都是为其成员谋利益的组织。前者规定的组织不涉足经济活动，后者规定的组织虽然涉足经济活动，所以冠有"经济"之名，但无营利目的，仅有共益目的。

由上可见，无权利能力社团与非经济社团都是精神结社，功能重合，区别在于后者经登记取得法人资格，从而具有权利能力。经济社团并非为满足精神追求，而是为了满足物质追求建立，此等物质追求即对于成员的疾病、死亡、居住等的保障。三者的共性是不营利。所以，把不营利作为 Verein 的基本特征，是无问题的。一旦营利，就用另外的术

---

① Vgl. Eintrag von Wohltätigkeitsverein, Auf https://de.wikipedia.org/wiki/Wohltätigkeitsverein, 2020 年 2 月 12 日。

② 陈卫佐译：《德国民法典》第 2 版，北京：法律出版社，2006 年，第 12 页。

③ Vgl. Anett Zimmer, *Grundformen Organisierter Interessen*：*Vereine*, FernUniversität in Hagen, 2006, S. 15.

④ Vgl. Eintrag von Sterbekasse, Auf https://de.wikipedia.org/wiki/Sterbekasse, 2020 年 2 月 12 日。

⑤ Vgl. Eintrag von Privatärztliche Verrechnungsstelle, Auf https://de.wikipedia.org/wiki/Privatärztliche Verrechnungsstelle, 2020 年 2 月 12 日。

⑥ 冒天启、张荣刚：《市场经济运行与管理大全》，北京：经济管理出版社，1994 年，第 455 页。

语来指称了。在德国法上，人合公司也是无权利能力社团，①其例子有无限公司和合伙。这样的组织体用 Gesellschaft 一词指称。

综上，德国法上的无权利能力社团分为精神结社性的和经济结社性的，我国《民法典》规定的非法人组织都属于经济结社，《德国民法典》第 54 条规定的是精神性结社，所以，把《德国民法典》第 54 条规定的无权利能力社团说成我国的非法人组织的起源是错误的。

三、《民法典》规定的非法人组织制度与意大利法上的类似制度比较

我国的非法人组织制度的研究者也认为该制度以意大利法上的未受承认的社团为本源，②确否？《意大利民法典》第 36 条及以下数条规定的未受承认的社团（Associazioni non riconosciute）是旨在实现经济的或非经济的目的，尚未获得或已要求国家承认的主体和财产的组织性集合。③ 这个定义把未受承认的社团看作主体（包括自然人和法人）和财产的组合。它们要么未获得国家承认，而且也无谋求此等承认的意图；要么已要求此等承认，但尚未得到。它们的目的有经济和非经济两类。要注意的是，经济目的并不等于营利目的，后者意指把赚得的钱分给会员，如果赚钱而不分，则经济目的就与营利目的分开了。基于曾有过的民商分立做法，④意大利民法上的社团（严格说来是协会）必须都是非营利的，得到承认的社团和未受承认的社团，都是如此。⑤ 此乃因

---

① 夏平：《法人分支机构的法律地位与责任承担——以民法总则第 74 条为考察重点》，《西部法律评论》，2019 年第 4 期。

② 例见陆琳：《非法人团体民事法律地位之比较法考察》，《法制与社会》，2013 年第 11 期。

③ Cfr. Anna Scotti et. al. *Diritto civile: Istituzioni di Diritto private*, V Edizione, Edizione Simone, 1993, 89.

④ 意大利于 1861 年统一后，除了制定 1865 年民法典外，还于同年制定了商法典。

⑤ Cfr. Federico del Giudice, *Nuovo Dizionario Giuridico*, Napoli, Edizione Simone, 1998, 108.

为社团是满足人们的精神追求的法律工具。营利的社团归商法典调整。1942年《意大利民法典》尽管实现了民商合一,社团必须不营利的传统仍保留下来。非营利目的有政治目的和精神目的,具有这样目的的社团有政党、工会、运动俱乐部等。①"尚未获得国家承认"指不被承认为法人,②所以又称事实上的实体(Enti de fatto)。③ 学说认为非法人组织具有较弱人格(Personalità attenuata),也就是具有无人格的主体性。它们是集体性的主体,具有有限的权利能力和不完全的财产自治。那么,法律人格与法律主体性的区别何在?前者只授予具有完全的财产自治者,后者仅意味着形成一个以义务和权利为内容的利益中心,此等义务和权利有别于其成员的义务和权利。④ 未受承认社团须具备以下要素:(1)社团型的内部组织,例如有全体成员大会;(2)共同的财产;(3)非营利目的;(4)对外开放,即可吸收新成员。⑤ 第一个要素由结社协议体现,这是一个主要规定未受承认社团成员的权利义务的章程。⑥ 第二个要素由未受承认社团的成员缴纳的会费以及用此等会费购买的物品体现。在组织存续期间,此等财产不得分割、退还。此等财产用来承担组织的债务,不够的,组织成员承担连带责任。⑦ 此等连带责任是未受承认社团的不完全的财产自治的体现。第三个要素的达成应如此理解:不以共同活动实现盈利并把此等盈利在成员间分配。第四个要

---

① Cfr. Anna Scotti et. al. *Diritto civile: Istituzioni di Diritto private*, V Edizione, Edizione Simone, 1993, 90.

② Cfr. C. Massimo Bianca, Guido Patti, Salvatore Patti, *Lessico di Diritto Civile*, Giuffrè, Milano, 2001, 65.

③ Cfr. Anna Scotti et. al. *Diritto civile: Istituzioni di Diritto private*, V Edizione, Edizione Simone, 1993, 89.

④ Cfr. Anna Scotti et. al. *Diritto civile: Istituzioni di Diritto private*, V Edizione, Edizione Simone, 1993, 90.

⑤ Cfr. Anna Scotti et. al. *Diritto civile: Istituzioni di Diritto private*, V Edizione, Edizione Simone, 1993, 90.

⑥ 《意大利民法典》第36条。参见费安玲等译:《意大利民法典》,北京:中国政法大学出版社,2004年,第18页。

⑦ 《意大利民法典》第37条。参见费安玲等译:《意大利民法典》,北京:中国政法大学出版社,2004年,第18页。

素由未受承认社团的章程体现。它具有开放性,凡是同意它的人都可加入。这个要素最为我国的非法人组织研究者忽视,所以有把"家"当作非法人组织的一个类型的言论,①而"家"最缺乏第四个要素。意大利之所以不采用无权利能力社团的德国式表述,原因可能是该国的未受承认的社团具有一定的权利能力:(1)民事诉讼能力;(2)取得不动产的能力,组织可被登记为不动产所有人;(3)受赠予能力;(4)死因继承能力。②

综上,我国学界把意大利的未受承认的社团说成我国的非法人组织的起源不符合事实,一因为该国的有关社团不营利,二因为该国的有关社团有全体成员大会。

四、《民法典》规定的非法人组织与法国法上的类似制度的比较

至此可注意,德、意未用非法人组织的表述,原因何在?在于非法人组织是个消极概念,它未说明非法人组织是什么,只是说了它不是什么——不是法人。或曰它是个剩余概念,既不属于法人也不属于个人的主体(即组织)都可归入之。所以,它在我国曾被称为"其他组织"。③由于非法人组织表述的外延过于宽泛,各国避用之。它们都抓住自己言说的那部分非法人组织的某个积极属性命名对象,由此使用积极概念。德国抓的是无权利能力,意大利抓的是未受承认。还有法国以自己的方式消解非法人组织概念的消极性。

《法国民法典》诞生时未规定法人制度。1901 年的《关于结社合同的法律》补充规定了社团法人。其第 1 条把结社合同定义为:"两个或更多的人达成的以持续的方式为分割营利以外的目的共享自己的知识

---

① 第一篇研究非法人组织的博士论文的作者石碧波就这样做。参见石碧波:《非法人团体研究》,北京:法律出版社,2009 年,第 290 页。

② Cfr. C. Massimo Bianca, Guido Patti, Salvatore Patti, *Lessico di Diritto Civile*, Giuffrè, Milano, 2001, 65.

③ 参见柳经纬:《"其他组织"及其主体地位问题——以民法总则的制定为视角》,《法制与社会发展》,2016 年第 4 期。

或活动的协议。"此条旗帜鲜明地把非营利目的当作社团的根本特征。此类社团有三：其一，经申报的社团（Les associations déclarées）。所谓的申报，即在官方公报上公示，创立人得到申报的收据即完成了申报，社团取得权利能力。① 其二，基于公共利益承认的社团。它们由于其活动关涉公共利益，被授予较大的权利能力，但作为代价，要承受公共当局的严格控制。② 其三，未经申报的社团（Les associations non déclarées），又称事实上的社团。它们是由不愿完成申报手续的自然人或法人组成的团体，由于未申报，不享有权利能力。这个类型相当于我国的非法人组织。它承受不能以自己的名义承担权利义务，其实施的行为被认为是其成员的行为的不便，并因此不能开设自己的银行账户、缔结租赁合同、成为财产所有人、接受公共补贴、接受赠予，招揽赠予或遗赠，也不能要求批准，但享有设立、运作和解散不要求任何手续、其成员可以自由选择其运作规则或组织规则、不得被诉的便利。③

五、《民法典》规定的非法人组织的真正源头

我认为《民法典》规定的非法人组织的真正的源头首先是长期在我国流行的商品经济的民法观。它从改革开放以来统治我国，它把民法看作单纯的调整市场关系的法律工具，忽略了它还具有满足国民的精神需要、结社需要的功能，由此把非法人组织朝着市场交易的主体的方向塑造。《民法通则》把合伙规定在民事主体部分，它是 2017 年的《民法总则》规定的非法人组织的出发点。《民法总则》不过在把合伙下降为属概念，在它上面加上非法人组织的种概念，并加上了个人独资企业、不具有法人资格的专业服务机构两个属而已，基本的精神是把非法

---

① Voir la voix de l'associations déclarées, Sur https://www.associations.gouv.fr/l—association—declaree.html, 2018 年 7 月 15 日。

② Voir la voix de l'associations reconnue d'utilité publique, Sur https://www.associations.gouv.fr/l—association—reconnue—d—utilite—publique.html, 2018 年 7 月 15 日。

③ Voir la voix de l'associations non déclarées, Sur https://associations.gouv.fr/1080—association—non—declaree.html, 2018 年 7 月 15 日。

人组织看作另一类市场主体。这此，贾桂茹等著的《市场交易的第三主体：非法人团体研究》一书的名称就揭示得很清楚。该书把非法人组织与非法人企业画等号，展开论述了合伙与企业法人的分支机构两种非法人企业的形式。尽管该书也提到《德国民法典》第54条是非法人组织的源头，但对该条调整精神结社的意旨一无所知。① 石碧波的《非法人团体研究》是这方面的第一篇博士论文，该书也基本把非法人组织与非法人企业画等号，只不过加了"无权利能力财团""家"作为新类型。② 直到目前，我国研究非法人组织的论文基本还是沿着这一方向前进。在这样的学术背景下，《民法总则》把非法人组织主要理解为市场主体是必然的。

其次的源头是最高人民法院1992年《关于适用〈中华人民共和国民事诉讼法〉若干问题的意见》。其第40条规定如下实体属于《民事诉讼法》第49条规定的"其他组织"：③依法登记领取营业执照的私营独资企业、合伙组织；依法登记领取营业执照的合伙型联营企业；依法登记领取我国营业执照的中外合作经营企业、外资企业；经民政部门核准登记领取社会团体登记证的社会团体；法人依法设立并领取营业执照的分支机构；中国人民银行、各专业银行设在各地的分支机构；中国人民保险公司设在各地的分支机构；经核准登记领取营业执照的乡镇、街道、村办企业；符合本条规定条件的其他组织。上述被罗列的八类其他组织可大别为营利的和非营利的两类，除了第四类，都是营利的。

最高人民法院在一个关于《民事诉讼法》的司法解释中把两种不同性质的"其他组织"一并规定有其理由，因为民诉法并不关心不同类型非法人组织的特性，仅关心它们能否作为一个个体起诉和应诉。法人制度本是为了满足诉讼便利的需要打造的。因为如果无独立于成员的人格，组织体的所有成员都要出庭当原告或被告，法庭容纳不下。所

---

① 贾桂茹等：《市场交易的第三主体：非法人团体研究》，贵阳：贵州人民出版社，1995年，第4页。

② 石碧波：《非法人团体研究》，北京：法律出版社，2009年。

③ "其他组织"是我国立法上的"非法人组织"的前身。《民法总则》一审稿（2015年8月28日室内稿）使用"其他组织"概念。2016年7月5日公布的《民法总则》二审稿开始改为采用非法人组织概念，这种情况一直维持到《民法总则》颁布。

以,立法者要创立法人制度解决这个问题。对于不具有法人资格的组织体,让其全体成员上庭也不可能,所以,《民事诉讼法》第49条①允许其他组织由其主要负责人代表进行诉讼。从民法的角度看,非法人组织有精神结社和经济结社两种类型,但从民事诉讼法的角度看,它们在不能全体成员出庭上了无区别,所以对它们一并规定。由于最高人民法院也受到商品经济的民法观的影响,所以,它在列举其他组织的类型时,也是以经济结社为主,以精神结社为辅。

鉴于最高人民法院的权威地位,其司法解释产生了很大影响。首先是对民法典学者建议稿的影响。梁慧星主持的《中国民法典草案建议稿》按照其路径规定了"非法人团体",其第90条把非法人团体分为营利的与不营利的两种类型,以营利的为先。② 该建议稿的六个条文大多转化为《民法总则》的相应条文,它对作为非法人组织类型的独资企业和合伙企业的列举显然来自这一司法解释,可惜未列举非营利性的类型。另外,杨立新主持的《中国民法总则(草案)建议稿》采用的非法人团体制度尽管未完全按最高人民法院的上述司法解释规定,但其第98条在"其他组织的界定"的条名下基本重复罗列了该司法解释罗列的其他组织的类型,不过加上了依法成立的业主委员会、村民委员会、居民委员会的类型而已,③完全采用了最高人民法院有关司法解释的民法诉讼法立场。

综上,《民法典》按市场主体的含义规定非法人组织,既有商品经济的民法观的思想原因,也有最高人民法院有关司法解释的制度原因。

六、三国民法中关于精神结社制度的中国法对应物寻找

实际上,三国民法中关于精神结社的制度的中国法对应物包含在

---

① 经过修改,现已变成第48条。
② 梁慧星主编:《中国民法典草案建议稿》,北京:法律出版社,2003年,第18页。
③ 杨立新:《中华人民共和国民法总则(草案)建议稿》,《河南财经政法大学学报》,2015年第2期。

《民法典》第87条中：(1)为公益目的或者其他非营利目的成立,不向出资人、设立人或者会员分配所取得利润的法人,为非营利法人。(2)非营利法人包括事业单位、社会团体、基金会、社会服务机构等。第2款中的非营利的"社会团体"就是五国民法中关于精神结社的制度的中国法对应物。

什么是这样的非营利的"社会团体"？1998年9月25日的《社会团体登记管理条例》第2条第1款规定：本条例所称社会团体,是指中国公民自愿组成,为实现会员共同意愿,按照其章程开展活动的非营利性社会组织。该款明确了社会团体的非营利性,与三国相应立法的规定完全对应。

但我国规定与三国关于精神社团立法的规定的区别在于《社会团体登记管理条例》第3条：(1)成立社会团体,应当经其业务主管单位审查同意,并依照本条例的规定进行登记。(2)社会团体应当具备法人条件。依此条,我国的非营利社团通常都要登记。既经登记,便为法人,所以,多数我国的非营利社团都成为《民法典》第87条规定的非营利法人。所以,我国的精神结社团体不是非法人组织。

但《社会团体登记管理条例》第3条第3款豁免以下团体的登记义务：(1)参加中国人民政治协商会议的人民团体；(2)由国务院机构编制管理机关核定,并经国务院批准免于登记的团体；(3)机关、团体、企业事业单位内部经本单位批准成立、在本单位内部活动的团体。符合第(1)项的人民团体有：全国总工会、共青团、全国妇联、中国科学技术协会、全国归国华侨联合会、全国台胞联谊会、全国青联、全国工商业联。符合第(2)项的团体有：中国文学艺术界联合会、中国作协、全国新闻工作者协会、中国人民对外友协、中国人民外交学会、中国国际贸促会、中国残联、宋庆龄基金会、中国法学会、中国红十字总会、中国职工思想政治工作研究会、欧美同学会、黄埔军校同学会、中华职业教育社。上述团体取得法人资格并非由于登记,而是由于国家特许。

但第(3)项规定的内部团体,例如在大学里大量存在的学生社团不是法人,属于非营利的非法人组织,它们的设立也要遵循一定的程序。根据《厦门大学学生社团成立条例》,学生社团联合会负责社团成立的审批。社团的发起人必须有15名以上,他们须分属不同的院系和年级。发起人要提交:(1)成立申请书(包括成立背景、活动宗旨、发展目标);(2)主要发起人简介;(3)不少于15人的社团发起人签名;(4)挂靠学院党委意见或校团委意见;(5)指导老师意见及资料;(6)年度工作计划书;(7)社团长远发展规划;(8)社团章程。经批准成立的社团必须到社联会办公室办理注册登记,经社联会公示后即正式成立。而后社团可以刻印章,其活动经费由厦门大学提供,所以,不以成员缴纳的会费为其经费来源。

与上述内部团体接近的有准内部团体,例如各个大学的校友会,各个母校都有校友办管理遍布全国的以省或市为单位设立的地方校友会,但这些校友会组织的大部分活动不受母校控制,属于自治的社团。当然,也有一些地方校友会在当地民政局登记,例如广东省西南政法大学校友会。

结　论

非法人组织有精神结社和经济结社两种类型,两者从民事诉讼法的角度看了无区别,从民法的角度看区别颇大。因为如果民法把精神结社纳入了自己的范围,意味着它不把自己的任务限于财产关系和家庭关系的调整,而是负有落实宪法规定的结社自由的使命。结社自由是对人的社会性的保障,社会性通过团体生活实现。人无时不生活在团体中。家是人最早的从属团体。此为首属群体,即通过直接的面对面交往结成的群体。它规模小、成员关系密切、互动经常、成员全体个性投入。① 但成员对从属哪个家基本无可选择。次属群体更好地体现了人的社会性,它规模较大、成员互动较少、为实现特定目标结成。② 更重要的是,人们可选择入社退社。可以说,结社自由为国民建构次属群体提供了制度保障。本文考察的德国、意大利和法国民法是认为自己负有落实结社自由的使命的,并主要以非法人组织制度落实这一使命。我国《民法典》并不否认自己负有同样的使命,但将其放在非营利

---

① 徐经泽主编:《社会学概论》,济南:山东大学出版社,1991年,第198页。
② 徐经泽主编:《社会学概论》,济南:山东大学出版社,1991年,第201页。

法人制度中处理,而且落墨很少,只有"社会团体"4个字。至于非法人组织制度,则用来规定经济结社。这样的安排提高了精神结社的门槛,因为非法人组织要符合法人的条件并经受为此目的的审查。从根本上看,《中国民法典》中的非法人制度与三国民法中类似制度的不同使命承担体现了两种对民法功能的理解。自第四次民法典起草以来,我国民法学界和立法日益摆脱商品经济的民法观,表现为亲属法回归民法典、人格权规定扩容以及独立成编,等等,但在民事主体制度方面,还习惯于从市场主体的角度考虑问题,造成了对非法人组织制度的第二企业法人处理,其合理性值得省思,至少其规定与关于营利法人的多数规定的重复是不合理的。

  至此可以说,民法主要有三域:第一域是财产关系,第二域是家庭关系,第三域是结社关系。第一域满足人的物质需要,第二域满足人的感情和繁衍后代的需要,第三域满足人的再社会化需要。所谓再社会化,就是超越家庭的社会化,为此结成各种可大致分为两类的团体:一类是经济团体,这类我国民法理论和民事立法充分考虑到了;另一类是精神团体,其最大特点是追求非经济目的且可以自由加入和退出。这类比较遭到我国民法理论和民事立法的忽视,相信随着时间的推移,这种忽视会被超越。

原载于《河南大学学报(社会科学版)》2021年第1期"《民法典》中的人法"专题

"司法中心"环境权理论之批判

张恩典[1]

一、问题的提出

近年来,伴随着我国经济的持续高速增长,生态环境问题日益突出,引起了包括法律学者在内的社会各界广泛而持续的关注。纵观近年来我国法律学者对环境问题的研究,可以发现,学者们表现出了不同于其他学科的、强烈的"法律思维"。学者们纷纷诉诸"环境权"这一权利话语,将其作为因应当前中国日益严重的环境问题的一个核心概念。自1982年我国著名环境法学者蔡守秋教授在《中国社会科学》发表《环境权初探》一文将环境权概念引入我国以来,法学界对环境权理论的研究可谓方兴未艾。无论是环境法学理论构建、学科建制,抑或是回应当下环境保护的现实需求,"环境权"概念都被形塑和建构成一个核心的、基础性概念,承载了法律学者经世致用的理想愿景。

在很长一段时期以来,环境权概念一直被我国主流环境法学者所珍视,被视为法律人思索和回应我国现实环境问题所做的重要理论贡献。在肯定环境权的理论价值的同时,我们也需要看到,长期以来,我国学者对环境权概念的构建,实则反映了法律人在思索中国环境问题时存在着一种典型的线性思维特征,即认为我国环境问题很大程度上源于环境权缺失及环境权法律保护力度不足。在这种思维影响下,学者们开始了30余年的环境权理论建构,试图通过赋予公民环境权,借

---

[1] 张恩典,苏州大学王健法学院博士生。

由公民诉诸环境诉讼,以期达到环境保护之目的。但是,近年来,生态环境不断恶化的残酷现实和环境群体性事件的频繁发生,表明我国生态环境已经陷入一种积重难返的恶性循环之中。面对这种情形,作为法律人而言,我们需要重新检视"环境权"这一学者倾注大量心力研究的学术概念,究竟具有多大的理论价值?法律学者所醉心建构的环境权理论,对于改善当下我国日益恶化的生态环境究竟有多少现实意义?环境权究竟只是法律学者精心装扮的"理论花瓶",抑或是破解中国当下环境问题的"法律秘籍"?意欲回应上述疑问,需要我们考察和检视自上世纪80年代初期在我国出现并逐渐成型的"司法中心"环境权理论。

二、我国"司法中心"环境权理论的建构: 过程梳理与特征描述

纵观我国法律学者30多年的环境权理论研究,会发现其中存在着这样一条或明或暗的理论线索即"司法中心"的环境权理论建构模式。这样一种论建构模式,既展现了法律学者通过环境权理论构回应我国日益恶化的生态环境的济世情怀,也表达了法律学者试图通过环境权概念来建构整个法学科的殷殷希望。下面,笔者将梳理"司法中心"环境权理论的建构过程,并描述其特征。

(一)"司法中心"的环境权理论的建构过程

1. 20世纪80年代:环境权概念在中国出现

自1982年我国著名环境法学者蔡守秋教授在《中国社会科学》发表《环境权初探》一文以来,环境权概念作为一个舶来品得以进入中国法律学者的理论视野。在《环境权初探》一文中,蔡守秋教授将环境权界定为一个法律上的权利,是"法律赋予法律关系的主体在其生存的自然环境方面享有的某种权益"。在蔡守秋教授看来,环境权法律关系的主体范围非常广泛,包括公民、法人和国家。狭义环境权是指"公民有享受良好适宜的自然环境的权利",而广义环境权则泛指"一切法律关系的主体在其生存的自然环境方面所享有的权利及承担的义务"。同

时,他认为,环境权包含享有环境的权利和保护环境的义务,两者统一构成了环境权。在这篇文章中,蔡守秋教授给予环境权很高的理论评价:"环境权是环境法上的一个核心概念,是环境诉讼的基础。"接着,他进一步将环境权与环境法学科体系和环境诉讼联系起来。在他看来,"一个国家在法律上对环境权规定得越明确、具体,环境法体系进一步发展的条件就越充分,基础就越牢固",而且,"环境诉讼的观念,因有了环境权而被意识被主张被发展"。透过以上的表述,我们可以管窥,环境权概念在中国出现伊始,学者便对其赋予了很高的理论和现实期许,成为发展环境法学科和发动环境诉讼的"核心"和"基础"。由此可见,学者早期对环境权概念界定中,已经表达出对环境公益诉讼制度的强烈渴求,蕴含着"司法中心"环境权理论的基质。①

2. 20世纪90年代以来:"公民环境权"研究方兴未艾

20世纪90年代以来,环境权研究逐渐成为一个理论热点问题,引发法律学者深入持续的关注。其中,蔡守秋教授所界定的狭义层面的"公民环境权"概念更成为环境法学者关注的焦点。陈茂云先生认为,公民环境权是"公民有在符合一定质量标准的环境中生活的权利",并将公民环境权划分为核心环境权和派生环境权。其中,前者在公民环境权利体系中处于中心地位,是法律首先应当予以确认和保护的公民的环境权利;后者则是手段,是为保护核心环境权的实现而创立的。在此基础之上,其又进一步以环境类型及质量状况为基础,将核心环境权细分为基础环境权、优美环境享受权和环境舒适权,将派生环境权划分为公民参与国家环境管理的权利、环境请求保护权。同时,还对公民核心环境权的权能进行了划分,包括环境利用权、环境受益权、环境主张权。②

我国环境法学者吕忠梅教授对环境权进行了系统研究。吕忠梅教授在全面检视传统民法财产权、人格权及侵权理论的基础之上,指出传统法律制度在环境保护方面存在的不足,进而论证了环境权理论建构的必要性和可能性。在吕教授看来,环境保护"要以协调人与环境的关

---

① 蔡守秋:《环境权初探》,《中国社会科学》,1982年第3期。
② 陈茂云:《论公民环境权》,《政法论坛》,1990年6期。

系为终极目标"、"以整个生态系统为保护对象"、"要以预防环境污染和破坏为主要手段",传统民法财产权、人格权及侵权理论和制度无法提供妥善全面的保护。基于这样的认识,环境权被界定为"公民享有的在不被污染和破坏的环境中生存及利用环境资源的权利"。从内容上,环境权包括环境使用权、知情权、参与权和请求权。可以看出,吕忠梅教授在公民环境权概念、内容的界定上,与蔡守秋教授并无二致,都认为环境权是权利与义务的统一。但是,在环境权主体方面,吕忠梅教授扩大了公民环境权主体范围,包括当代人和后代人,这显然受到现代人权思想的影响。同时,吕忠梅教授借鉴了日本学者富井利安的观点,将公民环境权中实体性的"环境使用权"细化为环境私权和环境公权。其中,环境私权包括日照权、眺望权、嫌烟权等与我们的生活密切相关的、私权属性较高的权利;环境公权包括清洁水权、清洁空气权、享有自然权、历史性环境权等公益性较高的权利。通过将环境权区分为环境公权和环境私权,吕忠梅教授区分了环境权法律救济的两条路径,即环境公益诉讼和环境私益诉讼。①

在环境权的研究之中,吕忠梅教授是从民法制度与环境法之间的关系的角度,思索、论证和建构环境权理论的。吕忠梅教授观察到了在近代民法到现代民法演进的过程中民法理念、制度的变迁,并且洞悉了现代民法社会化特征与环境法之间的契合关系,这种契合关系最显著的特征表现为公民环境权的私权化现象。但是,需要指出的是,吕忠梅教授对 环境权的私权化现象的解读仍然是立足于其关于"环境权是现代社会中一项独立权利"的基本认识之上。因为在其看来,现代民法对所有权内容、范围、客体种类的限制,以及环境民事责任的构成要件的变化、举证责任的倒置,"仍然不能解决公民个人对环境权利的主张,即成为诉讼主体,得到司法救济的问题"②。这也成为其建构环境权理论的一个重要的逻辑起点。

陈泉生教授关于环境权理论的相关研究,在我国亦颇具影响。陈泉生教授也是在反思传统法律制度对环境保护不足的基础之上,来论

---

① 吕忠梅:《再论公民环境权》,《法学研究》,2000年第6期。
② 吕忠梅:《环境法新视野》,北京:中国政法大学出版社,2007年,第141页。

证环境权的正当性的。在其看来,环境权是指"环境法律关系的主体享有适宜健康和良好生活环境,以及合理利用环境资源的 基本权利"。环境权主体则不仅"包括 公民、法人及其他组织、国家乃至全人类,还包括尚未出生的后代人"①。在内容界定上,与吕忠梅教授不同之处在于,陈泉生教授认为,公民环境权的内容主要侧重于生态性权利,故而未将环境知情权、参与权和请求权等所谓派生性环境权纳入其中②。同时,为了减少环境权权利客体的模糊性,增强环境权客体的明晰性,陈泉生教授对环境权的客体进行了划分,认为环境权权利客体"包括环境法规定的各种环境要素、防治对象和行为"③。

  以上几位学者对我国环境权理论研究颇深,并对环境权理论建构持肯定态度,其所建构的环境权理论表现出非常明显的"司法中心"色彩。从理论渊源来看,上述学者都不同程度地受到美国法律学者萨克斯教授所提出的"公共信托理论"的影响。在这一点上,从他们的论著中反复引用美国法律学者萨克斯的"公共信托理论"便可略窥一二。在《保护环境:公民诉讼战略》一书中,萨克斯教授从罗马法共同财产思想和英国普通法思想中汲取营养,创立了环境法上著名的"公共信托理论"。萨克斯教授指出:"公共信托思想建立在三个相关的原则基础之上。其一,某些利益例如空气与海。对全体国民具有如此重大的意义,以至于将这些利益作为私人所有权的客体是很不明智的。其二,这些利益蒙受自然如此巨大的恩惠,而不是某个企业的恩惠,以至于这些利益应当提供给全体国民使用,不论国民的经济地位如何。其三,政府的主要目的是增进 一般公众的利益,而不是按照从广泛的公共用途到有限的私人收益用途重新分配公共物品。④

  在他看来,上述公共信托的基本思想恰好可以适用于"构成我们环境问题的全部困境——空气和水污染、杀虫剂的散播、辐射、拥挤、噪声

---

  ① 陈泉生:《环境权之辨析》,《中国法学》,1997年第2期。
  ② 关于陈泉生教授对环境权内容的介绍和公民环境权的具体列举,参见陈泉生,等:《环境法哲学》,中国法制出版社,2012年,第342—347页。
  ③ 陈泉生:《环境权之辨析》,《中国法学》,1997年第2期。
  ④ 约瑟夫·L.萨克斯著,王小钢译:《保卫环境:公民诉讼战略》,北京:中国政法大学出版社,2011年,第139—140页。

以及自然区域和开阔地的破坏"①。基于这样的认识，萨克斯极力鼓吹公民通过诉讼方式诉诸法院，从而实现保护环境的目的，这是一种典型的"司法中心"的环境保护理论，并对日本与中国的环境权理论研究产生了深远的影响。

（二）我国"司法中心"环境权理论的特征描述

当前，我国学者所致力于建构的"司法中心"环境权理论大体上呈现出以下两个特征，即环境权的"实体性"和"可司法性"。而且，环境权的"实体性"与"可司法性"之间存在密切关联，在很大程度上，多数环境法学者试图通过环境权的实体性证成来为环境权的"可司法性"奠定权利基础。

1. 环境权的"实体性"特征：私权化与人权化

为什么要创设环境权这样一种新型权利？在大多数环境法学者看来，环境权的理论构建背后，事关环境正义这一宏大的道德命题。正如牛津大学法学院教授约翰·菲尼斯所言，"权利的现代话语提供了一个用于整理和表达正义要求的灵活的、可能精确的工具"②。我国环境权的建构过程实际上是一个环境利益逐渐实体化的过程。因为，在他们看来，"从权利源进行分析，传统诉讼解决环境纠纷的不足在于实有权利与应有权利的矛盾或者说在于环境权与传统权利的矛盾"③。客观而言，环境权实体化建构是一个艰辛的理论探索过程，饱含着众多学者的智识和努力。我们应当看到，意欲建立一个新的具有实体内容的环境权理论，仅仅指明环境保护的重要性显然是不够的。更为重要的是，一方面，需要对传统法律制度进行全面的检视考察，发现传统法律制度在应对环境问题时存在难以克服的根本性缺陷，而且这种缺陷无法通

---

① 约瑟夫·L.萨克斯著，王小刚译：《保卫环境：公民诉讼战略》，北京：中国政法大学出版社，2011年，第146页。
② 约翰·菲尼斯著，董娇娇等，译：《自然法与自然权利》，北京：中国政法大学出版社，2005年，第169页。
③ 吴勇：《专门环境诉讼——环境纠纷解决的法律机制》，北京：法律出版社，2009年，第36页。

过既有的法律制度予以克服和弥补;另一方面,则需要对这种新型利益进行一种权利类型的理论建构,这种建构过程涉及权利主体、客体、内容等多方面。

从目前我国学者对于环境权实体化建构的路径来看,大致上呈现出了环境权的私权化与人权化两条理论建构的路径。总体上来看,两者都是以"司法"为基本依归,旨在实现环境权可主张、可司法性。无论是环境权的私权化还是人权化,都旨在确立环境权作为一项独立的新型权利的法律地位。具体而言,环境权的私权化旨在通过建立环境权与民事权利之间的关联,强化其权利的内容属性,解决环境权建构过程中权利主体、客体和内容模糊不清等问题。环境权人权化则通过建立环境权与宪法之间的关联,确立环境权基本权利属性,提升环境权在整个权利类型乃至整个法律体系中的地位。同时,在他们看来,关于环境权的可司法性问题,只有"从宪法与国际人权法的发展脉络中,从经济、社会文化权利可司法性理论与实践的发展与变迁中,才能形成清晰的、正确的判断"[①]。可见,在"司法中心"环境权理论建构中,环境权的私权化和人权化是相辅相成、并行不悖的。

同时,学者在肯定环境权应当作为一种法律权利予以法律确认的同时,还试图从古典自然法理论角度来论证环境权作为一种"自然权利"的属性,从而为作为法律权利的环境权奠定正当性基础。古典自然权利学说成为环境法学者打破传统权利体系框架、构造环境权的重要理论武器。有学者就指出,"环境权利是自然权利(Natural right),它以形而上学的人类的人性规定为依据,而不以国家法律规定为存在的条件。因而,环境权利的伦理依据来自于超验的人类本性的规定性,从而表明环境权利是表现人的尊严的东西",是一种具有精神性的"抽象权利",这意味着,环境权是天赋权利,与生俱来,不能被剥夺[②]。在自然权利学说的影响之下,近年来,主流环境法学者还从人权的角度定位环境权,挖掘环境权的人权属性。当然,对于环境权与人权之间的关系,

---

① 吴卫星:《我国环境权理论研究三十年之回顾、反思与前瞻》,《法学评论》,2014年第5期。

② 孟庆涛:《环境权及其诉讼救济》,北京:法律出版社,2014年,第77、80页

学者之间并未形成统一的认识。有学者认为,环境权"始终以环境作为权利媒体,要求实现人类价值观的彻底转换,是建立在人与自然和谐共处、相互尊重的基础上",是"由生存权发展而来的一项新型人权",而且,环境权更构成了"其他人权的基础,更是对其他人权的控制"①。还有学者通过分析环境权与生存权之间存在的不同之处,来论证环境权作为一项独立人权存在的价值②。上述学者或者通过诉诸"超验的"自然法道德原则,或者通过引证一些国际组织出台的人权法案或者人类环境宣言的原则和内容,试图以此来升华环境权,实现将环境权作为一项独立人权的正当性证成,从而为将环境权构造成为一项独立的、可以诉诸司法的实体性法律权利奠定理论基础。

2. 环境权的"可司法性"特征:对抗性与事后性

"司法中心"环境权理论的另一个特征是环境权的"可司法性",即通过赋予相关法律主体,尤其是赋予公民以环境权利,由其启动环境诉讼,向法院主张环境权,从而达到保护环境的目的。美国学者约瑟夫·萨克斯便是环境诉讼最早且最著名的倡导者。他认为,上世纪美国环境管理的失当之处,就在于"固执地坚持了一个错误观念,即行政机构应当继续作为我们进行环境决策的核心机构",而环境问题在很大程度上具有利益和观念的对立性,培育和形成了"坚决的相互对立者",因此,"有必要知道如何不动声色地揭露和解决争议中的各种基本问题",而且,"法院无与伦比地胜任这项工作"③。环境权可司法性意味着法院在环境权益纠纷裁判中居于中心地位。目前,学界对建立何种形式的环境纠纷诉讼模式仍未形成统一的观点。在笔者看来,无论是采取何种诉讼模式,环境诉讼纠纷解决方式在总体上呈现出两个特征,即司法程序的高度对抗性与救济的事后性。一方面,因为行政机关在"行政过程中总是倾向于表达官僚的意愿——冠以公共利益之名的行政官员

---

① 吕忠梅:《环境法新视野》,北京:中国政法大学出版社,2007年,第119页。
② 陈泉生:《环境权之辨析》,《中国法学》,1997年第2期。
③ 约瑟夫·L.萨克斯著,王小钢译:《保卫环境:公民诉讼战略》,北京:中国政法大学出版社,2011年,第54、91页。

的观点,而不是人民的声音"①,所以,有学者主张,通过引入高度对抗的司法程序,借由法院的居中裁判,来破解行政机关在环境管制过程中出现的管制俘获的现实困境;另一方面,相较于行政机关对环境问题的事前、事中的行政规制,司法裁判更多地着眼于环境纠纷发生之后的纠纷化解和损害救济,具有事后性特征。

三、"司法中心"环境权理论之检讨: 基于现代环境风险的复杂属性

通过以上分析,我们可以发现,受美国公共信托理论和日本环境权理论的影响,我国学者在环境权理论构建过程中呈现出强烈的"司法中心"的倾向。客观而言,这种以实体权利建构为宗旨,以司法为依归的理论建构模式,在早期确实有利于我国环境法这一新兴部门法学科的发展,但是,发展至今,"司法中心"环境权理论不仅遮蔽了我国环境法学的研究视野,而且难以有效地回应当前我国正处于"恶性循环"的环境问题。下面,笔者基于现代社会中环境风险的复杂属性,对这一"司法中心"的环境权理论建构模式做出几点反思性思考。

(一) 风险社会背景下的环境风险特征

正如德国社会学家乌尔里希·贝克在《风险社会》一书中所言,风险伴随着人类社会迈向现代性的过程之中,"风险恰恰是从工具理性秩序的胜利中产生的"。自人类迈入工业文明以来,人类在运用科技改造自然应对外部危险的过程中,不断制造出新的风险,这使得人类逐渐处于贝克所言的"文明的火山口",人类已然置身于险社会②。从这个意义上,我们可以认同贝克关于风险社会的如下论断:"风险社会的格局的产生是由于工业社会的自信(众人一心赞同进步或生态影响和危险

---

① 约瑟夫·L.萨克斯著,王小钢译:《保卫环境:公民诉讼战略》,北京:中国政法大学出版社,2011年,第54、91页。
② 乌尔里希·贝克著,何博闻译:《风险社会》,南京:译林出版社,2004年,第13页。

的抽象画)主导着工业社会中的人民和制度的思想和行动①。"环境污染是现代风险社会面临的一个重要问题。在现代风险社会情境中,环境问题不再是独立于人类行为的外部世界的危险,而是内在于人类行为之中,是人类行为的产物。因此,现代社会环境问题的本质是风险问题。环境风险具有以下特征:

1. 具有复杂的科技背景

正如台湾学者叶俊荣先生所言,"环境问题的最大特色在于其涉及高度的科技背景"②。这种高度的科技背景,一方面,体现在环境问题源于现代科技在工业生产中的广泛运用,从而造成生态环境的破坏。例如,化工原料的生产造成大量工业废物的排放,从而造成大气、水的污染。另一方面,为了减少某种特定污染物质的排放,生产企业采取新的生产技术或能源,但是,这种新的替代技术或能源同样可能产生其他类型的污染。从这个意义上,我们可以说,科技已然成为现代社会中许多风险的源头,环境问题是现代科技的产物。同时,环境监管部门制定的环境政策也严重受制于现有的科技水平。

2. 具有高度的不确定性

"风险与不确定性相关,是由行动或政策引发的可能性、机会或可能事件。"③美国著名风险分析学家格来哲·摩根教授等学者对不确定性进行了量的分类,包括经验数量、定义的常量、决策变量、价值参数、下标变量、模型参数范围、状态变量、结果标准,并分析了经验数量的不确定性的来源,具体包括统计变异、主观判断、语言不精确、变异性、固有的随机性、不一致性和近似。④ 现代环境风险的不确定性与科学知识的不确定性之间存在着内在关联。以全球气候变化为例,科学家们关于气候变化的形成原因和产生结果的研究结论就存在着明显不一

---

① 乌尔里希·贝克,安东尼·吉登斯,斯科特·拉什著,赵文书译:《自反性现代化:现代社会秩序中的政治、传统与美学》,北京:商务印书馆,2001年,第9页。
② 叶俊荣:《环境政策与法律》,台北:元照出版有限公司,2002年,第24页。
③ 彼得·泰勒 顾柏,詹斯·O.金编,黄觉译:《社会科学中的风险研究》,北京:中国劳动社会保障出版社,2010年,第1页。
④ 格来哲·摩根,麦克斯·亨利昂,米切尔·斯莫著,王红漫译:《不确定性》,北京:北京大学出版社,2011年,第70—90页。

致,而这种不一致在某种程度恰恰是源于科学知识的不确定性。瑞典学者拉斯洛·松鲍法维先生认为,判断气候变化的三个核心性问题均存在着不确定性。这三个核心问题包括:第一,怎样的温度上升会引发灾难性的事件?第二,大气中哪些温室气体成分是导致气温低的关键性因素?第三,多大的排放量会导致这些温室气体的集聚?"以上这三种不确定性累加在一起,很大程度上可以解释专家对气候变化问题的不同观点,也可以说明专家们各自预测结果多样化的原因。"① 这表明,"并非所有的环境风险都能用概率描述,勉强描述了,也含有极大的不确定性,专家们自己对其可能性和后果也莫衷一是"。② 科学的不确定性对监管当局的环境风险规制产生了深刻影响。在现代社会,行政监管机构的环境风险规制活动对涉及环境的专业知识具有高度依赖性,但是,由于科学的不确定性加之行政决策的时间约束,使得风险规制机构不得不"决策于不确定性之中"。

3. 具有广泛的利益冲突

诚然,在风险社会中,由于风险的几何式增长,出现了"从短缺社会的财富分配逻辑向晚期现代性的风险分配逻辑的转变"③。实际上,无论是财富分配还是风险分配,背后都将引发剧烈的利益冲突。而现代环境问题所反映出的利益冲突和纠葛则更为复杂深刻。从主体上看,涉及个人之间、群体之间、国家之间、甚至代际之间等多重主体;从范围上看,不仅涉及一个特定区域内,而且可能延及其他区域,甚至跨越主权国家的范围;从内容上看,既涉及实体的利益,更涉及不同价值、观念和意识形态等抽象利益的冲突。现实情境中表现出来的不同类型的"环境话语"④的生产、碰撞与冲突,就从一个侧面深刻地反映了环境问

---

① 拉斯洛·松鲍法维著,周亚敏译:《人类风险与全球治理:我们时代面临的最大挑战可能的解决方案》,北京:中央编译出版社,2012年,第44—45页。

② 彼得·泰勒－顾柏、詹斯·O. 金编,黄觉译:《社会科学中的风险研究》,北京:中国劳动社会保障出版社,2010年,第85页。

③ 乌尔里希·贝克著,何博闻译:《风险社会》,南京:译林出版社,2004年,第15页。

④ 关于环境话语类型化的具体分析,请参见约翰·德赖泽克著,蔺雪春,郭晨星译:《地球政治学:环境话语》,济南:山东大学出版社,2008年。

题背后存在着复杂的利益冲突与纠葛。

(二)"司法中心"环境权理论存在的缺陷

1. 过度强调环境利益的权利属性

"迄今为止,环境议题的重点大都放在了权利(或不同群体相互冲突的权利声明)上,而不是确保授权与义务之间的适当平衡上。"①这一点在我国环境权理论研究中表现得尤为明显。为了将环境权构成为环境诉讼的权利基础,一些学者在环境权理论建构过程中诉诸自然法理论,从道德原则上论证环境权的正当性,②在权利属性定位上将环境权定位为一种独立的人权。诚然,这种借由道德论证的权利理论建构逻辑和方式,常为新型权利理论的倡导者和建构者所采用,也具有一定的理论价值和现实意义;就环境权的道德论证而言,在客观上也确实起到了唤起社会公众的环保意识的重要作用。但是,需要指出的是,我国学者在环境权的理论构建中却存在着这样一种倾向,即"用道德论证替代法律论证,无视法律体系的理论基础与制度逻辑"③。仔细考察国内一些环境法学者关于环境权理论的证成过程,我们不难发现,其中充斥着关于环境权存在之必要性的理论论证,字里行间表现出强烈的道德色彩。在这种强烈的道德论证攻势之下,环境权一时间被抬高到法律权利体系结构的顶峰。但是,遗憾的是,在这种强烈的道德论证的遮蔽之下,关于所谓的"环境权"与既有的权利类型和权利体系之间的关系,尤其是宪法上的生存权、民法上物权、侵权制度以及其他部门法中程序性权利之间究竟是一种什么样的关系,却未得到深入细致的研究。

在早期的环境权研究中,为了证立环境权的存在,一些环境权论者似乎陷入了一种偏颇之中,大搞权利"圈地运动",将许多属于传统民法上的物权、人身权的权利均归入环境权的权利范畴,企图构建一个无所

---

① 马克·史密斯,皮亚·庞萨帕著,侯艳芳,杨晓燕译:《环境与公民权:整合正义、责任与公民参与》,济南:山东大学出版社,2012年,第23页。
② 关于我国环境法研究中的泛道德化和自然主义的理论检讨,请参见巩固:《环境法律观检讨》,《法学研究》,2011年第6期。
③ 陈海嵩:《国家环境保护义务的溯源与展开》,《法学研究》,2014年第3期。

不包的环境权利体系,而恰恰是这种无所不包潜藏着权利与权利之间的矛盾和冲突。对此,有学者将之称为环境权的"乌托邦化"和"巫师化"。① 近年来,学者逐渐认识到这一问题,对环境权内容进行了"瘦身",将本属于传统民法物权的经济性权利和发挥环境权保障作用的程序性权利剔除出去,而将环境权定位为一种"环境法律关系主体对其生存环境享有适宜的生态性环境条件"的"生态性权利"。② 有学者则直接将环境权定位为一种良好环境不受侵犯的消极性权利,而不是一种支配权。③ 经过"瘦身"之后,环境权成为一种享有良好环境状态的权利诉求。可这种良好状态究竟依据何种标准进行判断并从法律上进行界定,则并不清楚,环境权利内容和客体的空洞化问题仍然悬而未决。环境权客体的空洞化和不确定性,很大程度上源于所谓的环境权客体的"环境"概念本身的不确定性。日本学者大须贺明认为:"环境的概念所包含的内容越广,环境权的内容就越不明确,精确度就越小,理论上的严密程度就越来越缺乏,最后其权利性就渐次稀薄化了。"④如果说大须贺明教授对环境权尚且持保留观望态度的话,那么,一直对环境权理论持否定态度的徐祥民教授则一针见血地道出了问题之根本。他指出,"所谓'健康的文化生活'是一种生活状态,它与'人类健康的文化生活所不可缺少的''环境'一样是一种状态,而非权利"⑤,从这个意义上,所谓的良好环境权也只不过是人们所享有的一种良好的环境状态罢了。不可否认,近年来,国内环境法学者在环境权理论构建中倾注了大量心血,但是,包括环境权在内的新型权利创设应当尊重既有的法律制度逻辑,切不可牵强附会,生拉硬扯。

---

① 周训芳:《环境权论》,法律出版社,2003年,第12—122页。
② 王树义,等:《环境法基本理论研究》,北京:科学出版社,2012年,第145页以下;李挚萍:《环境基本法比较研究》,北京:中国政法大学出版社,2013年,第101—102页。
③ 侯怀霞:《私法上的环境权及其救济问题研究》,上海:复旦大学出版社,2011年,第124页。
④ 大须贺明著,林浩译:《生存权论》,北京:法律出版社,2001年,第202页。
⑤ 徐祥民,宋宁而:《日本环境权说的困境及其原因》,《法学论坛》,2013年第3期。

近年来，一些环境法学者诉诸古典自然法学说，试图挖掘环境权的"自然权利"渊源和属性。然而，我们需要看到，财产权等"自然权利"在权利主体、客体、内容等方面具有高度的确定性，对于权利人而言是一个"全有或全无"的概念。但是，环境利益却并非如此。在现代风险社会情境中，环境问题的本质是环境风险的分配，而不同于传统社会典型的财产权等自然权利的分配。在环境风险规制中，如果过度强调环境利益的权利属性，尤其是将环境权与自然法、自然权利等概念联系起来，容易将环境权建构成一种"天赋的"、"与生俱来"的权利，从而呈现出绝对化倾向，而这无疑会在客观上给社会公众一种错觉——环境风险也是一种"全有或全无"的问题，从而遮蔽了环境风险产生与规制过程的复杂性。

我们必须看到，当学者借助"环境权"这一权利修辞的方式来为环境利益提供正当性根据时，确实也产生了很多难题。首先，在现代社会中，如同其他技术风险一样，环境风险并不是一个简单的"全有或全无"的问题，而是一个风险程度问题，是一个"人类可接受风险"的大小的问题。这意味着，环境风险不可能完全消除。尤其是对于那些"损害可能性变为现实的概率非常低"，"虽然不能从理论上排除损害之存在"，但是却根据'实践理性的标准'予以排除"的所谓剩余风险，更被认为是"所有市民必须忍受之社会适当之负担"，"法律出于资源稀缺性之考虑，不再提供保护措施"①。换言之，对于这些环境剩余风险，人们必须予以忍受，国家并不承担保护义务。在现代社会中，针对日益严重的环境问题，"政府乃是在管理风险而不是在实现个人权利"②。因为，在环境风险规制中，无论是某一风险议程设定还是规制措施选择，均受到多种复杂因素的综合影响，其中充斥着成本效益的分析，是一个利益权衡的过程，而权利本身是一个"全有或全无"的问题。客观而言，两者之间

---

① 参见刘刚编译：《风险规制：德国的理论与实践》，北京：法律出版社，2012年，第142—143页；陈春生：《核能利用与法之规制》，台北：月旦出版社股份有限公司，1995年，第37页。

② 凯斯·R.桑斯坦著，钟瑞华译：《权利革命之后：重塑规制国》，北京：中国人民大学出版社，2008年，第32页。

确实存在着一定的抵牾之处。其次,权利是需要成本的。在现代社会,环境权的保护有赖于政府通过规制措施降低环境风险,而风险规制是需要成本的,这种成本支出最终来源于社会普通公众,这就取决于公众为特定环境风险的降低去实现环境权利的"支付意愿(Willing to pay)"。显然,正如凯斯桑斯坦教授所言:"如果人们愿意支付25美元去消除一个概率为十万分之一的风险,他们所拥有的'权利'显然无法令人信服地论证政府应当采取一项需要花费他们75美的规制措施的结论的正当性。"①目前,我国学者在"司法中心"环境权理论建构过程中,过度强调环境利益的权利属性和人权属性,而忽视了环境风险规制过程的复杂性和权衡性,在客观上既不利于环境风险的降低,最终也无益于公民享有的环境利益的保护。

2. 过分夸大法院的功能

众所周知,在国家的政治权力结构中,法院承担司法裁判的职能,这一制度功能的预设要求司法权在很多时候呈现出消极中立的特征。"司法中心"环境权理论试图赋予公民环境权,借助公民提起环境诉讼维护环境权,从而达到环境保护的目的。从某种程度上讲,强调环境诉讼实际上是将具有"消极中立"的法院推向了环境保护的前沿阵地。

诚然,法院在环境保护中发挥着不可替代的重要作用,但是,这种作用显然不能过分夸大,应该充分认识到法院在环境风险规制中存在的不足。首先,法院的消极中立性难当环境风险规制的重任。司法裁判的消极性意味着,法院在很多情形下只能"就事论事"。法院的制度角色的预设,决定了其在很多时候难以扮演一个环境政策输出者的角色。正如美国法学家布雷耶先生所言,在包括环境风险在内的风险规制活动中,"法院通常缺乏要求规制机构创设体系化的、理性的规制议程的能力"②。其次,环境信息具有高度的专业化、技术化特质,环境问题的裁决处理涉及高度复杂的专业判断。较之于行政机关而言,法院

---

① Sunstin, C. R. Laws of Fears: Beyond the Precautionary Principle, New York: Cambridge University Press, 2005, 157.

② 史蒂芬·布雷耶著,宋华琳译:《打破恶性循环:政府如何有效规制风险》,北京:法律出版社,2009年,第74页。

在这方面显然处于弱势地位,相反在裁判过程中需要高度依赖行政机关就环境信息所做的专业判断。换言之,"由社会分工形成的知识分布状态决定,专门司职审判的法官可能对司法运作中的'重叠性共识'/'常规科学'有着精到的把握;但是对于'公分母'之外的、有自己特定解码规则的其他专业知识,或许知之不多,环评高度的专业化、技术化同样在法官与发布方之间造成严重的信息不对称。特别是在当今专业分工要求审判格局日益精细化然而尚未成立专门环境法庭、环境纠纷仍由传统法庭裁决的条件下,法官对于环评信息发布的解读和判断并不比公众具有更为优越的知识资本"①。再次,法院救济方式的事后性难以有效预防环境风险。法院的司法救济以损害赔偿为主,这意味着人们通常只能等待环境风险积累到一定程度并足以造成环境损害时才能诉诸法院,显然与现代社会对环境风险预防原则的要求相背离。"预防原则的主旨不是去消除非常可能出现的损害事件,或者事后弥补已经造成的损害,而是专注于危害的可能根源,进而影响人们的行为,最终使损害得以避免。"②这意味着部分学者主张的"司法中心"环境权理论非但无法实现"试图借助诉讼机制补充环境监管的'无能'的美好愿景,反而只会进一步弱化环境行政机关本应承担的监管职责"③。

3. 过度强调消极对抗,忽视了积极合作

在现代风险社会情境中,社会个体的力量是十分微弱的,其并不掌握识别风险的科学技术知识,仍然依靠长期进化过程中习得的"直觉毒理学"(Intui-tivetoxicology)来识别日常生活中遇到的各种风险。④ 客观而言,这种"直觉毒理学"在面临传统危险时较为有效,但在现代社会风险情境中,则显得有些捉襟见肘了。现代心理学研究表明,人类在面对一些习以为常的、但是却不容忽视的风险时,往往缺乏足够的警

---

① 吴元元:《环境影响评价公众参与制度中的信息异化》,《学海》,2007年第3期。

② 刘刚编译:《风险规制:德国的理论与实践》,北京:法律出版社,2012年,第153页。

③ 陈海嵩:《国家环境保护义务的溯源与展开》,《法学研究》,2014年第3期。

④ Kraus,N.,Malmfors,T.,& slovic,P.,"Intuitive Toxicology: Expert and Lay judgments ofChemical Risks",Risk Analysis,2012(1992).

惕,而面对一些极端风险事件时,常常会陷入一种极度的恐惧中,即存在"反应不足"和"反应过度"的问题。在此背景下,为了解决普通公众面对风险时存在的"反应不足"与"反应过度"问题,就需要政府进行风险规制,帮助公众在日常生活中更好地进行理性决策。但是,在行政机关旨在减少风险以保障公民健康和安全的风险规制活动的同时,也容易产生管制俘获和贝克所言的"有组织的不负责任"的情形。在这种背景下,有学者提出通过由公民环境诉讼开启司法程序来加强对环境规制机构的监督,无疑具有重要意义。但是,我们更应当看到,面对现代社会中无处不在的环境风险,最为迫切需要的是社会公众与行政规制机构之间基于相互信任的合作,共同应对风险社会的到来。司法程序本身所具有的天然对抗性在一定程度上会消解公私主体之间合作的基础,不利于环境风险的减少,也难以实现环境保护的目的。

　　我们还要看到,司法程序的消极对抗性与权利的绝对化之间存在着某种内在联系,即权利的绝对化客观上容易产生诉诸消极对抗性的司法程序的冲动,以达到权利实现的目的。司法程序的消极对抗性亦倾向于为这种绝对化权利诉求提供绝对化的保护。但是,从长远来看,这种绝对化的权利保护方式并不利于环境保护。因为,在司法程序的对立两造中,作为权利一方的公民在主张环境权的同时,实际上倾向于将环境保护责任一味地推卸给政府,而政府在与公民的消极对抗中,也将趋向于百般推脱自身的责任;这种相互的指责和推诿无疑会严重地侵蚀环境风险治理所需要的社会各个主体之间的合作和责任。从这个意义上说,我们也许能够理解美国学者格伦顿教授关于绝对化权利话语的如下论断:"就其绝对化而言,我们的权利话语促进了不切实际的期盼,加剧了社会的冲突,遏制了能够形成合意、和解,或者至少能够发现共同基础的对话。就其对于责任的缄默而言,她似乎容忍人们接受生活在一个民主福利国家所带来的利益,而不承担相应的个人和社会的义务。"①因此,传统的"司法中心"环境权理论过度强调权利,主张借由消极对抗的司法程序来实现所谓的环境权,而忽视了环境风险治

---

① 玛丽·安·格伦顿著,周威 译:《权利的话语——穷途末路的政治修辞》,北京:北京大学出版社,2006年,第18页。

理是一个需要包括政府在内的社会各个主体共同参与的协商过程,最终不利于环境风险这一全社会、乃至全人类的共同难题的解决。

四、余论:环境权理论研究的新转向

正如上文所分析的,我国主流环境法学者30余年来所孜孜以求、念兹在兹的"司法中心"环境权理论,在很大程度上对缓解乃至最终解决我国目前日益恶化的环境问题并无多大助益。笔者认为,在当前环境问题日益突出、环境风险不断加剧的背景下,我们应当走出围绕环境诉讼的"司法中心"环境权理论建构的重重迷雾,从实体性环境权理论建构的传统路径转向环境行政正当程序建构,尤其是通过构建合理有效的环境行政公众参与机制,提高环境行政决策的科学化和民主化水平,进而提高环境行政决策的合法性,最终达到降低环境风险、保护环境的目标。[①]

客观而言,在相当长的一段时间内,在涉及环境等风险决策的领域,公众参与被认为是不重要的,甚至是多余的、无益处的。传统的观点认为,"风险决策最好留给行政官员与科学专家去协调,在选举代议制命令之下行动,并且咨询代表着集合而成的公众利益的利益集团,而外行公众则缺乏时间、信息和爱好去参加技术性问题的解决"[②]。实际上,事实并非如此。在环境行政等高度技术性的决策领域,科学远非确定无疑,其自身存在不可克服的不确定性。同时,科学本身无法回应和解决决策中的价值问题,风险决策不能为科学所统治。那种技术统治论者所抱持的"将政治驱逐出规制科学的一切努力只能扩大政治争论

[①] 近年来,我国环境法学者朱谦教授在反思"以权利为基础"的传统环境权研究路径的基础上,逐渐转向环境知情权、环境行政公众参与等环境民主权利构造问题的研究,颇具理论和现实意义。参见朱谦:《反思环境法的权利基础——对环境权主流观点的一种担忧》,《江苏社会科学》,2007年第2期;朱谦:《环境公共决策中的个体参与之缺陷及其克服——以近年来环境影响评价公众参与个案为参照》,《法学》,2009年第2期。

[②] Fiorino, D. J., "Citiizen Participation and Environmental Risks: A Seuvey of Institutional Mechanisms", Science, Technology & HumanValues, 15(1990).

的范围"①。这意味着,"与其把科学当成行动的一种权威性基础或者一种不容置疑的'资源',不如增加一些切实的严肃知识,从而准确地表现被环境难题影响的人们的生活,而且科学知识应当同样的被视为研究的'主题'和一种可以承受解构与质疑的资源"②。这里的严肃知识即包括社会公众所保持的特有的价值、观念和情感等知识。因此,规制机构在做出诸如环境风险规制措施等与人们生命、健康密切相关的行政决策时,需要引入公众参与以弥补科学理性之不足,并回应社会公众的价值诉求。

在现代社会中,作为程序的公众参与机制的构建,不仅需要将公众参与与具体环境决策的"质量要求"和"可接受性要求"联系起来,③而且需要关注公众参与程序本身的公正性(Fairness)和效能(Competence)。④

就公众参与之于政策的关系而言,美国学者约翰·托马斯依据现实情境中对决策的质量与可接受性的不同要求,对公众参与进行了类型化,即以获取信息为目标的公众参与与以获取公民对政策的认可和接受为目标的公众参与。约翰·托马斯认为,以获取信息为目标的技术方法应当遵循两个原则:首先,由于在信息交流过程中并未赋予公民施加影响的权力,因此,这种方法必须保证公民在参与过程中花费的时间和精力达到最小值;其次,这一方法通常要求公民以个人的身份而非以集成的团体参与。通常,以获得信息为目标的公众参与机制主要包括关键公众接触法、公民发起的接触法、公民调查、新沟通技术等具体参与机制。在以增进政策接受性为目标的公众参与中,公民是作为群体参与,旨在使公众"对公共政策的认同形成集体意识或共识",主要包

---

① Fiorino, D. J., "Environmental Risk And Democratic Process: A CriticalReview," ColumbiaJournal of Environmental law. 14(1989).

② 马克·史密斯,皮亚·庞萨帕著,侯艳芳,杨晓燕译:《环境与公民权:整合正义、责任与公民参与》,济南:山东大学出版社,2012年,第11页。

③ 约翰·克莱顿·托马斯著,孙柏瑛译:《公共决策中的公民参与》,中国人民大学出版社,2010年。

④ Webler, T. & Tuler, S., "Fairness and Competence in Citizen Participation: Theoretical Reflections form a Case Study", Administration&Society,32(2000).

括公民会议、咨询委员会、斡旋调解等具体参与机制。①

约翰·托马斯先生将公众参与的类型与政策的质量与可接受性结合起来,为我们构建环境行政决策公众参与的具体机制提供了有益借鉴。具体而言,在对具体参与机制和方法进行甄选时,第一步需要明确环境行政政策的要求是"质量要求"还是"可接受性要求";第二步则需要根据具体的要求,选择具体的公众参与机制。如果意欲实现政策质量目标,则应当在关键公众接触法、公民发起的接触法、公民调查、新沟通技术等具体参与机制中进行选择;如果意欲实现政策可接受性目标,则在公民会议、咨询委员会、斡旋调解等具体参与机制中进行适当抉择。当然,需要指出的是,在现实情境中,一项环境行政决策往往既有"政策质量"要求,又有"政策可接受"要求。因此,在具体的参与机制的选择中,需要综合考虑,在质量要求与可接受性要求两者之间做出恰当平衡。实际上,不论是政策质量还是政策可接受性,实则都是建立在对相关知识的获取基础之上。只不过约翰·托马斯先生所谓的"政策质量"更多指涉专家所拥有的专业技术知识,而"政策可接受性"更多指涉外行公众的价值偏好。从广义上讲,专业技术知识和价值偏好都属于"知识",只是分属不同的知识类型罢了。从这个意义上,约翰·托马斯教授基于政策的质量和可接受性要求对公众参与技术所作的类型化,似乎可以统一概括为以获取"广义"知识为目标的公众参与。按照德国学者奥特·伦恩教授等人的观点,这种广义知识可以区分为以下三种知识类型:以常识和个人经验为基础的知识、以专业知识为基础的知识以及源于社会利益和主张的知识。上述三种知识类型被整合进一系列程序之中,在这些程序中,社会中的不同行动者被赋予了与他们所拥有的潜在知识相符的特定任务。② 实际上,无论是约翰托马斯依据政策类型对公众参与的二分法,还是奥特·伦恩依据知识类型对公众参与决策的三步法,都表明了环境行政决策中不同知识类型与知识主

---

① 约翰·克莱顿·托马斯著,孙柏瑛译:《公共决策中的公民参与》,北京:中国人民大学出版社,2010年,第61—87页。

② Renn, O., Webler, T., Rakel, H., DienelD., & Johson, B. "Public Participation in Decision Making: A Three-step Procedure", PolicyScience, 26(1993).

体的价值和作用。

就公众参与机制本身而言,托马斯·韦伯和瑟斯·图勒两位学者从"公平性"和"能力"两方面阐释了衡量公众参与机制良善与否的一系列标准。在他们看来,在公众参与中,所谓的"公平性",是指"在一个审议的政策制定程序中,当人们带着在一个公平的程序中达成共识与制定公共决策的意图聚到一起时,参与者需要能够获得以下四项必要的机会:出席、发起讨论、参与讨论、参与制定政策";所谓的"能力",是指"一种最可能形成理解和达成一致的结构,这一结构,对于正在参加讨论的参与者而言,是合理可知的"。"这一结构可以概括成两个基本因素:即有权获取信息并加以解读和运用最佳程序进行知识甄选。"① 两位学者还概括了判断公众参与程序的"公平"和"能力"的不同话语标准（Discursive standard）。"公平"的话语标准包括议程和程序规则、会议主持人与规则执行、讨论等几个方面;"能力"的话语标准则包括理解力有效性要求、事实有效性要求,规范有效性要求、诚实性要求以及两项总体性规则（Overarching Rule）等几个方面。② 上述关于一般公众参与的公平性和能力的判断标准,既在一定程度上体现了公众参与本身的价值诉求,也成为具体环境行政决策中选择具体公众参与机制,以及判断衡量某一公众参与机制是否良善的重要标准。

总体而言,无论是依据政策目标对公众参与机制的类型化,还是从"公平"和"能力"两个维度来衡量某一公众参与机制本身良善与否,都为我国环境行政公众参与机制提供了有益的借鉴。因为,环境行政公众参与机制构建不仅需要实现既定的政策要求,而且需要让公众在公众参与过程中真正感受和体会到程序的公平。当前,我国日益恶化的环境污染以及各地愈演愈烈的环境群体性事件,不但昭示着"司法中心"环境权理论建构在现实中面临着难以克服的难题——这种难题既源于现代风险社会背景下环境问题的高度复杂性,也源于司法权的消

---

① Webler,T. &Tuler,S. ,"Fairness and Competence in Citizen Participation: Theoretical Reflections form a Case Study". Administration & Society,32(2000).

② Webler,T. &Tuler,S. ,"Fairness and Competence in Citizen Participation: Theoretical Reflectionsform a Case Study",Administration & Society,32(2000).

极对抗属性,而且表明传统"自上而下"的环境行政规制所潜藏的深刻危机。在笔者看来,在环境行政中引入有效的公众参与机制,能够有效解决环境行政中"民主赤字"和"信息赤字"问题,有效地应对环境问题,缓解目前愈演愈烈的环境群体性事件,从而最终化解环境行政所面临的合法性危机。

原载于《河南大学学报(社会科学版)》2015年第3期,《人大报刊复印资料·经济法学、劳动法学》2015年第9期全文转载

权利问题研究

权利视野下的代孕及其立法规制研究

刘长秋①

人工生殖,又称辅助生殖,是利用现代医学的最新成果,用人工的手段替代自然生殖过程的一部分或全部。② 人工生殖技术的诞生开始将人类自身的繁衍推入了一个可以人工操控的时代,作为21世纪生命科学中最受瞩目的前沿领域,人工生殖通过各种医学手段帮助不孕症患者实现为人父母的梦想,使繁衍后代不再受疾病、年龄和生存与否的限制。③ 同时,由于"任何科学技术都是双刃剑,生殖技术也不例外"④,人工生殖技术在极大增进人类福祉的同时,也引发了一系列伦理与法律问题,给人类社会带来了前所未有的挑战。代孕,亦即女性代为其他女性生育孩子的问题,就是辅助生殖领域最富争议的问题之一。⑤

代孕,俗称"借腹生子",依据国内一些学者的界定,是用现代医疗技术(人工授精或体外授精)将委托夫妻中丈夫的精子注入自愿代理妻子怀孕者(代孕母)的体内授精,或将人工培育成功的受精卵或胚胎植入代理妻子怀孕者的体内怀孕,待代孕子女出生后由该委托夫妻抚养

---

① 刘长秋,法学博士,上海社会科学院法学研究所研究员,山东省高校证据鉴识重点实验室兼职教授。
② 郭自力:《生物医学的法律和伦理问题》,北京:北京大学出版社,2002年,第199页。
③ 杨芳:《人工生殖模式下亲子法的反思与重建——从英国修订〈人类受精与胚胎学法案〉谈起》,《河北法学》,2009年第10期。
④ 张燕玲:《论代孕母的合法化基础》,《河北法学》,2006年第4期。
⑤ Jadval, V. Murray, c. Lycett, E. Maccallum, F, &Golombok, S, "Surrogacy: The Experience of surrogate Mothers", Human reproduction, 2003, 18(10).

并取得亲权的一种生育方式。① 近年来,伴随着我国不孕不育症患者的逐年增多以及由此而带来的人工生殖技术在我国的快速发展及其在医疗临床上的日益广泛应用,代孕已经在我国越来越多发,一些专门从事代孕业务的中介在民间大量出现,围绕代孕而产生的一个畸形产业已经形成。在这种背景下,探讨代孕的法律规制策略,以谋求代孕的理性法律规制,已经成为我国当代生命法学的一个热点问题。就目前来看,国内外学者对代孕法律规制的研究主要是从下几个方面展开的:(1)立足于部门法学的视角,对代孕规制的部门法完善提出对策建议。如有学者以民法学为视角,对代孕生育的民法问题及其对策进行了探讨;②而有学者则以刑法学为视角,对代孕引发的犯罪问题及我国刑法的相应完善进行了研究;③甚至还有学者以产业法为视角,对代孕的产业法规制提出了对策建议。④ (2)立足于比较法学的视角,通过介绍和分析其他国家代孕立法规制的经验,对我国代孕立法规制的模式提出对策与建议,其中,又多以英美法国家的立法规制模式为比较对象。⑤ (3)立足于跨学科或多学科的视角开展研究。如有学者以法学与伦理学的跨学科视角展开研究,⑥也有学者以历史学与法学的结合作为研

---

① 许丽琴:《代孕生育合理控制与使用的法律规制》,《河北法学》,2007 年第 7 期。

② 如李志强:《代孕生育的民法调整》,《山西师大学报(社会科学版)》,2011 年第 3 期。

③ 刘春园:《相关部门法缺位状态下的刑事司法判断——以一起基因代孕案件为视角》,《中国刑事法杂志》,2011 年第 5 期。

④ 杨怡然:《代孕产业该何去何从——从产业法的角度对代孕产业的分析》,《法制与社会》,2014 年第 1 期。

⑤ 席欣然,张金钟:《美、英、法代孕法律规制的伦理思考》,《医学与哲学》,2011 年第 7 期;王萍:《代孕法律的比较考察与技术分析》,《法治研究》,2014 年第 6 期;甘勇:《美国合同法中意思自治的限制及对我国的启示》,《武汉大学学报(哲学社会科学版)》,2014 年第 3 期;Weisberg, D. K., *The Birth of surrogacy in Israel*, University Press of Florida,2005.

⑥ 杨素云:《代孕技术应用的法伦理探析》,《江海学刊》,2014 年第 5 期;李斌:《代孕:在法理与伦理之间——兼论公序良俗原则的社会变迁》,《湖南公安高等专科学校学报》,2010 年第 2 期。

究的方法，①还有学者以法学与社会学的多学科视角进行探讨。② 在现有研究成果中，也不乏以个别权利为视角对代孕法律规制问题进行研究的著述。③ 本文拟以权利为视角对代孕在我国的法律规制问题浅加探析。

一、作为本文研究视角的权利

权利是法学研究中的一颗璀璨明珠。尽管作为明确的法学概念，权利的正式使用只有300余年的历史，但它却是整个法学研究中最为核心的一个概念。可以说，在法学领域，几乎没有任何词汇能够像权利这样引起了一代又一代法学家的普遍兴趣和激烈探讨。由于观察的视角以及自身所处的经济社会发展水平等诸多方面的差异，学术界有关权利的界说存在较大争议。根据各自权利定义中的核心词或指称范畴的不同，中外法学研究中有关权利的界说主要有资格说、主张说、自由说、利益说、法力说、可能说、规范说以及选择说八种。④ 这些有关权利的界说都从各自的视角和立场上揭示了权利的某个或某些要素，包含着对权利的理性认识。然而，站在功利主义的立场上，权利只有获得法律的认许才能够产生客观的效力，也才真正具有现实的价值，亦即"公众权利必须为法律所确认和保障才能实现"⑤。以此为立足点，人们在一般意义上所说的权利显然应当是法律权利，即得到法律许可、确认并保护的权利，"是规定或隐含在法律规范中，实现于法律关系中的，主体

---

① 蒋云贵：《中国古代继承制度与代孕立法——从传统到现代的理性思考》，《舟山学刊》，2009年第3期。

② 刘海楠：《论代孕行为中的公序良俗问题》，《法商论坛》，2010年第4期；OLiver, L. *Considering surrgacy*, Createspace, 2012.

③ 杨博闻：《代孕中的亲权研究》，《赤峰学院学报（汉文哲学社会科学版）》，2013年第5期；杨遂全，钟凯：《从特殊群体生育权看代孕部分合法化》，《社会科学研究》，2012年第3期。

④ 关于权利的具体界说，可参阅张文显主编：《马克思主义法理学——理论、方法和前沿》，北京：高等教育出版社，2003年，第282－289页。

⑤ 黄云：《我国环境领域公众参与之法律探析》，《政治与法律》，2011年第10期。

以相对自由的作为或不作为的方式获得利益的一种手段"①。

立足于这一概念,权利具有且应当具有以下几个方面的特征:(1)权利是主体以相对自由的作为或不作为的方式获得利益的一种手段。权利作为一种获得利益的手段,是以相对的自由为条件的,就是说,法律权利所认可和保障的自由是相对的自由,它有着自己特定的边界,不是绝对的、毫无限制的。由此不难推出,作为用来保障自由的权利,其自身也是有着特定的边界的,不是绝对的、毫无限制的。"权利在任何情形下都不是任意的、绝对的。"②这一点应当成为我们理解和把握权利时必须明确的一个基本前提。(2)权利是规定或隐含在法律规范中,实现于法律关系中的一种手段。如果一项权利没有为法律所规定,而且也未隐含在法律规范之中,则对权利主体来说,他就无法依据该权利而主张司法救济,而该权利也就无法实现于具体的法律关系之中。(3)权利的实现需要以具备必要的能力为前提。这是隐含在权利概念中的一个基本含义。对于缺乏相应能力的主体而言,权利只是一座空中楼阁,没有现实意义。这与尽管法律规定人有用脚走路的权利但对于无脚的人而言该权利实际上形同虚设一样,并无多少实际价值。③ 因此,即便是天赋人权也必须依赖于能力才有实际的意义,《人权宣言》在宣告人生来权利自由平等时,也声明"公民可按他们各自的能力相应地获得一切荣誉、地位和工作"④。这说明,具有相应的能力是享有并行使权利的逻辑条件。

权利的不断彰显,是目前我们所生活的这个时代的最显著特征之

---

① 张文显主编:《马克思主义法理学——理论、方法和前沿》,北京:高等教育出版社,2003年,第289页。

② 王人博,程燎原:《法治论》,济南:山东人民出版社,1998年,第139页。

③ 如我国法律对男性生育权的规定,其实就是一个立法败笔。对于离开女性配合和支持而根本就无法实现生育权的男性来说,这一规定除了具有权利宣示意义之外,并不具有实际价值。正因为如此,最高人民法院才在《婚姻法司法解释(三)》中明确规定"夫以妻擅自中止妊娠侵犯其生育权为由请求损害赔偿的,人民法院不予支持"。这实际上是从司法实践的角度宣告了自身无法生育的男性生育权之荒谬。

④ 蔡恒松:《权利的现实和实现》,《前沿》,2011年第1期。

一。正如有学者所指出的:"我们的时代是一个迈向权利的时代,是一个权利备受关注和尊重的时代,是一个权利话语越来越彰显和张扬的时代。我们越来越习惯于从权利的角度来理解法律问题,来思考和解决社会问题。我们这个世界的权利问题正以几何级数的速度增长。经典的权利在新的时代背景下衍生出许多新的具体的权利问题,而新的社会关系要求在权利大家族中添列新的成员,新兴权利与日俱增;人的权利还没有从根本上解决,动物的'权利'、植物的'权利'以及其他自然体的权利已被提到日程;我们刚'否定''自然权利'的概念,却又面对'自然权利'的现实;法律权利与'道德权利'、'习俗权利',国内法的权利与国际法的权利等'权利'形式难解难分地交织在一起。"①应该说,习惯于从权利的角度来理解法律问题,是当代社会法治文明与进步作用于人们思维的必然结果。这既是我国法治建设致力追求的目标,也是我国法治建设现实成果的体现,对我国法治建设具有重要的推动作用。但是,习惯于从权利的视角思考问题带给我们的显然不只是有助于我国法治建设推进的权利观念的勃兴,同时也包括了可能会误导我国法治建设发展中对权利思考的泛滥。当前,伴随着人们用权利思考问题习惯的日益增强,一些非理性的权利观念也开始在学术研究中大量地被提出,基于代孕而引申的所谓的"权利"便在其中。

二、关于代孕的权利论说

代孕是伴随着人工生殖技术的出现而诞生的一种辅助生殖技术,是人工生殖技术发展的副产品之一。由于代孕是对人类传统生殖方式的一种颠覆性违反,因而自其诞生之日起就受到了来自伦理学、法学乃至人类学等众多领域的诸多责难。但尽管如此,作为一种因应不孕不育现象而备受青睐的辅助生殖方式,代孕依旧得到了很多学者的认同,而权利说就是代孕支持论者所最为倚重的一个论据。

---

① 张文显,姚建宗:《权利时代的理论景象》,《法制与社会发展》,2005年第5期。

(一）代孕支持论中的权利说

作为代孕支持论中的一个最为主要而且也是代孕支持论者最为倚重的论据，权利说从生育权以及身体权的角度对代孕的正当性进行了诠释。该学说认为：首先，从生育权的角度来说，我国《人口与计划生育法》明确宣示了"公民有生育的权利"，而代孕则是实现公民生育权的一种方式，法律全面禁止代孕是对公民生育权的侵害。其次，从身体权的角度来看，对代母而言，代孕只是其利用子宫的生育功能和妊娠功能来实施代孕，以帮助委托夫妇实现他们的生育权，这正是代母基于身体权而依法支配自己身体、处理其身体利益的行为，是其自由行使身体权的表现形式，法律对代孕不加区分地进行全面禁止其实是对代母身体权的一种侵害。① 以此为立足点，该说认为，代孕有其存在的正当性基础，应当得到法律的支持。"代孕技术存在的负面效应不容忽视，但是，社会对代孕技术的需求有正当的基础，代孕技术的积极意义也不可抹杀……从长远来看，绝对禁止代孕技术的应用并非上策，采取在法律控制下的有限制施行的办法比较稳妥。"②为此，法律应以务实的态度来面对代孕问题，与其简单地禁止不如审慎地规范，对代孕区分不同类型，有负面作用的代孕予以禁止，而对于那些具有积极社会效果的代孕则给予肯定，实行有条件合法化，让代孕在法律的控制下实行，是目前最为妥当的办法。③

（二）对权利说的反驳

就权利的理论价值与现实作用而言，权利是对我们最重要的伦理

---

① 张月萍：《浅析完全代孕的有条件合法化》，《安徽广播电视大学学报》，2009年第3期。
② 汤啸天：《生命法学与民事诉讼中的特别程序》，《政治与法律》，2002年第1期。
③ 张月萍：《浅析完全代孕的有条件合法化》，《宁波广播电视大学学报》，2009年第3期。

价值的制度保护。① 它能够借助于法律的确认而使人们的正当利益得到维护,能够保证人们在法定的框架与范围内拥有自决性和自主性,能够保证人们的尊严和人格得到足够的理论支持和现实保障。但是,很显然,"如果在法治发展的过程中,缺乏对权利理念的充分了解,就有可能重复别人那种权利绝对化的观念,最后演变成权利的自私观念"②。支持代孕论中的权利说显然就存在这样的问题。表面上看,代孕支持论中的权利说顺应了当代立法日益尊重和保障人权的趋向,体现了对人权利的尊重,而在实际上,无论是该学说中的"生育权说"还是"身体权说",都存在明显的论证缺陷,都只是"权利的自私观念"在人工生殖领域的映射。

1. "生育权说"的理论缺陷

就权利说中的"生育权说"来看,认为法律禁止代孕构成对委托代孕者生育权的侵害的说法在理论上是站不住脚的。福克斯认为:"文化结构必须建立在生物现实之上,否则一定会倒塌。"③作为法律这一文化结构之基石与核心的权利,其构建也必须建立在生物现实之上,否则就会经不起推敲。而从生物学的角度来说,生育的实现是以生育主体具备必要的生育能力为前提的。例如,男性须具有足够健康以帮助其实现生育的精液,女性须具有足够健康以助其实现生育的卵子、卵巢以及子宫等。缺乏这些基本条件,就意味着相关公民不具有足以支撑生育权存在的生育能力,从而事实上无法实现生育,而这一点显然就意味着,生育权的实现必须以公民具备必要的生育能力为前提,没有必要生育能力的所谓"生育权"是"无根之木,无源之水",其存在是不合理的且

---

① Fisher,J. Biomedical ethics : A Canadian Focus, Oxford: Oxford University Press,2009,8.
② 郭映芬:《从"范跑跑事件"看权利的限度》,《甘肃政法学院学报》,2011年第3期。
③ 周云水:《代孕——亲属关系中的自然与文化》,《北方民族大学学报(哲学社会科学版)》,2010年第1期。

是不可持续的。① 正如有学者所指出的:"对不孕不育患者而言,无法实现生育自由是先天生理缺陷或者后天疾病所致,因而不存在生殖权被侵害的情形。"②而且,法律对生育权的保护并不意味着对生育方式的保护,因为权利的合法性并不等同于权利实现的合法性。如果一项权利是以非法的方式实现的,则这项权利的正当性基础就会动摇,从而失去其合法性。而代孕这种生育方式则是为我国法律明文禁止的,这就意味着建立在代孕这一违法生育方式之上且只有通过这种违法方式才得以实现的所谓生育权是一种伪权利,是无法而且也不应当得到法律支持的。不仅如此,从权利相对性的立场出发,"权利是主体所享有的应得。但是,权利的享有并不是绝对的,享有权利并不等于对自己权利以外的世界熟视无睹,享有权利应当承担适度的责任"③。生育权作为一项直接关涉一国国民素质及其社会发展的权利并非是不受任何限制的,相反,在目前世界人口正在日益膨胀从而已经给人类自身发展带来挑战乃至威胁的情势下,生育权的实现已经受到了来自政策、伦理乃至立法等多方面的限制。我国计划生育的基本国策以及借助我国《宪法》及《人口与计划生育法》而得以实现的计划生育就是生育权在我国所必须接受的一个必要限制。我国《宪法》明确规定:"国家推行计划生育,使人口的增长同经济和社会发展计划相适应。"④为此,《人口与计划生育法》规定:"公民有生育的权利,也有依法实行计划生育的义

---

① 有学者认为,人的生育权并不等同于人的生育能力,没有生育能力的人也有生育的权利(参见侯巍:《代理孕母的合法化及其规制》,《广西大学学报(哲学社会科学版)》,2007年第2期),这显然是一种违背生物现实的观点,是经不起推敲的。

② 杨芳,吴秀云:《代孕人工生殖立法简论——兼评我国"代孕"合法化的制度环境和观念基础》,倪正茂,刘长秋主编:《生命法学论要——2007年"生命科技发展与法制建设"国际研讨会论文集》,哈尔滨:黑龙江人民出版社,2008年,第343页。

③ 郭映芬:《从"范跑跑事件"看权利的限度》,《甘肃政法学院学报》,2011年第3期。

④ 参见《中华人民共和国宪法》第25条。

务。"①据此,在我国,实行计划生育是夫妻的法定义务,育龄夫妻应当按照国家有关计划生育政策和法律的规定生育子女,不得计划外生育。而代孕——无论是已婚妇女的代孕还是未婚妇女的代孕——都显然是一种计划外(无论是对国家而言,还是对代母个人而言)的生育行为,是违背我国计划生育这一基本国策以及《人口与计划生育法》的。由此加以判断,法律禁止代孕侵害了公民的生育权一说,并没有认真考察生育权的实质内容,也没有立足于我国特殊的国情来综合考量这一权利实现的现实条件,存在着重大的论证缺陷。

2."身体权说"的理论缺陷

就权利说中的"身体权说"来看,也存在着致命的论证缺陷。从法理上来说,身体权作为"自然人保持其身体组织完整并支配其肢体、器官和其他身体组织的权利"②,包含着公民得支配自己身体以及身体组织的权利。这一点是毋庸置疑的。然而从权利的特征来看,"任何权利都会受到一定的限制,绝对的不受限制的权利是不存在的"③,作为民事权利的身体权显然也在此列。正如有学者所指出的,"民事权利的行使应当有度,即不能超出权利内容"④。从其人格属性来看,公民的身体权不仅意味着公民有权保持自己身体的完整性,而且意味着公民不得用自己的身体进行违法活动,或有伤社会公共利益、公序良俗,或违背人性的活动,不得滥用身体权自贱人格。⑤ 而代孕则是一种明显违背人性的行为。因为代孕作为代母为他人怀孕并生育子女的行为,是以代子在其子宫内生活至分娩时止为条件的,在这段时期内,无论代母与代子有无基因上的联系,都无法割断二者之间身体上的关联——至少在二者之间有一根脐带相连。这注定了代母与代子之间必然会形成

---

① 参见《中华人民共和国人口与计划生育法》第17条。
② 杨立新:《人身权法论》,北京:人民法院出版社,2002年,第398页。
③ 赵宏:《限制的限制:德国基本权利限制——模式的内在机理》,《法学家》,2011年第2期。
④ 刘道云:《我国人格权保护的限度》,《东方法学》,2011年第3期。
⑤ 蒋云贵:《中国古代继承制度与代孕立法——从传统到现代的理性思考》,《船山学刊》,2009年第3期。

母子之间的血肉情感。① 无视这种情感而在代母分娩后将小孩交付他人，势必违背人的天性——无论这种交付是否建立在代母同意的基础之上。霍姆斯大法官曾经指出："法律的最大公正性，乃在于其与人类最为深沉之天性契合之间。"②法律对代孕的禁止正是基于其对代母由于十月怀胎而必然与代子之间产生的人类最为深沉的母子亲情这一天性之考量。我国是一个具有特殊文化传统的国家，这显著体现在中华民族具有明显的东方文化人格，极为重视亲情与感情。③ 在这种特殊的文化背景下，由于代孕母亲代人生育子女的行为客观上会造成代理母亲、孩子及委托代孕人之间人伦关系的紊乱，因此，必然会影响传统婚姻家庭关系的和谐，从而冲击整个社会关系的稳定。仅从代母身体权角度出发认为法律禁止代孕就是对代母身体权侵害的观点，显然是将权利做绝对化理解的结果，它没有认真考察权利行使所应遵循的基本限度。

此外，无论是以上"生育权说"还是"身体权说"，都没有站在后代的立场上，认真考虑代子的利益。实际上，自1989年《儿童权利公约》（以下简称《公约》）规定"关于儿童的一切行动，不论是由公私社会福利机构、法院、行政当局或立法机构执行，均应以儿童的最大利益为首要考虑"，从而确立了"儿童最佳利益"原则以来，各国便纷纷依据该公约修订了本国的亲子法律制度，逐渐将"子女最佳利益"作为亲子法的基本原则，确立了以子女为本位的亲子关系立法。我国作为该《公约》的成员国，也在2007年《未成年人保护法》中确立了"最大限度地保护未成年人利益"和"未成年人利益优先"两大基本原则，并在《婚姻法》开篇中明确宣示，"保护妇女、儿童和老人的合法权益"。可见，我国亲子关系立法显然也确立了"子女最佳利益"的原则，对代孕应否合法化的解读也应当充分考量这一原则。"子女最佳利益"是指在有关子女的相关规

---

① 而这显然是发生在美国、澳大利亚等国家的因代母反悔而致委托代孕方与代母对簿公堂的最主要原因。

② 瑞科雅·索林歌尔著，徐平译：《妇女对法律的反抗》，桂林：广西师范大学出版社，2003年，第256页。

③ 刘长秋：《人类辅助生殖技术的刑法学思考》，《东方法学》，2008年第2期。

范中,子女利益有优先地位,在子女利益优先之下兼顾父母利益。目前,由于我国实行"计划生育"政策,比较容易导致超过育龄的夫妻在子女死亡时,无法通过收养之外的途径重获子女,难以圆拥有一个与自己有血脉联系的后代的愿望。这似乎有悖人情,看似可以成为部分失独家庭通过代孕来实现生育的理由。但实际上,年长父母失去生育能力,通过代孕行为固然可以获得子女,但生育自古即与养育同在,儿女尚未成年或难以自理之时,父母便老去或去世,无法履行抚养义务,不利于子女的成长,不符合"子女最佳利益"这样一项亲子法的基本精神。

不仅如此,权利说也没有很好地考虑代母的利益。实际上,生育作为人类繁衍后代的一种方式,并不是全无风险的。相反,即便是在医学技术已经相当发达的今天,怀孕生子依旧可能会产生诸如宫外孕、意外流产等风险。近年来经常为媒体所报道的孕妇死亡事件就是最有力的注脚。就此而言,代孕合法化显然也不符合代孕妇女的最佳利益,不利于维护其生命健康。

制度伦理主义认为,一部社会发展的历史实际上也是一部人类伦理发展的历史,从历史的发展来看,伦理在维护人类社会秩序以保障人类社会健康发展方面起着无法替代的重要作用。"人类社会的发展通常倚赖于三种社会秩序的稳定,即社会政治秩序、社会经济秩序和社会伦理秩序;在这三种秩序中,社会伦理秩序则具有主导性,它决定着人类社会政治秩序与经济秩序的和谐乃至存续。"①正如有学者所指出的:"任何社会制度的基础都是道德秩序"②,"人类的社会文化的生活非设准道德不可。如果人类的社会文化的生活没有道德,那么势必归于萎废,甚至归于崩解。人类的社会文化生活,小无道德则小乱,大无道德则大乱,全无道德则全乱。"③"一个社会、一个时代之所以能够维系一定的社会伦理秩序,就在于这种伦理关系的基本稳定,就在于这种

---

① 刘长秋:《刑法视野下的器官移植》,《现代法学》,2008年第6期。
② 刘远:《刑法的道德性与政治性》,《华东政法大学学报》,2007年第5期。
③ 殷海光:《中国文化的展望》,上海:上海三联书店,2002年,第501页。

伦理关系所滋生出来的社会认知与情感内容的某种公度性。"①从生命伦理学的立场上看,现代科技的进步扩大了主体行为的可能性空间,也加大了主体间发生利益冲突的可能性。随着文明形态的日益复杂化,个体的权利与自由也将受到来自社会的更多限制。尽管基于人权保护的需要,现代法律应当向更为宽容的方向发展,但应以不违背其内在的本质性规定为前提,不能超出法律所许可的范围。"在对某些科技成果予以肯定的同时不能完全否定建立在权威与信念基础上的道德理念"。②

以此为基点,在当代人工辅助生殖活动中,无论是作为所谓的生育权之主体的不孕不育患者,还是作为所谓的身体权之主体的代孕母亲,其权利的行使都不是毫无限制的,都应受到其他社会规范尤其是伦理道德的限制。任何权利的行使都须建立在特定的伦理文化中,就如任何法律的制定和实施都必须认真考量特定的伦理秩序一样。对代孕的正当性,我们显然可以而且应当鼓励人们从权利的立场上去加以解读,但这种解读必须全面、客观、理性,尤其是要认真考量权利行使的具体边界,否则,就可能得出错误的结论,进而对我国的法治建设形成误导。

三、我国代孕规制的立法策略选择

代孕——无论是商业性代孕还是利他性代孕,也无论是完全代孕还是部分代孕,都具有不可抹杀的伦理非难性。原因在于:无论是何种形式的代孕,都需要借助代母的子宫来进行,都无法抹杀代子与代母有一根脐带相连且须依赖这根脐带来维持代孕生命这样一个事实。而这一点注定了不管代母与代子之间有无基因上的联系,都无法隔断二者之间必然产生的亲情——尤其是代母对代子的亲情。允许代孕——不论所允许的是何种形式的代孕,都显然是对代母对代子亲情的无视、抛

---

① 高兆明:《论人类基因组工程技术应用的道德风险》,《东南大学学报(社科版)》,2001年第1期。

② 何蓓:《由"借腹生子"引发的关于人工生殖立法的几点思考》,《咸宁学院学报》,2004年第5期。

弃的纵容乃至鼓励,都是违背人伦的。从法理上来说,"法律应谨慎地面对普遍的社会承受的文化环境和传统习俗,由此方能保障稳定的国家秩序"①。对我国这样一个有着独特东方文化传统并极为重视感情、亲情与伦理的国家而言,允许代孕合法化,客观上必然会造成人伦关系的紊乱。就此而言,笔者以为,无论是何种形式的代孕,在伦理上都不具有正当性,而在法理上也都不具有合法性。对于代孕,法律的态度应当无需区分其所谓的类型而一律加以禁止。

（一）对我国现行代孕规制模式的评价

事实上,对于代孕这一违背人类生殖规律与生命伦理的现象,我国管理者是有着清醒认识的。在 2001 年卫生部（现卫计委）发布的《人类辅助生殖技术管理办法》中,专门对代孕作出了明确规定。依据该《办法》第 3 条,"医疗机构和医务人员不得实施任何形式的代孕技术"。而 2001 年制定并于 2003 年修订的《人类辅助生殖技术规范》也明确将"禁止实施代孕技术"作为辅助生殖技术实施人员必须遵守的行为准则。就是说,我国现行立法对代孕其实是完全禁止的。对此,有学者认为,我国这种对代孕的完全禁止模式并没有收到预期的效果,现实中,代孕的广告、网站肆意流布,代孕行为我行我素,鲜有被惩罚者,究其原因,在于执法不力,更在于我国现行的完全禁止型的规制模式自身存在着重大的缺陷,导致执法时很难找到合法的手段去实现既定的目标;②"全面禁止并不能杜绝代孕的发生,在禁止的背景下,当事人只能采用迂回的方式进行地下化交易,地下交易的后果比阳光交易更可怕"。③对此观点,笔者并不认同。

笔者以为,当前我国对代孕的完全禁止模式之所以没有收到预期的效果,其原因并不在于完全禁止模式的缺陷,而在于我国对代孕禁止力度的欠缺,或者说,是在于我国现行立法对代孕禁止的严而不厉。首

---

① 赵卯生,等编著:《医学法学概论》,北京:中国物资出版社,2003年,第327页。
② 王贵松:《中国代孕规制的模式选择》,《法制与社会发展》,2009年第4期。
③ 杨芳,潘荣华:《台湾地区代孕合法化之争研究》,《台湾法研究》,2006年第3期。

先,从法理上来说,任何一种禁止模式都不可能完全起到令行禁止的效果,这是历史发展已经证明了的真理性认识。① 法律对一种社会现象的禁止并不能完全消除该种社会现象,而只能起到尽可能地抑制该种现象对社会造成的危害以缓冲其对社会造成强烈冲击的效果。我国在代孕问题上所采取的完全禁止模式也不例外,我们不能仅依据代孕现象在我国的禁而不止就简单地做出现行代孕规制模式失灵的武断结论。其次,尽管我国现行立法对代孕采取了完全禁止模式,但这种禁止存在着先天缺陷。体现在具体的立法条文中,即我国仅在《人类辅助生殖技术管理办法》这样一部效力层级较低的行政规章以及《人类辅助生殖技术规范》这样一部具有软法性质的规范性文件中对代孕进行了禁止性规定,而并未在《刑法》等效力层次更高的立法中禁止代孕。这种禁止尽管是完全禁止,但威慑力却远远不够,存在严而不厉的现实问题,并不足以防范代孕者冲破法律约束而公然为他人代孕情况的出现。② 正如有学者所指出的:"如今对于经济行为来说,法律权力越来越微弱,强烈的利益会驱动人们违反法律规范。"③而法律规制力度的不足则会直接纵容相关反社会行为的爆发。代孕近年来在我国的泛滥实际上就是对这一结论的很好印证。"祖国大陆对医疗技术的应用管理尚停留在一事一议的层次,规范化和制度化程度不强,现行人工生殖规范法律位阶又较低,对人工生殖技术的管制缺乏力度,结果卫生部三令五申、法律明文禁止的代孕中介却依旧存在。"④

---

① 例如,杀人这种行为几乎为古今中外、历朝历代的法律所禁止,但杀人的现象并未因此而在任何一个国家的任何一个时代绝迹。

② 不仅如此,我国现行规章对代孕禁止的规定仅适用于医疗机构及医务人员,而不适用于代孕中介、代母与代孕委托方,其适用范围非常有限;即便是对于医疗机构和医务人员,依规定也只能处以最高3万元的罚款,与从事代孕可能获得的数十万甚或上百万的报酬而言,简直就是九牛一毛。这样的规定显然不可能起到完全禁止代孕的效果。

③ 马克斯·韦伯著,张乃根译:《论经济与社会中的法律》,北京:中国大百科全书出版社,1998年,第32—33页。

④ 杨芳,张昕,潘荣华:《台湾地区"代孕"立法最新进展及其启示》,《医学与哲学》,2008年第4期。

由此来看,代孕在我国的频繁发生并不是由于我国完全禁止代孕的立法规制模式所致,而完全是由于现行立法禁止代孕的力度不足所致。我国《人类辅助生殖技术管理办法》及《人类辅助生殖技术规范》已明确禁止任何形式的代孕,而代孕现象却依旧大量出现的事实,并不能说明我国现行完全禁止代孕这一代孕规制模式的失策,而更能说明我国禁止代孕的力度需要继续加强。

(二)我国禁止代孕的具体对策建议

基于以上分析,笔者以为,当前我国代孕禁而不止的主要原因在于现行立法在全面禁止代孕的同时并未采取足够防范代孕发生的有效策略,以致为代孕的发生留下了足够的制度空间。为此,本文提出以下具体应对策略:

首先,提升人工生殖技术法的立法效力层级。效力层级的偏低是导致我国现行人工生殖技术法在代孕规制问题上严而不厉,以至于全面禁止代孕的规制模式没有发挥应有效果的最主要原因。为了更好地规制代孕,保障人工生殖技术的健康发展和理性应用,维护我国生命伦理社会秩序的稳定,有必要提升我国人工生殖技术法的效力层级。具体而言,应当由全国人大常委会出台《人工生殖法》这样一部具有人工生殖基本法地位的法律,在其中明确规定有关禁止代孕这一基本法律原则以及违反这一原则应承担的具体法律责任。① 同时,将《人类辅助生殖技术管理办法》升格为行政法规,将该办法规定的"医疗机构和医务人员不得实施任何形式的代孕技术"修改为"禁止任何形式的代孕以及代孕服务",使其能够升级为我国法律的强制性规定。唯有如此,才能够为确立代孕协议的非法性提供充足的立法依据,使民法尤其是《合同法》在禁止代孕方面也发挥应有的作用。

其次,在刑法中增设有关代孕方面的犯罪及其刑罚。站在刑法学的立场上,代孕是一种具有严重社会危害性而应当由刑法来加以惩治

---

① 在确立禁止代孕原则时必须扩大该原则的适用范围,使医疗机构与医务人员、代孕中介、代孕者以及委托代孕者甚至制作、发送、刊登代孕广告的机构与人员都受到该原则的规范。

和防范的反社会行为。"代孕这种行为,无论是商业化操作的代孕,还是以帮助他人为目的的代孕,都对人类社会生命伦理秩序的稳定带来了危害,都具有显而易见的社会危害性,都应当被视为犯罪而为刑法所明文禁止。"① 但遗憾的是,我国刑事立法者迄今为止还未充分认识到这类行为的社会危害性,以致在我国刑法中并未设置任何有关代孕方面的犯罪及其刑罚,这已成为导致代孕在我国禁而不止的最主要原因。② 为此,应当考虑在刑法中增设诸如"为他人代孕罪""组织他人进行代孕罪""制作、发送、刊登代孕广告罪"以及"实施代孕手术罪"等代孕方面的具体犯罪,以运用刑法的严厉威慑遏止代孕的多发,保障人工辅助生殖技术在我国的健康发展及在医疗临床上的合理应用。

除此之外,在目前以上两项建议的实现尚需时日而实践中大量发生的代孕现象又不能置之不理的情势下,严格执行我国现行《人类辅助生殖技术管理办法》关于"禁止医疗机构与医务人员实施任何形式的代孕技术"的规定,加强禁止代孕方面的执法力度,严厉处罚违规从事代孕业务的医疗机构及医务人员,从技术上阻断代孕泛滥的源头,应当是防范和减少代孕在我国发生的最具有针对性的策略。

原载于《河南大学学报(社会科学版)》2015年第4期,《高等学校文科学术文摘》2015年第6期全文转载

---

① 刘长秋:《生命科技犯罪及现代刑事责任理论与制度研究》,上海:上海人民出版社,2011年,第194页。
② 值得指出的是,伴随着器官移植技术发展所带来的人体器官买卖现象的泛滥,我国《刑法修正案(八)》专门增设了"组织他人出卖器官罪",对医疗实践中越来越多发的人体器官买卖做出了专门的刑事防范。但遗憾的是,对于社会危害丝毫不逊于人体器官买卖的代孕问题,《刑法修正案(八)》却没有增设任何相关的罪名。

论动物权利在法律上的可能性
——一种康德式的辩护及其法哲学意涵

朱 振①

从2019年底开始,肆虐的新型冠状病毒肺炎(COVID-19)又一次向我们敲响了警钟,即我们要严肃对待人与动物之间的关系。接下来全国人大必然要制定或修改关于野生动物保护方面的法律,严格禁止非法交易、滥食野生动物。其实在我国的立法和法律实践中,即使对动物并不严格的保护似乎还只停留在野生动物阶段。法律对"硫酸泼熊"事件当事人的惩罚只是因为熊是动物园的财产,而对于"活熊取胆"、虐杀普通动物等行为,法律几乎不进行处罚,或处罚较轻。我国对动物福利之保护在法律上的漠视已引起诸多负面评价,不仅与我国签署的一些国际条约不相符,而且也违背了中华民族"贵生"(即爱惜贵重一切生命)的美好品质。因此,我国在动物保护立法上还有许多工作要做,而不仅仅是要严格保护野生动物。作为立法工作的前提之一,我们要在法哲学上深刻论证动物的道德与法律地位,使得动物能够在各个层面的法律上(民法、行政法或刑法)受到一致而严格的保护,而不仅仅是因为遭遇到了灾难性的后果,才以权宜之计的方式加强对野生动物的保护。本文关于动物权利的讨论希望能为我国的相关立法和制度改进提供有益的借鉴。

现在学术界普遍接受的是动物福利论,在这个意义上我们能够对动物负有义务,但这是一种不完全的义务,它建立在仁慈、爱等美好的情感之上,因此这种义务并不回应权利。此外,也有许多学者主张道德

---

① 朱振,法学博士,吉林大学法学院教授,博士生导师。

意义上的动物权利论。在这两种看法的基础上，本文更进一步试图探寻一种法律意义上的动物权利论。权利本身蕴涵着义务论的性质，它的存在表明，动物正是为了其本身的利益而享有权利，并非是人类基于仁慈而负有的不完全义务的反射物。探讨动物权利在法律意义上存在的可能性不是一个无聊的工作，而是回应理论与现实难题的需要。因为，不从理论上确立起动物独特的道德与法律地位并基于此而使动物享有权利，就难以融贯地说明为什么法律上要超越物的范畴而对动物进行特别的保护。

在论证思路上，本文首先借鉴道德哲学家 Christine M. Korsgaard 的相关论述，从对康德哲学的重新解读谈起，目的是通过动物权利的证立为法律确立一个具有独特规范性地位的存在者。其次，在反思 Korsgaard 道德/法律权利同构论之不足的基础上，再探讨动物之法律权利的独特性、可能性和限度等诸多论题。在论证结构上，本文第一部分着重阐述在动物保护运动中权利的重要性；第二部分主要讨论康德哲学如何提供了"人格人/物"二分法的基础并探讨超越这个二分法的可能性与方式；第三部分试图为动物权利的存在提供一种根源于康德主义的辩护模式；第四部分进一步概括和反思 Korsgaard 康德式辩护的成功与不足之处；第五部分指出康德式辩护的难题并重构其法哲学意涵，并指出可能的解决之道。

一、权利的重要性与论证的切入点

传统民法把动物作为物来对待，随着动物保护运动的兴起，《德国民法典》在 1990 年进行了相关的修订：把第二章的标题"物"改为"物与动物"，同时在该章增订第 90a 条，即"动物非物。动物以特别法保护之。于未有特别规定时，应准用关于物之规定"。扬弃"动物是物"的观念，不仅仅是概念内涵的变化，更是涉及损害赔偿、所有权、强制执行等实质的法律问题。比如在损害赔偿法方面，原第 251 条第 2 项规定：如回复原状需为不成比例之支出始有可能时，赔偿义务人得以金钱赔偿债权人。修订案在这一条后增加了后段："因治疗受伤动物所生费用，纵然远超过其价值,不能认为系不成比例"。① 学界普遍认为,德国民法的这次修订是不彻底的,而且自身还包含着矛盾。它既要维持"主体—客体"二元思考方式不变,又想在人、物之间赋予动物享有独特的地位,但实际上损害赔偿法的增订条款已经对二元思考方式提出了很大的挑战,不赋予动物以权利主体的地位就很难说清楚这一增修条款的理论基础。因此,讨论动物权利问题并不是一个可有可无的问题,而是一个真正的理论问题。既要解决法律实践难题,又要保持法律理论自身的融贯性,我们就必须致力于理论上的突破,即重视权利在辩护动物保护中的重要性。

在展开进一步的讨论之前,有必要解释一些概念的含义,这对于清晰的思考和研究是很有必要的。首要的是关于"动物"概念的界定:第一,"动物权利"这个提法严格说来应是非人动物的权利,人本身也是动物的一部分,下文在提到动物权利时指的都是这种意义上的权利;第二,就此概念中的"动物"而言,一般也不会把昆虫、细菌等视为应该享有权利,这里的"动物"主要指能够感受痛苦、甚至能表达某种情感的动物,尤其是与人类起源和人们生活紧密相关的灵长类动物、宠物、作为食物来源的饲养动物、实验用动物以及受保护的野生动物等。

此外,本文对"权利"持有一个复杂的理解。一般而言,动物权利是在道德权利或自然权利的意义上提出的,在法律上提动物权利面临着很大的难题,既包括理论上的,也包括法律技术上的。Kosgaard 提出了一种道德权利和法律权利同构的理论,本文首先遵循 Kosgaard 的界定,把此处的权利理解为一个特定的道德主张,即"权利"是一个可以且应当在法律上得到强制执行的主张。② 这是对权利的一个康德式理解,它确实有助于在实践理性的层面上辩护一种动物权利的主张;但是在法律理论和技术上,这种权利观面临许多难题,需要对动物之"权利"进行比较严格的界定和理论重构,其具体内容下文还要详述。

---

① 吴瑾瑜:《由"物"之法律概念论宠物之损害赔偿》,《中原财经法学》(台湾),2005 年第 15 期。
② Christine M. Korsgaard,"The Claims of Animals and the Needs of Strangers: Two Cases of Imperfect Rights",*Journal of Practical Ethics*,1 (2018).

权利论意味着义务论的道德理论,后果主义或功利主义式①的辩护动物福利的模式本质上是反对"动物权利"这个提法的,因为他们诉诸的是目的或目标的论证。义务论的道德理论是康德伦理学的特质,但是从表面上看,基于康德主义的辩护似乎又是一个无法完成的任务,因为民法上的人获得主体地位并具有人格在思想史上得到了康德哲学的根本性支持。而且康德本人的观点也是主张,我们对动物负有不完全的义务,并不主张动物享有权利。因此,本文以这种康德式的辩护模式作为讨论动物权利的起点的根本原因就在于,试图破除动物权利进入法律的内在障碍。对此,康德哲学既是一种固化的力量,也承担了解放的任务。

二、超越"人格人/物"的二分法:探索动物具有独特的规范性地位

自罗马法以来,民法以至于法体系的主流是把世界划分为人格人(persons)与财产②,即把生物人(human beings)视为人格人,把包括动物在内的其他事物视为财产。康德的法哲学和道德哲学也遵循了这个二分法,并对人的主体地位和尊严进行了深刻的哲学证成,这构成了

---

① 运用功利主义来辩护动物福利的代表人物是道德哲学家彼得·辛格(Peter Singer),辛格主张一种偏好的或利益的功利主义,即能够具有内在价值的是能增进利益的东西,这些利益包括所受影响的那些人的欲望与偏好。See Peter Singer, *Practical Ethics* (3rd Edition), Cambridge: Cambridge University Press, 2011, 12—13. 人和动物都能感受到快乐和痛苦,都欲求快乐而避免痛苦。于是辛格认为,在评估我们行动之后果时,认真对待动物的利益是必要的。See Peter Singer, *Animal Liberation*, New York: Ecco Press, 2001. 辛格并不主张动物权利论,甚至都不认为权利这个概念对于讨论实践伦理学的问题能够具有价值。

② 之所以说"主流"是因为,自罗马法以来在法律思想史上论证动物可以享有权利的文献也有很多,只是没有成为"主流"而已。远在古罗马时代,法学家乌尔比安(Ulpian)就主张:"所谓自然权利(ius),乃是自然界所有生命体均享有的权利,而该权利非专属于人类所有。"许多研究者认为,乌尔比安是主张动物权利的先驱。参见吴瑾瑜:《由"物"之法律概念论宠物之损害赔偿》,《中原财经法学》(台湾),2005年第15期。

《德国民法典》的精神基础,也成为我们进一步反思这个二分法的前提。

(一)"人格人/物"的二分与康德主义哲学的基础

在《道德形而上学基础》的第二部分,康德把道德世界区分为人格人与物。前者是目的本身,应当为其自身的目的而受到评价,因此是受尊重的对象而不仅仅是实现其他人之目的的手段。这意味着人格人是康德目的王国的公民,有能力通过我们的选择为所有的理性存在者立法。而从实践的观点看,物是作为工具而存在的,至多具有作为手段的派生的价值。因此,作为目的本身,人格人具有内在的价值或尊严,与此相比物只拥有一个价格。① 对人格的这一论证模式为《德国民法典》全盘接受,不但对其精神基础、而且对于构造民法制度都产生了深远的影响。

康德赋予了人以特定的伦理内涵,这正如拉伦茨所指出的,"在伦理人格主义哲学看来,人正因为是伦理学意义上的'人',因此他本身具有一种价值,即人不能作为其他人达到目的的手段,人具有其'尊严'"。②《德国民法典》的基本价值和基本概念都是以这种意义上的人格观念为出发点的,它的精神基础就是康德伦理学上的人格主义。③在康德的人格主义伦理学看来,只有人才具有自主性和尊严,才能自主地决定和自我负责。这不仅构成了《德国民法典》的精神基础,同样也支配了民法典中法律概念的自我理解。这些法律概念的精神内容"渊源于将伦理学上的人的概念移植到法律领域。从这一移植中,又产生了一些我们私法中的更进一步的基本概念和原则。"④比如,在康德看来,自由意味着自我决定而不受其他人意志的控制,其伦理学上的含义

---

① Christine M. Kosgaard, "Kantian Ethics, Animals, and the Law", *Oxford Journal of Legal Studies*, 4 (2013).
② 拉伦茨著,王晓晔,邵建东,等译:《德国民法通论》(上),北京:法律出版社 2003 版,第 47 页。
③ 拉伦茨著,王晓晔,邵建东,等译:《德国民法通论》(上),北京:法律出版社 2003 版,第 45—46 页。
④ 拉伦茨著,王晓晔,邵建东,等译:《德国民法通论》(上),北京:法律出版社 2003 版,第 47 页。

就是人为自身立法。这种自己为自己立法的能力就是意志自由的精髓,这既包含着自主决定,又预示了自己负责。正如洛克所指出的,人的概念是一个和"法律"相关的概念,只适用于能对自己的行为负责并遵守法律的存在者。① 于是,自主决定和自己负责构成了近代民法典的意思自治和过失责任这两大基本原则的法哲学基础。受此影响的其他具体原则还包括:人是权利和义务的主体、人对于非法行为的责任、所有权是法律所承认的对物的支配、私法自治与合同的自我约束,等等。②

(二) 对动物权利康德式辩护的可能性与方式

康德的人格主义伦理学辩护了民法典的精神基础,但其实在某种意义上也限定了民事主体的范围,即只有具有理性自主性的人才能成为民事主体。在康德看来,标识出"人格人/物"之区分的标准在于是否拥有理性自主性,正是它们赋予存在者以内在价值。他指出:"不依赖于我们的意志而只依赖于本性的存在者,如果它们不具有理性,则仍旧只具有一个相对的价值,即作为手段的价值,并因此被称为物,然后理性存在者被称为人格人,因为他们的本性已经展示其自身作为目的本身,亦即可以不仅仅被用作一个手段。"③动物缺乏理性,因此只能被归入物的范畴。在其《人类学》一书中,康德明确指出,人是"一个在等级和尊严上完全不同于物——比如非理性的动物,我们可以随心所欲地处置它们——的一个存在"④。

康德的这些看法被广为接受,几乎已经形成定论。许多论者也都大体以此为基础反驳动物权利存在的可能性:动物不具有人格人的规

---

① John Locke, P. H. Nidditch ed., *An Essay Concerning Human Understanding*, Oxford: Clarendon Press, 1975, 346.

② 拉伦茨著,王晓晔、邵建东,等译:《德国民法通论》(上),北京:法律出版社 2003 版,第 48—56 页。

③ Immanuel Kant, Mary Gregor trs, *Groundwork of the Metaphysics of Morals*, Cambridge: Cambridge University Press, 1998, 37.

④ Immanuel Kant, Robert B. Louden trs and ed., *Anthropology from a Pragmatic Point of View*, Cambridge: Cambridge University Press, 2006, 15.

范性地位，因此不可能享有权利，动物权利的提法不仅是错误的，甚至是有害的，要把人降到动物的地位。比如，有论者指出："权利只存在于社会中，只适用于具有道德责任感的人类。动物不具有理性思维能力，其行为不具有道德性，因而不能成为社会的主体，也就不享有社会主体所享有的权利。虽然每种动物都在自然界中占有一定的位置，因而有其存在的价值，应予以善待，但它们不可能享有与人一样的待遇或权利，否则，就否认了人与其他动物的区别，也会打乱自然的秩序。所以，严格说来'动物权利'这一概念是不科学的，应慎重使用，否则会导致思想混乱。"① 由此可见，这个被普遍接受的论证模式都可以在康德那里找到最深刻的根源。

因此我们可以提的似乎只有"动物福利"，康德也确实发展出许多对待动物的人道主义规则。比如康德认为，动物不应当受到不必要的伤害或杀戮，而且当然不能用作娱乐。② 如果动物必须被杀死，也应当快速而无痛苦地执行。我们不应当仅仅为了推测性的目的就对动物实施有痛苦的实验，或者如果有其他的方式取得同样的实验目的，就无需动物实验。我们不应当对动物要求高过我们会要求自身的更为繁重的工作。③ 当动物为我们做工作时，我们应当把其视为"正好像"是我们的家庭成员，而且当它们不再为我们工作时，它们有权受到我们的供养而过一个舒适的退休生活④。在康德看来，动物是爱、感激和同情的合宜对象，而且不以这些态度来对待动物就是"贬损我们自身"⑤。然而

---

① 严存生：《"动物权利"概念的法哲学思考》，《东方法学》，2014 年第 1 期。
② Immanuel Kant, Peter Heath trs, *Lectures on Ethics*, Cambridge: Cambridge University Press, 1997, 213.
③ Immanuel Kant, Mary Gregor trs, *The Metaphysics of Morals*, Cambridge: Cambridge University Press, 1996, 238.
④ Immanuel Kant, Mary Gregor trs, *The Metaphysics of Morals*, Cambridge: Cambridge University Press, 1996, 238; Immanuel Kant, Peter Heath trs, *Lectures on Ethics*, Cambridge: Cambridge University Press, 1997, 212.
⑤ Immanuel Kant, Mary Gregor trs, *The Metaphysics of Morals*, Cambridge: Cambridge University Press, 1996, 238; Immanuel Kant, Peter Heath trs, *Lectures on Ethics*, Cambridge: Cambridge University Press, 1997, 434.

"声名狼藉"的是,康德认为,我们只是间接地对动物负有这些义务,相反这些义务是指向我们自身的。① 康德确实认为人只对动物具有不完全的义务或者说间接的义务,不完全义务并不回应权利,这不是法律所要求的行为,而只是一个善良的人想去做的。我们对动物的仁慈、关爱与善行就属于不完全义务的范畴。

从前文论述来看,康德似乎确实是一个动物福利论者,而绝不可能成为一个动物权利论者。动物的内在道德地位不一定能够辩护权利,我们可以把动物视为道德关注的合宜对象。对法律来说,动物作为权利主体是一个难以接受的命题,权利意味着人格,动物没有人格,因此无所谓权利。"动物权利"似乎是一个范畴错误,动物无所谓有权利或没有权利,只是人对于大自然的义务人格化于动物身上而已,其实人对大自然或生态环境或生物多样性的义务最终还是人对于自身及其后代长远生存发展的义务;这种义务对应的是后代人的权利,直接享有权利的还是人。

上述对动物权利的反对意见根本上还是来自于康德人格主义伦理学本身赋予了权利以一定的伦理内涵,因此在这个语境中我们是无法理解动物也是享有某种权利的。动物享有权利就意味着动物是权利的主体,动物就具有一种独特的道德和法律地位,基于这个地位本身,它被法律赋予权利。这样我们对动物就负有一个完全的或直接的义务,以适合于它们的善的方式来对待它们,而不仅仅是一个人道的或仁慈的道德义务。因此要完成论证动物权利之法律存在与合理性的工作,在康德哲学的框架中就需要完成三个方面的任务:第一,重新建立一种自然权利的理论,在原来的法律权利的理论框架中是无法论证动物享有权利的;第二,论证动物具有某种独特的道德与法律地位,这种地位是超越人格人/物的二分法的;第三,要在一种原初的意义上建构一个

---

① Immanuel Kant, Mary Gregor trs, *The Metaphysics of Morals*, Cambridge: Cambridge University Press, 1996, 237; Immanuel Kant, Peter Heath trs, *Lectures on Ethics*, Cambridge: Cambridge University Press, 1997, 212. See also Christine M. Kosgaard, "Kantian Ethics, Animals, and the Law", *Oxford Journal of Legal Studies*, Vol. 33, No. 4 (2013).

新模式,用以表明人享有完全的道德人格和法律人格与动物享有一种特殊的道德与法律地位是同一个论证过程,或者说,这个新模式能够融贯地包容二者,否则以具有完全人格的人作为参照,动物是无法具有这样一个地位的。显而易见,这是一个艰难的理论重建过程,哈佛大学哲学系的 Korsgaard 对此做了长期而富有启发性的探索。

三、动物权利的康德式辩护:重述 Korsgaard 的辩护策略

作为一个坚定的康德主义者,Korsgaard 关于动物权利的辩护也是非常康德式的,即从实践理性的概念和进路出发,在原初的意义上为动物权利的存在开辟可能的道路。因此她对康德的相关论述做了非常独特的解释,使之能够包容动物权利的主张。这也是康德式理论自身发展的需要,因为它必须要回应当下如火如荼的动物权利运动。

(一)动物之道德与法律地位的规范性建构

正如上文所说,康德的人格主义伦理学(尤其是人性公式)的某些结论提供了整个民法学的思想基础,但是对于这个结论是如何得出的,民法学甚至是法理学都关注不多。而正是从对这个问题的关注中,从探讨道德人格和法律人格在实践理性上存在的根据中,我们才能有意义地建构出一种独立于完全的道德/法律人格与物之外的第三种规范性地位,即动物与人的动物性方面所共享的一种规范性地位,正是这种规范性地位确证了动物权利存在的可能性与合理性。因此,这需要我们接着上文第二部分的相关论述继续探讨康德道德哲学的基本问题,下文主要是重述 Korsgaard 对康德道德哲学反思与发展的主要观点。

根据康德的观点,人作为具有尊严的道德的人就是要成为目的王国的立法者,拥有通过我们的选择来为每一个人立法的权利。而 Korsgaard 进一步指出,这里的问题在于,一个存在者怎么能够根据其所拥有的某些特定的自然属性——理性、自我意识或感觉等——而具有"道德地位"。康德认为,根据在于理性。但是,理性也是一个事实属性,这与在"人格"的规范性含义上——亦即拥有某些权利和义务——

成为一个人之间怎么建立关联是一个重要的问题。① 这个问题的重要性在于，前者是一个自然主义的概念，而后者是一个规范性的概念，一个描述性的概念和一个规范性命题怎么建立关联。因此需要建立一个命题作为"过渡性主张"，即每一个人要作为道德的人而被对待。实际上这句话也是含混不清的，它并没有明确说是"事实上已成为道德的人"还是"应当被作为道德的人来对待"②。当然这也是过渡性主张本身就面临的两个困境：一是休谟的一个著名结论，即自然事实本身无法具有规范性意涵；二是规范性命题的无限倒退，还需要进一步探寻为什么应当作为人格人来对待。在一个非目的论的世界中，康德采取了一个独特的进路来超越这种非此即彼的要么是规范性的主张、要么是事实性的主张。

康德的解决方案是用理性实践的理念来代替目的论的知识，在其观念中，过渡性主张是一个具有实践意义的主张，即在根本上我必须要做出这样的主张，最终的目的是要确立人性的规范性地位与法律权利的合法性。在康德的观念中，理性的要求产生于自我意识，自我意识又要求我们成为我们自己的思想、信念与行动的发起者，要主张我们自己的思想和行动。许多内在的精神要素就引发了我们的信念和行动，我们必须考虑这些因素来做选择，于是我们就拥有了理由。③ Korsgaard 把这种意义上的理由界定为"我们的自我意识向我们提出的对问题的解决方案"，"自我意识迫使我们按照理由来行动，这就是为什么我们必须做出规范性主张"。④

根据康德的人性公式，我们能够理解我们必须主张道德人格；而且这个公式还具有普遍性，这意味着我的一个目的不仅仅是给了我一个

---

① Christine M. Kosgaard, "Kantian Ethics, Animals, and the Law", *Oxford Journal of Legal Studies*, 4 (2013).

② Christine M. Kosgaard, "Kantian Ethics, Animals, and the Law", *Oxford Journal of Legal Studies*, 4 (2013).

③ Christine M. Kosgaard, "Kantian Ethics, Animals, and the Law", *Oxford Journal of Legal Studies*, 4 (2013).

④ Christine M. Kosgaard, "Kantian Ethics, Animals, and the Law", *Oxford Journal of Legal Studies*, 4 (2013).

理由，同样也给了其他人一个理由，这个理由具有主体间的约束力。同时，Korsgaard 还进行了另一个层面的解释。在她看来，行动理由意味着有一些目的是值得追求的，它们是绝对的善。对内在价值在无法进行目的论洞见的情况下，事物的善恶就仅是对我们而言的。由此，我们建立了自己的价值体系，把那些事物视为绝对善恶的，并主张立法的权威，在这样做时，我们就是把我们自己视为目的。① 但是，Korsgaard 进一步指出："我们并不是唯一的存在者——对它（他）们来说，事物能够是善的或恶的；其他的动物在那一方面与我们并无不同。因此，当然可以认为，我们只是为了我们的动物性而做出这一主张；并不是作为自主性的存在者，其选择必须被尊重，而完全是作为事物能够对其呈现出善恶的存在者。"②"我视为对我而言是善的许多事物并不是仅仅因为我是一个自主的理性存在者就对我是善的。食物、性、舒适以及免于痛苦和恐惧的自由这些事物，仅仅就我是一个动物性的和有知觉的存在者而言，就是善的。因此更为理所当然的是，包含在理性选择中的规范性主张是，对存在者——事物对他们而言能够成为善的或恶的——而言是善的那些事物，应当被作为绝对的善或恶来对待。"③在这些方面，动物也是目的本身，也可以具有尊严。从这些论述来看，Korsgaard 显然从康德的理性自主性立场退回到了关于存在者（人和动物共有的动物性方面）对善恶的感知上。这些善本身即为目的，对于感知者来说是绝对的善。这就为动物确立了一种规范性地位，而所谓的动物权利就正是建立在这个认识基础上。接下来，Korsgaard 论证的关键就是通过对权利的独特解读，并在一种实践理性的基础上，在权利与感知善的存在者之间建立一种必然的关联，一种概念性上的关联。

---

① Christine M. Kosgaard, "Kantian Ethics, Animals, and the Law", *Oxford Journal of Legal Studies*, 4 (2013).

② Christine M. Kosgaard, "Kantian Ethics, Animals, and the Law", *Oxford Journal of Legal Studies*, 4 (2013).

③ Christine M. Kosgaard, "Kantian Ethics, Animals, and the Law", *Oxford Journal of Legal Studies*, 4 (2013).

（二）生存于所处之境（The Right to be Where You Are）的权利

除了对动物和人的动物性方面共同进行感知善恶的解读外，Korsgaard 还做了一个更重要的工作，即重新解读康德的权利理论，在原初的意义上构建了动物和人的动物性方面所共享的权利。

权利论述在康德的道德哲学中占有重要地位，没有权利就没有自由。康德把自由界定为免于其他人的意志的限制，① 没有权利制度的保障，就不存在这样的自由，因此自然状态中没有自由。我们以财产权为例来说明康德的权利论，康德设想在自然状态中，我们每一个人都可以对自然界的共同占有物进行私人的使用，但是别人同样可以主张这样的权利。只有独立于其他人意志的支配才可以说在主张某个东西是自己的。这就需要强制性的财产权制度，财产权就是对自由的保障和扩展。财产权必须是可能的，否则就没有自由。因此，虽然在自然状态中我们拥有固有的自由权，但这种自由是暂时的，我们必须走出自然状态而进入政治国家。甚至在康德看来，进入一个每个人的权利将会得到保护的政治国家是一个义务，而不仅仅是一个便利。② 这就是康德关于权利的实践理性假设。

根据 Korsgaard 的解读，在康德那里，权利制度本身就要求具有强制性，在这个意义上，即使道德权利要存在也必须预设了法律意义上的权利。一个法律权利就是有权威行使强制，当别人侵犯你的财产权的时候，你可以合法地使用强力阻止他这样做。强制的使用与自由是一致的，这也是它的合法性基础。这正如 Korsgaard 所指出的，"权利可以被强制执行，这只是因为它们对自由具有本质的重要性。""强制的使用与每一个人的自由是一致的，仅当你正在捍卫去占有的那个物应当留给你使用和控制是与一个普遍的同意——即康德所说的公意，从卢梭那里借鉴而来的一个观念——相一致的。换言之，仅当公意所制定的

---

① See Immanuel Kant, Mary Gregor trs, *The Metaphysics of Morals*, Cambridge: Cambridge University Press, 1996, 63.
② See Immanuel Kant, Mary Gregor trs, *The Metaphysics of Morals*, Cambridge: Cambridge University Press, 1996, 121—122.

法律认为这个物是你自己的,你对占有行为的捍卫才是正当的。"①

接下来需要讨论的一个问题是,在自然界中,什么东西可以被算作财产?这个问题涉及到动物是否应当作为财产来对待。在康德所设想的自然状态中,我们把某个对象作为手段来实现我们的目的,把自然界的东西作为我们占有的对象,这种占有是共同占有,关于我们都参与其中的这种共同占有的地位,康德说过这样一段话:

> 所有的人在原始意义上(亦即先于确立权利的任何选择行为)占有土地,这种占有是符合权利的,也就是说他们有权生存于自然或运气(除了他们的意志之外)已经安置了他们的任何地方……地球上所有的人所为的占有(先于他们将会确立权利的任何行为……)是一个原始的共同占有……,占有的概念并不是经验的……相反,原始占有是一个实践理性的概念,这个概念先验地包含了一个原则,据此,人们单独就能够使用地球上的一个地方而与权利原则相一致。②

这意味着我们拥有其他权利之前,就有一个生存于"自然或运气"已经安置了我们的任何地方的权利。在 Korsgaard 看来,这一令人惊讶的权利包含了如下内容:第一,它在某个方面表达了控制自己身体的权利,因为无人有权强迫你离开这个地方;第二,不被伤害的权利,被伤害的人就被迫带着复仇的打算离开;第三,在缺乏先验主张的情况下,这还意味着我们都有权为了生存而使用地球的资源。③

正是在这里,我们找到了动物权利的容身之地。我们并不是被抛入这个世界的唯一的存在者和行动者,尽管我们是唯一的能够以规范性语言而构想自身的理性存在者,但是这一事实并不表明我们所做出的这些规范性主张只是为了理性存在者本身利益的。生存于所处之境

---

① Christine M. Kosgaard, "Kantian Ethics, Animals, and the Law", *Oxford Journal of Legal Studies*, 4 (2013).
② Immanuel Kant, Mary Gregor trs, *The Metaphysics of Morals*, Cambridge: Cambridge University Press, 1996, 83—84.
③ Christine M. Kosgaard, "Kantian Ethics, Animals, and the Law", *Oxford Journal of Legal Studies*, 4 (2013).

的权利"反映了一种规范性地位,仅仅就我们自身作为存在者——他们发现自身活在行星上,面临着在我们所居的唯一的世界中过生活的苦差事——而言,我们就必须主张这一规范性地位。正如我们的目的是绝对的善这个主张仅仅建立在它们对我们而言是善的这个事实上,因此我们有权使用地球的资源这个主张也仅仅建立在我们在这里并需要使用它们的事实上。如果所言正确,那么这意味着其他的动物作为地球正当占有者的分子应当分享我们的地位。"①就也就意味着,动物同样有一个生存于"自然或运气"已经安置了它们的任何地方的权利。

四、Korsgaard 的成功与不足:反思道德/法律权利的同构性理论

接下来本文将重点评述 Korsgaard 关于动物权利之康德式建构的成功与不足之处,并尝试在她论证的基础上发展一种既具有法哲学规范性内涵、又能够契合法律保护之技术性要求的动物权利理论。

(一) 动物的道德地位与超功利的权利观

作为世界著名的康德哲学研究专家,Korsgaard 也是一位不折不扣的康德主义者。她对康德的某些论断做了重新解释,完全可以说她发展了康德哲学并使之能够容纳动物权利的主张。对动物权利的这样一个辩护思路确实是比较令人惊异的,因为学界普遍认为,康德哲学几乎不存在能够辩护动物权利的空间。可以说,Korsgaard 重新改写了康德的自主性观念,并放弃了康德本人通过契约论来建立法权哲学的论证思路,而是经由重构权利的概念论来直接论证动物权利。这是 Korsgaard 推理的两大前提,笔者认为,她重构自主性观念的做法是比较成功的,这有助于康德哲学打破理性中心主义的藩篱,而且也是确立动物的道德地位和法律权利的最重要的基础,因为动物权利的性质问题也是道德哲学的后果论和义务论(权利论)的传统争论在这个个案上

---

① Christine M. Kosgaard, "Kantian Ethics, Animals, and the Law", *Oxford Journal of Legal Studies*, 4 (2013).

的具体体现。

如果动物享有权利,那么根据义务论的思维,它就具有某种超越功利的性质,当然完全超功利的权利是不存在的。在义务论的意义上,动物享有权利就意味着动物自身独立于人的存在和需要而具有道德的重要性,正如 David DeGrazia 所指出的:"狗在其自身的正当性上而非仅与人的关系就拥有道德的重要性。更确切地说,狗的利益或福利是至关重要的,必须被认真对待,这些方面都独立于狗的福利怎样影响了人的利益。简而言之,我们应当为了狗自身很好地对待它。"①与此相比,动物福利的提法还是从人的考虑出发,为了人的利益和尊严而赋予动物以福利,比如良好的照料、一定的生活和饲养环境、人道对待动物等,从根本上说是人的仁慈或仁爱等一些崇高的道德品质的扩大适用,因此是一个善行的问题。动物权利的提法本身就是把动物享有权利的问题视为是一个正义的问题,而不是一个善行的问题。

因此动物要享有义务论性质的权利就必须具有某种独特的地位,动物正是由于具有这种地位或身份而享有权利,而不是因为它符合我们人类的利益而需要给予良好的照料。这是一种扩展了的地位论的权利观,②而能够实现扩展的前提在于 Korsgaard 把自主性与理性进行了剥离,建构了一种特定的动物与人的动物性方面所共有的自主性的内涵。这种相对较低层次的自主性能够直接支撑某些消极性的生存性道德权利,比如自由迁徙、利用资源、获得食物等等。除此之外,它也能够为人与动物之自主性的冲突提供一些合理的解释;因为关于这些方面的权利,不仅人类与动物之间相互冲突,而且在他(它)们内部也相互冲突。资源是有限的,对于任何有感知能力和生存需要的存在者来说都

---

① David DeGrazia, *Animal Rights: A Very Short Introduction*, Oxford: Oxford University Press, 2002, 13-14.
② 地位论的权利观是指把权利的基础建立在个体的尊严之上,关于人性的某些至关重要的特征(certain crucial features of human nature)就足以在任何人那里产生出权利。See F. Kamm, *Intricate Ethics*, Oxford: Oxford University Press, 2007, 247. 所以地位论关于权利的证成不会诉诸一个可欲的结果,即权利受到尊重是好的所以才享有它,而是认为权利本来就是人们理应享有的所以才尊重它。See W. Quinn, *Morality and Action*, Cambridge: Cambridge University Press, 1993, 173.

是如此。比如划定自然保护区，保护动物栖息地，人类首要的责任即是不侵犯，尊重物种生活的自主性。当然，平衡人类责任与对物种自主性的尊重是一个重要的课题，哲学家纳斯鲍姆认为，其中的界限在于"保护并增强自主性而非依赖性"①。如果从保护的角度来说，所有动物进入动物园、完全靠人类来生活，显然不是我们想要的结果②，尽管这样做也许符合动物福利论的诉求。

这种低层次的自主性也决定了任何主张动物权利的理论都会赞同动物权利并不保护动物相互之间的自由权，而只是使动物免于人类意志的随意控制。其实在康德看来，自由不仅意味着自主地生活的能力，还在于免于其他专断意志的控制。动物无所谓行为意义上的自由还是不自由，它靠本能来生活；动物权利主要保护它不受人的专断意志的控制。因此，动物权利不是要道德化自然，动物相互之间不享有权利，动物的权利只是对于人类整体的权利。一只羚羊被老虎扑杀并吃掉，抑或被人折磨而死，从我们的道德直觉上说二者是有本质差异的。前者正说明，动物之间不相互享有权利，它们所具有的只是对人类的权利。

（二）反思 Korsgaard 的道德/法律权利的同构性理论

动物具有对人类的权利，但这并不意味着动物能"主张"权利，动物权利依赖于法律的规定。Korsgaard 对这一点认识得很清楚，她指出："其他的动物不能加入我们一起来设置一系列的规则去统治这个和动物共享的世界。它们也不能和我们一起共享对这些事物的审慎思考，或者一起制定必然影响它们的生活与福利的法律。就人类统治世界而言，动物必然是一个被支配的群体。他们就是康德所谓的'消极公民'，即不能投票的公民。我们所能做的就是在制定法律时尽量代表它们的

---

① 玛萨·纳斯鲍姆著，朱慧玲、谢惠媛、陈文娟译：《正义的前沿》，北京：中国人民大学出版社，2016年版，第264页。这背后关联着一种能力论的权力观，参见朱振：《可行能力与权利：关于法治评估之权利指数的前提性思考》，《河南大学学报》（社会科学版），2019年第2期。

② 玛萨·纳斯鲍姆著，朱慧玲、谢惠媛、陈文娟译：《正义的前沿》，北京：中国人民大学出版社，2016年，第264—265页。

利益。"①动物无法与人一样达成契约而进入政治社会②,对其权利的维护只能依赖于法律。因此怎么从道德权利过渡到法律权利,或者说怎样从自然状态进入到法权社会,这对于理解并检讨 Korsgaard 的动物权利论至关重要。

康德本人是通过契约论来论证人类社会必然要摆脱自然状态而进入到一个法权社会,但这一论证策略显然无法适用于动物,因为动物无法成为契约的缔约方。这一点正是诸如纳斯鲍姆这样的正义之能力论者批评契约论的主要理据,③Korsgaard 当然不会重蹈契约论的覆辙,她是通过直接建构权利理论,即通过对权利的一种实践理性分析,来跨越道德与法律权利的鸿沟。Korsgaard 对权利的界定是比较独特的,也是典型的康德式的。她认为权利就是正当地被强制履行,道德权利的存在本身就必须具有法律的身份,否则就不会有任何真正的权利存在。Korsgaard 认为,在这一点上康德遵循了霍布斯的观点,他们都认为"存在着这样一种观念,即直到支持权利的法律被政治社会制定出来,甚至道德意义上的权利才能够存在。毕竟,说一个权利在道德上是存在的,这不仅意味着你有权以强力来捍卫你的主张。而且也意味着,人们有道德义务去尊重你的主张。但是康德和霍布斯认为,无人能够在道德上被强制去尊重我的权利,直到他也得到某种保证,即我也尊重他的权利。……无人有义务尊重任何人的权利,直到某种强制实施每一个人

---

① Christine M. Korsgaard, "The Claims of Animals and the Needs of Strangers: Two Cases of Imperfect Rights", *Journal of Practical Ethics*, 1 (2018).

② 金里卡等提出了一个比较激进的动物权利主张,即赋予驯养的动物以公民身份(citizenship),试图构建一种"动物权利的政治理论(political theory of animal rights)"。See Sue Donaldson and Will Kymlicka, *Zoopolis: A Political Theory of Animal Rights*, Oxford: Oxford University Press, 2011; Will Kymlicka and Sue Donaldson, "Animals and the Frontiers of Citizenship", *Oxford Journal of Legal Studies*, 2 (2014).

③ 纳斯鲍姆对动物权利之契约主义的批评,参见玛萨·纳斯鲍姆著,朱慧玲,谢惠媛,陈文娟译:《正义的前沿》,北京:中国人民大学出版社,2016 年,第 246—247 页。

之权利的机制建立起来"①。这就表明,权利的存在最终必然蕴涵着保障权利的法律机制。

根据 Korsgaard 的论述,权利的这种主体间的性质和它的相互性表明由政治社会所制定的法律对于保障权利来说是至关重要的,道德权利与法律权利具有同构性。这一方面表明,即使是道德权利或自然权利意义上的"动物权利"主张也具有法律上的意涵;另一方面表明,"权利"在这里并不是一个经验的概念,而是一个实践理性的概念。在通过法律来享有各种各样的权利之前,我们还拥有一种权利,这种权利也是动物可以享有的,是所有的生物(人的动物性一面以及非人的动物)都享有的一种权利,即生存于所处之境的权利。这个实践理性的进路是康德式的,通过对这个进路以及权利的重新解读,Korsgaard 认为人的动物性和非人之动物共享一个特有的地位和相应的权利,这些权利具有丰富的内容。

综上所述,Korsgaard 关于动物享有法律权利的论证基于两大前提:一是法律权利与道德权利具有同构性;二是权利论述的普遍化,即动物和人都共同享有某些权利,动物权利不是人类权利的拟制物。但是这两个前提都是存在问题的:首先,道德权利与法律权利区别非常大,它们是不同性质的权利;其次,在突破康德自主性观念的基础上,再反过来借用其实践理性的权利观,并无助于辩护权利普遍化意义下的动物权利。下文就这两个方面进行比较详细的论述。

就第一个前提而言,这种同构性对于法律哲学来说过于粗略了,不符合法律人的直觉,尽管这对于哲学来说也许已经足够了。其实,道德权利和法律权利的同构性主要针对权利本身的强制履行而言的,即没有法律意义上的强制性,道德权利的存在也是没有意义的;或者说,强制性或可执行性构成了理解权利的必要组成部分,构成了权利的本质内涵。这一观点在某种意义上也确实强有力地支持了上述第二个前提,构成了权利论述普遍化的基础。但是强制履行并不是所有类型权利的本质特征,尽管重要的道德权利都需要进入法律,但是有些道德权

---

① Christine M. Korsgaard,"The Claims of Animals and the Needs of Strangers: Two Cases of Imperfect Rights",*Journal of Practical Ethics*,1(2018).

利并不属于法律调控的对象,而是通过道德规范来保障的,这些规范靠某种程度的社会压力来维系其效力。而且法律权利有一些独特的方面是道德权利所不具备的,比如:法律上存在着因违反原初权利的详尽且制度化的救济权利;法律权利存在的基础在于规则而不在于观念上的论证;法律权利的授予方式是通过常规立法、普通法或缺乏实在法情形下的权利推定。① 总之,法律权利和道德权利在分析的意义上是存在重大区别的,无法通过对"强制执行"的概念分析就在二者之间实现自动的转化。

对于法律权利来说,可强制执行并非重点,因为法律是制度化的权威,法律权利由国家强制力来保障。法律权利着重关注的是权利的各种功能、权利的可主张性与实际享有以及在缺乏法律规定的情形下基于权利所作出的直接义务的推定,等等。比如,对于严重智力损伤的儿童、非人的动物等来说,即使可以作为法律上权利的主体,但是如果法律没有规定在其权利受侵害时由谁可以代为诉讼,则这样的权利主体是没有意义的,甚至都不能说享有权利。所以,动物能够在法律上拥有哪些权利、拥有这些权利意味着什么以及如何主张权利等等问题,Korsgaard 的康德式辩护策略无法有效说明。此外,从权利内容上看,Korsgaard 所提及的动物生存于所处之境的权利基本都是在承认动物为感知善恶的存在者之前提下所直观推理出来的,带有典型的生物生存性特征。但是,这类权利多是所谓消极性的权利,所对应的是人们的不干涉的义务。一旦从原初意义上的生存之境过渡到人类社会与动物共处之境,我们就能明显看到,动物权利需要在法律上体系化、可操作化并相应地扩展动物权范围,这时就需要法律哲学与法律教义学的论证,而不是哲学上的宏观论证。

就第二个前提而言,康德道德哲学论证的普遍化特征是以理性主义为前提的,Korsgaard 所采用的道德/法律权利同构性理论也是在具有理性自主性的个人所组成的人类社会中才会有效,因此这一理论很

---

① Kenneth Campbell, "Legal Rights", *The Stanford Encyclopedia of Philosophy* (Winter 2016 Edition), Edward N. Zalta (ed.), http://plato.stanford.edu/archives/win2016/entries/legal-rights/, 2019 年 11 月 13 日。

难适用于辩护动物的法律权利。康德确实一再强调自由和法权的普遍化,康德认为,只有一种生而具有的权利,那就是自由。"自由(独立于另一个人的选择所施加的限制),就它能够与其他每一个人根据一个普遍法则的自由并存而言,就是这种唯一的、始源的权利,每个人凭借自己的人性就拥有这种权利。"①这一方面意味着每个人都是独立的,自己成为自己的主人;另一方面体现了人生而具有的平等原则,即每一个人的自由和所有人的自由并存,自由是主体间性的普遍的自由。但是这种普遍化绝无可能普及到动物的层面,因为动物无法主张权利,权利也不保护其自由。动物的地位和权利主张无法自我确定,也不能在人与动物的主体间的意义上主张,而只能靠人来代替它主张。一般而言,法律权利都具有互惠性,但是动物权利不具有互惠性。互惠性是权利能够存在的一个特征,一个人主张自己的权利的条件就是要实现其他人的权利。但是动物权利不具有这个特征,动物权利的存在不要求它要去尊重我们的权利。因此不能说动物所享有的道德权利就可自动转化为动物的法律权利,严格说来,动物独特的规范性特征所确立的只是它能够具有权利的地位并应当以权利的方式来维护其利益。

五、动物权利之康德式辩护的法哲学意涵

由上述讨论可以看出,康德式辩护策略的真实意义,与其说是确立了动物的法律权利,不如说是确立了人对动物的自然义务,即一种以权利为前提和基础的、人对动物所负有的直接的、完全的义务。对动物权利的辩护无需像 Korsgaard 那样完全诉诸一种形而上学的论证策略,或诉诸一种整全性的政治哲学,在能够确立动物之规范性地位的前提下,就可以通过某种理论论证使得动物作为权利的主体而融入现行法律体系。这种义务直接指向动物本身的利益,即要按照动物自身的利益和要求替它在法律上做出相关规定,这样就很容易理解和解释损害赔偿法上的那个难题:按照动物本身的利益,它应该受到应有的治疗,直至

---

① Immanuel Kant, Mary Gregor trs, *The Metaphysics of Morals*, Cambridge: Cambridge University Press, 1996, 63.

恢复健康,而不是按照它自身的物的价格确定赔偿的上限。至于什么样的利益主张(它可以道德权利的形式存在)能够成为法律上的权利就要看它是否有充分的理由强加义务,法哲学家拉兹就提出过一个通过义务来辩护权利的方式,他指出,当且仅当 X 的某项利益是使他人负有义务的充分理由,我们才可以说 X 拥有一项权利。① 功利主义或福利主义的论证依然可以确定这种义务,那么基于功利的义务与基于权利的义务有何差异呢?对这个问题的解答就体现了康德式辩护的特质与价值以及它对于法律推理的意义。

根据 William A. Edmundson 的看法,权利可以履行多种功能,其中有些可以适用于动物,但多数都不能。权利的有些功能——比如,权威化或授权的功能、克制的功能、许可的功能、转让的功能、稳定化的功能等——都服务于具有认知能力的生物之间的互惠关系,而绝大多数动物都缺乏这种能力。然而,也有一些权利的功能是能够为了动物的,而并非预设了认知能力或互惠关系,比如保护的功能。就这一功能而言,基于功利的义务是一种间接义务,"间接义务的集合能够保护动物的诸多利益,但是不能融贯地保护动物在维系其尊严方面的利益。"②除此之外,权利服务于一个应急备用的功能,当同情和仁慈减弱或缺乏时,这种功能就派上了用场,这就是 Edmundson 所称之为的权利的生产性功能。他指出,"权利不仅表明存在一系列的保护性义务,也指出了考虑是否存在进一步的义务的线索,这些义务超越了单纯逻辑蕴涵的义务。(赔偿的义务就是一个例子)换言之,权利能够拥有一个生产性的功能或能力。权利也能够创造强制与赔偿的诸多可能性,'独立的'侵权行为就无法做到这一点"③。这就是权利在司法推理上的重要作用,这对于动物权利来说尤为重要。因为法律的规定不可能面面俱到,当

---

① Joseph Raz, *The Morality of Freedom*, Oxford: Clarendon Press, 1986, 165; Joseph Raz, *Ethics in the Public Domain: Essays in the Morality of Law and Politics*, Oxford: Clarendon Press, 1994, 238.

② William A. Edmundson, "Do Animals Need Rights?", *The Journal of Political Philosophy*, 3(2015).

③ William A. Edmundson, "Do Animals Need Rights?", *The Journal of Political Philosophy*, 3(2015).

没有相关的保护动物的法律特别规定时,能否进行推定就至关重要了。基于仁慈或友爱的义务观只是人的一种间接义务,它依赖于法律的明确规定,因为仁慈或友爱在适用上无法普遍化(法律不能强迫一个人成为道德高尚的人),它们所创造的义务的规范效力也不适于强制履行(否则就是道德绑架);而基于权利的义务观,就可以进行义务推定,在司法上创造出原来没有的法律义务。这根源于我们对于权利的一种理解,正如沃尔德伦所指出,权利是有价值的,这不仅因为它们关联于对权利人的有价值的直接义务;更重要的是,权利超过了这些直接义务的总和,因为权利一旦被承认它就能够生产出一些不曾被承认的义务。①

正是权利的生产性导致义务也被源源不断地创造出来,义务具有一种被生产性的地位。权利和义务具有相关关系,但是权利的这种特有性质造成了义务也同时具有两种特质:一是它的法律规定性,即可以从法条(所谓的特别法)中逻辑地衍推出来;二是它的开放性,即可以进行创造性的扩展。这表明,正是权利创造了这种义务,而不是义务创造了权利。这一看法正是Korsgaard的康德式辩护模式能够向我们揭示的最深刻的认识之一,而不是像有些论者那样,以一种颠倒的方式来处理动物权利与义务之间的关系。比如Tom L. Beauchamp就指出:"义务和权利之间具有相关性……这一点对于动物权利理论来说具有相当大的重要性。……因为我们在道德上有义务不去残忍对待动物,所以动物拥有一个不被残忍对待的道德权利。这一义务完全蕴涵了权利。……相关性命题的逻辑在于,人类无论在何时对动物负有义务,以及这些义务无论是什么,一个生物就拥有相应的权利……"②笔者认为,上文的诸多讨论应该足以揭示出,我们不去残忍对待动物的道德义务无法必然地蕴涵着动物就相应地享有权利。

---

① Jeremy Waldron,"When Justice Replaces Affection: the Need for Rights", in his *Liberal Rights: Collected Papers* 1981—1991, Cambridge: Cambridge University Press, 1993, 370—391. William A. Edmundson, "Do Animals Need Rights?", *The Journal of Political Philosophy*, 3(2015).

② Tom L. Beauchamp, "Rights Theory and Animal Rights", Tom L. Beauchamp and R. G. Frey (eds.), *The Oxford Handbook of Animal Ethics*, New York: Oxford University Press, 2011, 206—207.

当然，从立法技术的角度来说，规定动物享有消极意义上的权利是可以理解的；而积极意义上的权利则需要相关的诉权制度来保障，因为动物不拥有像人一样的自由意志，无法表达自己的主张，也不能自己行使权利。无论是哪种权利形式，立法只能以规定人对动物要履行的义务的形式来实现对动物利益的保护。在有些人看来，这种立法上的无力其实也反映了理论上的一个难题，即动物"权利"所具有的限度使得它几乎成为一个无法律意义的范畴。但是我们也要看到，有缺陷的权利也同样具有权利的性质，在法律上规定动物具有权利地位有助于融贯地说明对动物的特殊保护，尽管相关的法律规定都是以义务的形式出现的。在此我们要深刻地认识到义务论性质的权利和功能论性质的权利之间的区分，前者意味着，权利代表着一种独特的规范性地位，它不是实现其他目的单纯手段，它也是目的本身，这一点同样适用于动物。但是主张这一点并不意味着，动物有能力享有或施行权利的全部功能，"是否有权利"和"是否能实现所有的权能"是两个不同的问题。可以说，动物权利是一种不完全的权利，或者说是一种有缺陷的权利；但是这种权利一样对应着人对动物的完全义务，而非不完全义务。完全的义务回应的是义务论性质的权利，尽管这种权利本身可能是有缺陷的。

最后需要指出的是，本文的目的是对动物权利的法律存在形态提供一种可能的辩护，寻找一个合理的基础，这并不意味着动物权利的观念不再具有争议性。理解动物权利观念最终还是要取决于我们自身观念的改变，德国法学家阿图尔·考夫曼曾指出："一个想要理解某种意义的人完全必然地将持先入之见，从而也首先将其自我带进理解过程。这样一种理解并不是对象性的（因为意义并非实质），但也不是主观的（而是反射的和取向于传统的，如同取向于情境一样）。"[①]动物无法参与法律的制定，无法表达自己的主张，也无法成为订立契约的主体；归根到底，动物的权利还是人赋予的，而不是它自己争取的。制定法律的人可以成为法律（和权利）的主体，但是，能够在法律上被赋予权利的不

---

① 阿图尔·考夫曼著，米健译：《后现代法哲学——告别演说》，北京：法律出版社 2000 年版，第 33 页。

一定是订立法律的人,无法参与订立法律的完全的无行为能力人也能够成为权利的主体。在康德看来,法律的保护能够扩展到不曾参与立法或本不能参与立法的人。在政治哲学中,康德明确承认这一点,他引入了"消极公民"的概念,国家法也会保护那些没有投票的人们的权利。① 因此,动物权利无论是在理念上还是在进入法律的技术门槛上都已经不存在障碍,关键还在于我们自身观念的转变,以及审视我们自身与周遭世界之关系的智慧和勇气。现在全面规定动物权利也许是不现实的,但在动物权利论的参照下,我们可以设定分阶段的改善目标:近期目标是在立法上改变动物是单纯的物或财产的观念并严格保护野生动物,远期目标是在特定的法律领域(比如损害赔偿法、野生动物保护法等)赋予动物以特殊的规范性地位并使之享有权利,最终目标是在法律上全面赋予动物以权利主体地位。

原载于《河南大学学报(社会科学版)》2020 年第 3 期,系专家约稿

---

① Christine M. Korsgaard,"Fellow Creatures: Kantian Ethics and our Duties to Animals",*The Tanner Lectures on Human Value*,Delivered at University of Michigan, February 6,2004,96.

论我国经济与社会权利发展的"中国特色"

杜建明　郑智航①

引　言

正如美国著名法学家路易斯·亨金教授在其《权利的时代》一书所讲的:"我们的时代是权利的时代。人权是我们时代的观念,是已经得到普遍接受的唯一的政治与道德观念。"②在世界范围内,无论是作为一种现代理念的人权,还是作为法律制度的人权,都在不同层面、以不同形式予以传播和扩展。作为一种道德或伦理价值的人权,它所表征的是对作为"类"存在的"人"的平等、尊严、独立和自由的认可与尊重,在这个意义上人权作为一个世界性的概念,已经毫无悬念。但作为一种法律制度的人权,它则体现在不同民族国家内部的规范设计、制度安排、组织建构和实践运作中。也就是说,普适性的人权最终都将以特殊性的方式来予以体现和落实。于是,在特殊层面所呈现的有关人权的发展理念、规范制度、实施步骤和实现路径等各个领域和方面便出现了分歧、争论甚至斗争。从时空场域对人权发展的历史加以考察,我们不难发现,人权价值的言说、表达与阐释主要是由西方的历史文化、制度

---

① 杜建明,法学博士,内蒙古大学法学院副教授;郑智航,法学博士,山东大学法学院教授,博士生导师。
② 路易·亨金著,信春鹰,等译:《权利的时代》,北京:知识产权出版社,1997年,第2页。

规范及其法律实践来予以完成的。特别是在人权的发展路径上,英国著名社会学家马歇尔在1949年的著名演讲《公民权与社会阶级》中梳理了17世纪以来英国公民权的发展,将其归纳为三种类型的权利及其相应的制度安排,即公民基本权利、政治权利与经济社会权利。从时间序列来看,"马歇尔对公民权历史演进的描述从总体上展现了一种从'民事权'到'政治权'再到'社会权'的'浪潮式'发展模式"①。在这一发展模式上依次呈现的是18世纪的公民基本权利、19世纪的政治权和20世纪的社会权的发展和完善。由此,一种由西方国家身体力行的法治实践所生成的人权发展道路呈现出来,并已经被证明具有某种正当性与合理性。但问题是,这一人权发展道路和发展模式是否具有普适性,是否已经成为人权发展的标准模板和唯一选择,而其他国家,特别是广大发展中国家是否在这种已经被证实了的人权发展模式面前无能为力,否则必须付出不必要的成本和代价。中国作为世界上最大的发展中国家,始终在不遗余力的通过加强社会主义法治建设来促进本国人权事业的发展,但在全球化语境下如何结合本国的历史文化传统、经济与社会发展阶段以及现行的政治体制实践探索适合中国国情的人权发展道路,是摆在中国政府面前艰巨的历史重任。历经改革开放40年的发展历程,我国在促进经济社会全面发展的同时,也逐渐摸索出一条适合中国国情具有"中国特色"的人权发展道路。

在我国的人权发展中,人权学者始终对经济社会权利给予了较多的理论关注,正是通过他们的引介、阐释和评述,才使经济社会权利在中国场域的完善与发展具备了理论基础。但在众多学术理论研究及其学术成果中,一个明显的理论不足渐渐凸显出来,即大多学者更多局限于微观领域技术主义路线的文本阐释、学说评述和中国化应对,这种研究进路为经济社会权利的具体化和中国化奠定了理论基础,但受制于微观领域的局限性,经济社会权利的研究本身只能拘囿于法条主义的逻辑分析和意义阐释,而缺少中外人权发展道路的比较分析和我国人权发展历程的历史分析,就使人权研究在整体上缺乏必要的理论自觉,难以对中国人权发展的历史成就和现实不足进行必要的理论反思和学

---

① 陈鹏:《公民权社会学的先声》,《社会学研究》,2008年第4期。

术前瞻。只有对中国发展道路、发展模式、发展经验进行理论总结和学术探索，才能在中国改革发展的历史实践中寻找理论创新的养分和因子。本文正是基于这样的宗旨和原则，以我国经济社会权利的发展为研究对象，通过对经济社会权利发展历程的描述与分析，从发展方略、基本路向和实现路径上展现中国人权发展的"中国特色"。

一、我国经济社会权利发展的历史轨迹

经济与社会权利是公民享有的一类重要权利，也是中国重点发展和保障的一类权利。新中国成立特别是改革开放以来，中国坚持经济与社会权利优先发展和同社会发展相适应的基本原则，推行经济与社会权利的均衡化发展和普惠化发展，强化政府以西部大开发和财政转移支付为主要履行义务方式的积极行动，逐步走上了一条具有中国特色的经济与社会权利发展道路。

（一）计划经济时代经济与社会权利的单位制阶段

新中国成立以后，面对整个中国社会由政治解体和社会解体的双重叠加构成的总体性危机，中国共产党结合民主革命时期的根据地管理经验，创设了一种极富中国特色的管理体制——单位制。单位制的产生有其深厚的经济、政治、社会根源，与我国当时的经济、社会体制高度契合，在政治动员、经济发展和社会控制方面发挥着重要作用。

总体来看，计划经济时代的单位体制是一种"高就业、低工资、高补贴与高福利"的社会体制，这种体制之下我国公民的经济社会权利呈现出如下特点：第一，国家在公民经济社会权利保障中处于核心支配地位。单位体制下国家不仅垄断了全部的社会资源，还能根据预设的政治目标和社会发展计划设置资源分配的基本渠道和方案，由此形成了社会成员权利享有的城乡差异和不平等状态；第二，单位体制下公民享有经济社会权利的唯一依据是社会身份而非公民资格，公民资格的缺位使个体与国家形成高度依附的组织关系，而生存与发展的需求则迫使个体丧失独立的法律人格而自愿服膺于国家的管理体制之下。"他们意识到根本就没有必要去主张自己的权利。而且，只要政治权威还吸纳他们,还保护他们,他们就认为人的权利是一种应当弃如敝履的私利。……对普通公民而言,公民资格本身是不足以支持他去对国家和政府提出什么个人要求的。"①与此同时,不具有单位身份的社会个体则被排斥在外,仅仅享有极少的社会权利;第三,单位体制下经济社会权利的内容是无所不包的,几乎囊括了包括医疗、住房、教育、生活、子女就业在内的居民生活全部的福利需求。以至于美国记者弗克斯·巴特菲尔德在70年代考察中国社会后,发出这样的感慨:"中国的单位提供着从摇篮到坟墓的人生所需。……单位作为一个健全的体系,不仅发挥着社会和经济功能,而且发挥着治安作用。"②

(二) 经济与社会权利保障改革起步阶段(1978—1992)

1978年我国开启了改革开放的序幕,1984年人民公社制被取消,同年颁布的《中共中央关于经济体制改革的决定》,明确要求国有企业要成为自主经营、自负盈亏的商品生产者和经营者。随着单位体制的逐渐解体和市场经济的逐渐确立,国家不再是社会资源的绝对垄断者,单位体制中的福利供给功能也逐渐减退,福利体制从一个"受意识形态和文化限制的体制转变为一个由经济和人口趋势驱动并力求与之相适应的制度"③。

国家的改革和发展与公民权利的享有和保障休戚相关,这一时期我国公民经济社会权利呈现出如下特点:第一,国家角色转变。市场改革初期,国家逐渐改变社会保障体系中的绝对主体地位,政府从直管、直属、直办的独家包办和直接责任转向规划指引、资金保障和监督管理的宏观指导和间接责任。第二,权利意识萌发。单位体制解体和多种经济成分并存的状况使社会个体解放出来,社会身份的多元化和资源获取渠道的多样化极大的降低了社会成员对国家的依附,个人的权利

---

① 夏勇:《中国民权哲学》,北京:三联书店,2004年,第100—101页。

② 曹锦清,陈中亚:《走出"理想"城堡—中国"单位"现象研究》,深圳:海天出版社,1997年,第67页。

③ Saunders Peter, Shang Xiaoyuan, Social Security Reform in China's Transition to a Market Economy, *Social Policy & Administration*, 3(2001).

意识不断增强。第三,社会保障差序格局形成。市场经济体制改革是现有体制的整体性变革,在此过程中渐进式改革与发展的实施策略使我国公民的经济社会权利出现不平等,权利保障和权利实现在个体之间、阶层之间和地区之间出现较大差异,由此形成了权利实现的"差序格局"。

(三)经济与社会权利制度重构阶段(1993—2003)

90年代以来,我国逐渐从体制调整转向体制转型,市场化改革在为中国经济注入生机与活力的同时,也产生了企业破产、职工下岗、失业等社会问题。对于这些由于国企改革所产生的"社会性弱势群体"及其生存问题是市场本身无法顾及也是不愿考虑的问题,但改革滞后的社会福利制度对此也无能为力,由此造成了普通百姓衣食住行等基本生活需求的"断层"。如果说改革初期的70、80年代,允许将体制的局部性调整对社会成员切实利益和权利保障问题搁置,那么,90年代以来的体制转型是一场全方位的深层次变革,它就必须将经济体制改革与福利体制改革联系起来进行全局性考虑,必须通过公民经济社会权利的保障制度来回应和满足广大社会成员社会领域中的正当需求,需要国家坚决履行其人权保障义务,平等地关怀每一位社会成员并为其创设和提供经济社会权利实现的物质条件和制度保障。从此,国家进入经济与社会权利发展的重构时期。同时,另一事件的发生也为我国公民经济社会权利的制度重构提供了历史契机,即1997年10月27日我国正式签署了《经济、社会和文化权利国际公约》。2001年2月28日全国人大常委会作出批准决定,同年6月,《经社文公约》正式对我国生效。根据该公约第2条第一款的规定:"每一个缔约国家承担尽最大能力个别步骤或经由国际援助和合作,特别是经济和技术方面的援助和合作,采取步骤,以便用一切适当方法,尤其包括用立法方法,逐渐达到本公约所承认的权利的充分实现。"

在此时期,国内、国外的双重压力已经形成了历史合力,共同推动我国政府参照和比对联合国《经济、社会和文化权利公约》的具体内容采取积极行动促进我国公民经济社会权利的实现,从而使我国公民经济社会权利保障制度在横向和纵向两方面都取得巨大发展:在横向方面,90年代中后期以来,我国加大了社会保障立法的步伐,使我国公民的经济社会权利保障取得长足发展。与此同时,我国政府制定了大量的社会保障方面的政策法规,基本涉及到公民的医疗、养老、卫生、失业等绝大多数社会保障问题;在纵向方面,进入90年代以来,我国政府不仅在公民经济社会权利保障中实现了从无到有的制度建构,同时也不断实现着权利保障的从少到多、从浅入深的制度完善,从而相继在城镇企业职工养老保险、城镇医疗保险、失业保险、社会救助、社会福利等方面取得巨大进展。

（四）民生法治时代经济与社会权利深化发展阶段（2004至今）

改革开放30年,中国实现了经济腾飞和大国崛起,但也造成贫富差距、城乡差距逐渐扩大等深层次的社会问题。关注民生、改善民生,将改革的成果人人共享,这是转型时期社会成员的普遍性要求。对这些需求进行回应不仅是深化改革、维护稳定的客观要求,也是验证和提升政府合法性与权威性的必由之路。民生问题的实质就是权利问题,民生领域中出现的众多诉求与主张,实质就是公民经济社会权利的配置与保障方面供给不足,由此造成了"权利贫困"。这一点得到了美国学者洪朝辉的印证,洪教授认为"权利贫困"就是"特定群体无法享受社会和法律所公认的足够数量和质量的工作、住房、教育、分配、医疗、财产、晋升、迁徙、名誉、娱乐、被赡养、以及平等的性别权利,而且由于他们应该享有的社会权利被削弱和侵犯而导致相对或绝对的经济贫困"①。

权利的贫困需要法治的治理,民生问题的解决也最终需要法律的制度设计提供保障。正如温家宝总理在十届全国人大上的《政府工作报告》中所强调的"解决民生问题,第一要有制度的保障"。这一时期我国的法治建设对民生问题给予了积极回应,不断将生活语境下的民生话语转化为法治语境下的权利话语,从而实现了我国公民经济社会权利的深化发展:深化之一体现为公民身份的意识觉醒。公民身份的意识觉醒使公民逐渐意识到公民资格对于获得社会保障的重要性,凭借

---

① 洪朝辉:《论中国城市社会权利的贫困》,《江苏社会科学》,2003年第2期。

这一资格,公民不仅应该获得政府的关怀,而且应该得到平等的关怀。公民身份的意识觉醒意味着政治共同体内国家与公民之间的权利义务关系得以明晰,公民身份的权利内容得以明确。深化之二体现为国家角色的重新树立。公民经济社会权利的享有意味着一种义务和责任,该义务的履行绝非政府对公民生活境遇的怜悯和恩赐,而恰恰是国际人权公约的效力使然。在现代社会,通过国家的积极干预和有效介入,为公民福祉创造条件,保障每个公民平等的享有权利,以帮助公民实现其有尊严的体面生活,是现代政府义不容辞的责任。深化之三体现为民生保障的立体化发展。进入新世纪以来,我国公民经济社会权利发展的最大特点便是民生与法治的紧密结合,民生的保障和改善被综合纳入到法治运行的各个环节,形成立法、执法、司法共同关注的焦点问题。

二、经济社会权利优先发展的"中国选择"

通过对新中国成立以来中国特色经济与社会权利发展的主要历程进行梳理,我们发现中国特别重视经济与社会权利的发展,并将其置于优先发展的地位。这也构成了中国人权发展道路的一大主要特色。按照杨光斌教授的说法,中国与西方国家在解决经济权利问题后在社会权利与政治权利优先发展的次序上发生了分歧。西方国家坚持的是政治权利优先于社会权利的发展思路,而中国则坚持社会权利优先于政治权利的发展思路。① 在中国政府看来,经济与社会权利问题是有关公民摆脱贫困,提高社会福利的问题,而大力推进公民经济与社会权利的优先发展,正是社会主义优越性的主要体现。因此,中国在基本完成国家权力建构以后,就将发展重心转向了经济与社会权利的发展轨道上。中国在国家权力建构基本完成以后之所以没有像西方一样优先发展政治权利,而是优先发展经济与社会权利,其原因主要有以下几个方面。

---

① 杨光斌:《社会权利优先的中国政治发展选择》,《行政论坛》,2012年第3期。

（一）大力发展经济与社会权利是社会主义社会优越性的体现

按照马克思主义的基本理论，社会主义国家积极发展社会福利事业是社会主义的本质要求，因为社会主义国家拿出一部分财富作为社会福利能够弥补按劳分配中"仍然存在的不公平现象"①。就经济与社会权利的实质而言，"它把社会福利从一般的道德要求提升到了政治道德的高度，使福利脱离了慈善救济的人道关怀的局限性，变成人人拥有的经济与社会权利。"②因为慈善性福利模式一方面强调对穷人施以援手是社会和政府的责任，另一方面又强调个人应对自己的幸福承担责任，贫穷是个人的失败，反对把体智健全的穷人当作社会救助的对象。因此，社会福利只是作为人道主义的慈善救济措施有限地提供给"失能者"③。而我国将社会福利上升为经济与社会权利，也就意味着人们对于福利的要求来自于人的权利。就权利的本源而言，它"存在于建立起来的规则中……权利应当被看成是由人们坚持主张的合法的或形式上的应当给予他们的公正的强烈要求，而不是一种存在于文明社会中的出于人道的和宽容的表示"④。中国大力发展社会福利事业，并从经济与社会权利角度来确保社会福利事业水平得予提升，在很大程度上是要让公民切切实实地感受到社会主义社会的优越性。历届领导人也都是从社会主义优越性的角度来论述大力发展经济与社会权利的重要性的，例如，胡锦涛同志在十七大报告中就提出，社会建设的目的就是要让人民群众的幸福得到提升，"必须在经济发展的基础上，更加注重社会建设，着力保障和改善民生，推进社会体制改革，扩大公共服务，完善社会管理，促进社会公平正义，努力使全体人民学有所教、劳有所得、病

---

① 房广顺：《列宁论社会主义社会福利》，《辽宁大学学报》，1992年第4期。

② 钱宁：《从人道主义到公民权利——现代社会福利政治道德观念的历史演变》，《社会学研究》，2004年第1期。

③ 钱宁：《社会正义、公民权利和集体主义》，北京：社会科学文献出版社，2007年，第221页。

④ Michael Freeden著，孙嘉明，袁建华译：《权利》，台北：桂冠图书公司，1998年，第8页。

有所医、老有所养、住有所居,推动建设和谐社会。"①

(二)发展经济与社会权利是解决国家权力危机的需要

通过新民主主义革命和社会主义革命两个阶段,中国基本解决了鸦片战争后的国家总体性危机,国家政权建设也取得了一定的成绩。从这种意义上讲,中国国家权力已经基本解决了如何"立"得住的问题。② 但是,新中国成立以后相当长一段时间的落后和贫困的客观现实对国家权力和政权的合法性提出了严重的挑战,人们甚至对中国共产党当初领导人民群众进行革命时所作出的承诺进行了怀疑。在这种情况下,优先发展经济与社会权利能够消除民众对国家政权合法性的疑虑。因为,民众能够在经济与社会权利得到实现的过程中真正地体会到社会主义制度的优越性,从而坚定社会主义现代化建设事业的信心。另一方面,自改革开放以来,中国推行的是"让一部分人先富起来"的发展思路,而且,市场经济强调社会利益和资源的稀缺和有限性,人们是以"理性的经济人"的身份"到场"的,并且主体的利益只有通过竞争的方式才能实现。这种利益的竞争意味着一些主体在获得利益或资源的同时,另一些主体则不能获得甚至要失去曾经获得的利益或资源。③ 因此,以竞争为核心的市场经济必然会带来社会的分化。中国的贫困差异扩大,社会问题凸显,"群体性事件"以几何级数增长。这种客观现实要求中国在追求社会效率的同时,兼顾社会公平,加大社会保障力度,优先发展经济与社会权利。只有这样,中国才有可能克服经济发展带来的民众脱离政治依附性的离心力这一负面效应。

(三)优先发展经济与社会权利有助于充分发挥国家能动主义的角色

西方社会深受以赛亚·柏林积极自由和消极自由的影响,将权利

---

① 胡锦涛:《高举中国特色社会主义伟大旗帜,为夺取全面建设小康社会新胜利而奋斗》,《人民日报》,2007年10月25日。
② 杨光斌:《社会权利优先的中国政治发展选择》,《行政论坛》,2012年第3期。
③ 李拥军,郑智航:《从斗争到合作:权利实现的理念更新与方式转换》,《社会科学》,2008年第10期。

划分为积极权利和消极权利。所谓积极权利,是指需要政府一定的作为,个人才能实现的权利。所谓的消极权利,则强调政府对个人的行为不加干涉,即可实现的权利。用史蒂芬·霍尔姆斯和凯斯·R.桑斯坦的话来说:"消极权利禁止政府,并把它拒之门外;积极权利需要并盛情邀请政府。前者需要公职人员蹒跚而行,而后者需要公职人员雷厉风行。消极权利的特点是保护自由,积极权利的特点是促进平等。前者辟出了一个私人领域,而后者要再分配税款。前者是剥夺阻碍,后者是慈善与奉献。"[①]例如,公民政治权利和政治权利就属于消极权利的范畴,而这类权利其强调的是个人与国家的一种对抗,即国家不要对个人私域进行干预。而经济与社会权利属于积极权利的范畴,它们的实现需要国家权力的积极作为。从本质上讲,这两类权利所要处理的问题是不同的。西方国家更为强调的是公民作为一种"原子化"的个体而存在,它需要对国家权力进行最大限度的限制,并通过个人的努力来实现自身福利的最大化。因此,它们极为重视公民权利与政治权利的发展。我国则强调个人是一种"群体性"的存在,国家与个人之间的关系不是一种独白关系,而是一种依附关系。个人自身福利的获得需要国家和社会的支持,并且,国家在社会生活中需要发挥一种能动主义的角色。因此,中国极为重视经济与社会权利的优先发展。

(四) 优先发展经济与社会权利有助于回避一些敏感的政治性问题

在中国政府看来,福利问题在根本上讲是一个反对贫困的问题,而贫困问题是一个经济和社会发展的问题,要想解决贫困问题就要优先满足公民经济、社会权利。以《中国农村扶贫开发纲要(2001—2010)》提出的扶贫方针为例。它一再强调贫困人群要在反贫困过程发挥主动性,要充分利用国家提供的各项政策优惠、资金支持来增强自我的反贫困能力和发展能力。该方针也强调国家应加大对贫困地区的资金投

[①] 霍尔姆斯,桑斯坦著,毕竞悦译:《权利的成本:为什么自由依赖于税》,北京:北京大学出版社,2004年,第23页。

入、制定更为优惠的经济政策来重点帮扶贫困地区、贫困农户①。中国政府之所以这样认为的一个重要原因在于保障社会权利从治理的难易程度上讲,是较轻的,只需要国家的足够的财力,而无需过多考虑政治体制、公民权利与政治权利等问题。而这些问题往往在中国是较为敏感的问题。而且,从西方的具体实践来看,先有民主政治权利,然后再有经济社会权利的做法不但没有能够有效解决居民的社会福利问题,而且给社会带来了新的矛盾和紧张。

三、我国经济与社会权利发展的"中国特征"

(一) 城乡二元体制的破除

改革开放30年来的发展促进了我国社会结构的巨大变化,其基本特征就是城乡二元体制的逐渐破除。所谓"二元"一般是指两种在性质上截然不同的制度、技术、机制同时共存在一国的经济体系中。继荷兰经济学家 J. H. 伯克提出"城乡二元结构"之后,1998年我国农业部原政策研究中心农村工业化城市化课题组也提出了该概念。这一概念十分准确的描述了中国社会结构的基本特征:"割裂性:把城市和农村人为的化成两个在各方面明显不平等的部分;不平等性:城乡二元结构下,市民和农民在权利方面差别很大;社会分工机械性:二元社会经济结构的一个基本出发点是保证社会再生产两大部类之间的平衡,实际结果适得其反;不等价性:不等价性构成了城乡二元社会经济结构的经济基础。"②二元结构的存在意味着我国公民长期在教育、医疗、卫生、养老等领域的权利保障方面被区别对待,由此造成了明显的城乡差异和社会不平等。从客观上讲,这一局面的形成也实属无奈之举,建国初期严峻的国际形势和恶劣的国内环境迫使我国政府适时的选择"工业

---

① 国务院新闻办公室:《〈中国的农村扶贫开发〉白皮书》,http://www.people.com.cn/GB/shizheng/16/20011015/581724.html,2018年12月6日。

② 孙林桥、朱林兴:《论中国农村城市化》,上海:同济大学出版社,1996年,第197页。

优先"的经济发展战略,"农业反哺工业"、"农村支持城市"的发展战略虽然牺牲了广大农民的利益,但对国家实施经济统筹和战略布局却发挥着重要作用。改革开放以来,城乡壁垒被逐渐打破,乡镇企业异军突起,重新激发和促进了农村的活力和财富增长。

2002年党的十六大正视中国改革中的问题,指出"城乡二元经济结构还没有改变",并提出"统筹城乡经济发展,建设现代农业,发展农村经济,增加农民收入,是全面建设小康社会的重大任务。"2003年党的十六届三中全会则将"建立有利于逐步改变城乡二元经济结构的体制"作为市场经济体制完善的主要任务之一。党的十六届四中全会则具体提出"各级政府要把基础设施建设和社会事业发展的方向转向农村,国家财政新增教育、卫生、文化等事业把经费和固定投资增量主要用于农村。"对此,为了优化城乡经济结构,促进国民经济的良性循环和社会经济的协调发展,我国开始实施城镇化战略。2012年党的十八大则进一步明确了城镇化的战略地位。2014年中央一号文件强调要健全城乡发展一体化机制,实现城乡统筹联动。城镇化的实行将成为我国破除城乡差距、促进城乡经济协调发展、实现城乡基本公共服务均等化的重要举措。

(二) 经济与社会权利发展的均衡化

随着我国城乡二元结构的逐渐破除,消除广大社会成员在社会福利享有和保障中的身份差异和地域阻隔就成为深化体制改革和协调城乡经济发展的题中应有之意。保障公民平等地享有经济社会权利,需要国家在提供医疗卫生、基础教育、社会保障、基础设施等公共产品和公共服务时大体相等地对待处于不同地区的社会公众,使社会服务政策和措施具有广泛性、协调性和公正性,从而实现公民经济社会权利的均衡化发展。

1. 公共服务的均衡化趋势

公民经济与社会权利的均衡化发展首先表现为公共服务的均衡化。社会主义市场经济的纵深发展,逐渐从效率价值指引下的经济优先转向公平价值指引下的社会优先,追求社会公平的过程并不是国家强力劫富济贫的过程,而是在保障人人平等地享有基本公共服务的基础上不断提高服务能力和服务水平,推进一定程度均等化的过程。2005年中共中央发布了《关于制定国民经济和社会发展第十一个五年规划的建议》,《建议》指出"扩大公共财政覆盖农村的范围,强化政府对农村的公共服务"。2006年召开的党的十六届六中全会则对基本公共服务均等化的认识逐渐深入化、系统化,大会作出《关于建构社会主义和谐社会若干重大问题的决定》并着重指出"建设服务型政府,强化社会管理和公共服务职能"。2010年召开的党的十七届五中全会对基本公共服务均等化做出了最为系统全面的论述。会议通过的《关于制定国民经济和社会发展第十二个五年规划的建议》既完整的描述了我国推进基本公共服务均等化的愿景,又清晰的明确了均衡发展的策略措施和工作举措,从而为我国城乡居民平等的享有经济社会权利奠定了制度基础。

2. 受义务教育权的均衡化趋势

受教育权是我国公民的基本权利,它关系着公民个体的个性发展、素质培养和社会竞争力的提升,也关系着整个民族国家的经济发展和社会进步。推进义务教育发展的均衡化是改变当前我国义务教育发展失衡的唯一途径。义务教育的均衡化发展意味着发展义务教育要"基于对教育民主化、公平化的考虑,政府通过政策制定与调整及资源调配,使区域内义务教育阶段的学校大体处于一个相对均衡的状态,以符合义务教育的公共性、普及型和基础性,向受教育者提供相对平等的受教育的机会和条件,实现教育成功机会和教育效果的相对均等。"①对此,我国政府将推进"教育均衡化"确立为政府的基本职能,通过教育资源的调配、社会政策的制定和特殊举措的施行大力维护和发展全体社会成员基本的受教育权,以期为每一位社会成员提供公平、均等的教育服务。《国家中长期教育改革与发展规划纲要(2010－2020)》提出2020年要基本实现区域内义务教育均衡发展目标。为了实现这一目标,我国政府不断明确教育均衡化发展中的政府责任,通过国家和地方各级政府的强力推进,逐步形成中央与地方协同推进、层层落实的义务

---

① 吴开俊,黄家泉:《教育均衡化发展:理想与现实的抉择》,《西北师大学报(社会科学版)》,2003年第4期。

教育均衡发展机制。

3. 工作权的均衡化趋势

在现代社会中,工作不仅是社会个体成员的谋生手段,也是其实现自我价值、获取社会资源的重要依据。广大公民逐渐意识到工作不仅是共同体成员的基本义务,也是一项基本权利,是每一个公民都应平等享有的凭借自由选择和接受的工作来谋生的权利。从计划经济发展至市场经济,活跃的市场要素激发了城乡活力,扩大了就业市场,农村剩余劳动力摆脱了土地的束缚,进城务工成为社会发展的必然趋势。在此情况下,"统一城乡经济体制和社会管理体制,彻底消除城乡政策差别,尽快消除城乡劳动力因户籍不同所产生的经济权益和和社会权益方面差别,实现同工同酬和平等就业、公平就业,为农民工创建平等公正的就业环境和就业机会,使农民工群体尽快享有平等的国民待遇"①就成为工作权均衡化发展的重要内容。为此,我国政府采取了多种措施:首先,国家清理和取消了农民工就业中的歧视性规定、不合理限制和乱收费,2007年先后制定颁布了《劳动合同法》《就业促进法》和《劳动争议调解仲裁法》,逐步建立了城乡劳动力平等就业制度,进一步消除农民工的就业歧视,促进劳动者平等地获得就业机会;其次,国家积极改善农民工的工资待遇并积极实现同工同酬,重点整治克扣、拖欠农民工工资现象。据国家统计局发布的《2013年农民工监测调查报告》显示:外出农民工被拖欠工资的比重为0.8%,虽然比2012年上升了0.3个百分点,但远低于2008年的4.1%;②最后,国家逐渐完善社会保险制度,切实加强对农民工群体的就业保障。2006年国务院制定了《关于解决农民工问题的若干意见》,2010年新修改了《工伤保险条例》,2011年颁布实施了《社会保险法》。

---

① 张庆:《经济增长减速下农民工就业困境及政策》,《学术交流》,2016年第1期。

② 王哲:《农民工就业现状与消除就业歧视的对策探讨》,《理论与现代化》,2005年第1期。

(三) 经济与社会权利发展的普惠化

随着体制改革的深入和社会转型的加速,我国社会福利制度的改革势在必行。从补缺型福利向普惠型福利的过渡中,我国公民经济与社会权利的实现也必然发生显著的变化。

1. 破除身份对经济与社会权利实现的影响

公民社会权利是一种现代的政治理念,每个公民都应平等的享有,但城乡二元体制的结构性要素不仅使城乡居民在权利实现中出现差别,也造成了农村和农民的权利贫困。正如印度经济学家阿玛蒂亚·森所指出的那样,"农民贫困的根源并不在农民贫困本身,而是深藏在农民贫困背后的另一种贫困——权利贫困。贫困不单纯是一种供给不足,而更多的是一种权利不足。"①改革进程的逐渐推进,人们逐渐意识到城乡二元结构已经成为我国公民平等享有经济社会权利的最大障碍。党的十八届三中全会通过的《中共中央关于全面深化改革若干重大问题的决定》明确指出:"城乡二元结构是制约城乡发展一体化的主要障碍。必须健全体制机制,形成以工促农、以城带乡、工农互惠、城乡一体的新型工农城乡关系,让广大农民平等参与现代化进程、共同分享现代化成果。"而破除城乡二元结构的关键在于改革现有的户籍管理制度,2013年11月,《中共中央关于全面深化改革若干重大问题的决定》指出:要"创新人口管理,加快户籍制度改革,全面放开建制镇和小城市落户限制,有序放开中等城市落户限制,合理确定大城市落户条件,严格控制特大城市人口规模。"2014年7月备受关注的国务院《关于进一步推进户籍制度改革的意见》正式公布,《意见》明确了建立城乡统一的户口登记制度,这标志着实行了半个多世纪的"农业"和"非农业"二元户籍管理模式将退出历史舞台。户籍制度的改革将彻底撕下公民身上的身份标签,再次确证了其平等的法律主体资格,为城乡居民平等地享有社会福利和社会保障扫清了障碍,进而为实现社会公平、构筑社会和谐奠定了基础。

---

① 阿玛蒂亚·森著,王宇,王文玉译:《贫困与饥荒》,北京:商务印书馆,2001年,第13页。

2. 普惠金融与公民反贫困权利的实现

作为最大的发展中国家,也是世界人口最多的国家,中国一直致力于消除贫困、解决温饱、提高人民生活水平、提升人民生存质量的反贫困事业中。然而,在这复杂的反贫困局面中,中国农村的贫困状况是最亟待解决的。在《2020年中国:新世纪的发展挑战》中世界银行指出:基于中国社会发展中的贫富悬殊和地区差异,"收入不均等所导致的贫困现象时21世纪中国反贫困战略的基本领域。"① 其实,这一基本领域主要表现为中国西部的农村地区。针对我国西部农村地区特殊的自然、经济和社会发展特点,小额信贷计划成为我国西部地区反贫困治理的重要手段。小额信贷及其延伸产物微型金融的推广针对农村地区的经济发展状况和农民现实的资金需求特点可持续的为农村和农民服务,对于消除贫困具有积极的作用。而以小额信贷和微型金融为基础的"普惠金融"则是2005年联合国和世界银行等组织提出的概念,其基本含义是能有效、全方位地为社会所有阶层和群体提供服务的金融体系。我国政府将普惠金融体系的建立与国家贫困治理结合起来,通过完善金融服务,促进贫困地区和贫困人口提升自我发展能力,增强贫困地区的"造血"功能,促进贫困地区的持续健康发展。

3. 适度普惠型福利制度的确立

在中国经济迅猛发展和公民权利意识不断萌发的今天,要求改善和提高社会福利的呼声不断高涨,这与我国长期以来实行的补缺型福利模式有着密切关系。补缺型福利的基本特点是生活收入支持系统在市场劳动关系和家庭互助关系中的效用发生故障时,才由国家提供最低标准生存资助。随着我国社会发展模式从强调GDP至上主义的效率优先转向强调社会公平的均衡发展,社会福利模式从补缺型向普惠型的转型已经成为社会发展的必然趋势。适度普惠型福利制度是与我国经济发展水平、社会结构、政治传统相适应的,明显有别于西方的中国特色的社会主义福利制度:首先,这种福利模式实现了从生存层次向发展层次的整体提升。适度普惠型福利是以满足国民教育、住房、公共

---

① 世界银行:《2020的中国:新世纪的发展挑战》,北京:中国财政经济出版社,1997年,第254页。

交通等较高层次的需求为特点,这些需求的满足为国民的自我发展和自我完善创造了条件;其次,这种福利模式实现了从碎片化向整体化的全面整合。适度普惠型福利就是要对各项福利制度进行统筹,通过统筹实现社会福利制度的地域整合、人群整合和阶层整合;再次,这种福利模式实现了从城乡二元向城乡一体的协调发展。适度普惠型福利以城乡基本公共服务均等化为目标,将城乡居民纳入基本社会福利范围,逐步把城乡的社会福利发展成为"制度合一、服务衔接、功能配套"的体系;最后,这种福利模式实现了从单一主体向多元主体的责任共担。适度普惠型福利充分发挥了企业、社会组织、社区和家庭的多方作用,通过政府的主导作用和社会主体的多元参与,构建了政府、社会、市场相互衔接互补的多元责任架构。

四、我国经济与社会权利发展的"中国方案"

由于受制于社会发展阶段的限制和城乡二元结构的影响,中国经济与社会权利在发展过程中存在着一定的不平衡性。例如,农村与城市、东部与西部在公民经济与社会权利的实现方面就存在较大差异。这种不平衡发展既给社会的稳定性带来了一定的影响,又让公民在社会心态上产生了波动。面对这些客观现实,中国政府加大了在经济与社会权利发展方面积极行动的力度,逐渐形成了解决我国经济与社会权利发展的"中国方案"。

(一)我国经济社会权利发展的一般行动

1. 建立社会主义市场经济体制

1992年,邓小平"南方讲话"和十四届中央委员会第三次全体会议通过的《中共中央关于建立社会主义市场经济体制若干问题的决定》进一步坚定了我国走社会主义市场经济之路的信心。在这一决议的指引下,中国政府进一步强化了市场对资源配置起基础性作用。为了实现这一目标,中国政府坚持以公有制为主体、多种经济成份共同发展的方针,进一步转换国有企业经营机制,建立适应市场经济要求,产权清晰、权责明确、政企分开、管理科学的现代企业制度;建立全国统一开放的市场体系,实现城乡市场紧密结合,国内市场与国际市场相互衔接,促进资源的优化配置;转变政府管理经济的职能,建立以间接手段为主的完善的宏观调控体系,保证国民经济的健康运行;建立以按劳分配为主体,效率优先、兼顾公平的收入分配制度,鼓励一部分地区一部分人先富起来,走共同富裕的道路。① 为了进一步保障公民经济与社会权利的优先发展,提高公民的社会福利,我国在2004年修改《宪法》时,明确将"公民的合法的私有财产不受侵犯"写入了宪法。这一做法极大地鼓励和促进社会财产从生活资料形态向生产资料形态的转化,在一定程度上改变了过去大量的财产采取生活资料的形态而进入消费领域,或大量的财产滞留于生活资料形态的局面,从而为公民经济与社会权利的发展提供了制度空间。②

2. 分税制改革

经济与社会权利的发展需要国家积极的财政投入。为了增强国家资源汲取能力,加大国家在经济与社会权利发展方面的财政投入,我国自1980年财政体制改革以来一直就在不断地调整中央与地方之间的财政关系,采取"核定收支、分级包干","定额上解、总额分成"等方式来试图提高地方财政的比重。与此同时,改革开放给地方带来了巨大活力,乡镇企业、外来投资企业犹如雨后春笋,从而增加了地方政府的税收来源。在这种大背景下,中央财政收入占全国财政收入比重一直处于下降趋势。③ 在财政收入的增量分配中,中央财政所得的份额越来越少,加上中央本级收入增长缓慢,中央财政收支缺口越来越大,财政困难日趋严重。④ 这种客观现实严重影响到了中央政府的资源汲取能力。面对这种严峻形势,中央在1994年开始分税制改革,试图来提升中央政府的资源汲取能力。为了这一目标的实现,中央政府除了将极

---

① 《中共中央关于建立社会主义市场经济体制若干问题的决定》,http://www.people.com.cn/GB/shizheng/252/5089/5106/20010430/456592.html,2019年3月21日。

② 林来梵:《论私人财产权的宪法保障》,《法学》,1999年第3期。

③ 杨志勇,杨之刚:《中国财政制度改革30年》,上海:上海人民出版社,2008年,第44页。

④ 许多奇:《我国分税制改革之宪政反思与前瞻》,《法商研究》,2011年第5期。

为重要的税种划归国税之外,还通过压缩地方政府可控的"征管空间",即集中税收征管权,由国税系统逐步"蚕食"地税系统的征管范围来限制地方政府的横向税收竞争行为。通过这种分税制改革,中国"硬化了政府间资金上解、下拨的预算约束关系,在划定的支出责任、税源、税权范围内,各级政府当家理财、自收自支、自求平衡的压力和动力明显增强,提高了地方政府开辟财源及征税的努力程度,减少了税源流失,增强了财政的筹资功能"①。这也在事实上为中国优先发展经济和社会权利提供了资金上的保障。

3. 分享制度红利

通过大力发展社会主义市场经济体制和分税制改革,中国政府,特别是中央政府积累了大量的资金,从而提升了中国经济发展水平。也正是由于这些努力,共享改革开放的伟大成果,让全民分享制度红利,提升民众的经济与社会权利保障水平成为了可能。2002年,中国共产党第十六次全国代表大会召开。此次会议提出,完善保护私人财产的法律制度,完善预算决策和管理制度,完善城镇职工基本养老保险制度和基本医疗保险制度,健全失业保险制度和城市居民最低生活保障制度,建立农村养老、医疗保险和最低生活保障制度。② 自此以后,中国步入了经济与社会权利迅猛发展时期。从立法上讲,在涉及重大经济与社会权利的立法时,我国政府在提出法律草案和行政法规草案的过程中,通过座谈会、论证会、听证会等形式,广泛汲取各方意见,增强相关立法的透明度和公众参与度。从执法上讲,广大执法部门,从为人民安居乐业提供法治保障的角度出发,着力解决经济与社会领域同民众密切相关的利益问题,并通过行政诉讼和行政复议等手段来促进经济与社会权利的实现。从司法上讲,依法坚决打击危害人民群众生命财产安全和侵犯公民人身权利、民主权利的犯罪活动,突出查办教育、就业、食品安全、医疗卫生、社会保障、征地拆迁、抢险救灾、移民补偿等领域发生的职务犯罪案件。通过这些努力,我国经济与社会权利得到了

---

① 卢洪友:《中国分税制财政体制改革的大成效》,《经济学动态》,1998年第12期。

② 张文显,黄文艺:《理论创新是法学的第一要务》,《中国法学》,2003年第2期。

发展,人民的生活水平得到了巨大的提高。

(二) 我国经济社会权利发展的特别行动

1. 西部大开发与经社权利的发展

2000年开始实行的西部大开发战略,就是中国在经济与社会权利发展方面采取的一项积极行动。通过西部大开发战略的实施,西部地区的公民在受教育权、社会保障权、健康权、文化权等方面的实现程度得到了一定的提升。通过对西部大开发这一积极行动进行总结与梳理,我们发现中国经济与社会权利发展具有以下几个方面的特色。

首先是确立了权力能动性原则。所谓权力能动性原则,按照汪习根教授的说法"是指在对公共权力进行制约与监督的基础上充分保证权力运行的主动性和高效率,实行控制权力与保障权力能动运行的统一。它要求政府对发展权不只是消极地不予妨碍即排除公共权力对发展权的侵害,更强调构建能动的权力运作架构,使政府能积极地担负起促进发展权实现的责任"①。通过西部大开发,逐步实现经济与社会权利均衡化和普惠化发展的过程来看,中国逐步确立了权力能动性原则:在履行相关义务时,强调以社会为本位,注重内容的整体性和主体的复合性;在具体的实现过程中,逐步确立了政府在经济与社会权利实现过程中的引领作用。政府会根据现实需要适时扩权和限权,从而发挥政府在经济与社会权利实现过程中的主导作用。

其次是从外延式发展向内涵式发展演进。中国在通过西部大开发进一步提升经济与社会权利实现的均衡性和普惠性的初期,中央政府直接投资和支持建设了大部分基础设施。这种直接的"输血"性作法确确实实对于改善西部地区社会生活水准,提升经济与社会权利实现水平发挥了重要的作用。但是,这种发展主要是一种外延性发展。它无法依靠自身特色和优势,充分发挥市场配置资源的决定性作用,容易滋生"等、靠、要"的局面。② 为了增强西部地区自身的"造血"功能,中国

---

① 汪习根:《论西部发展权的法律保障》,《法制与社会发展》,2002年第2期。
② 宋海洋:《西部大开发政策演进分析与调整策略》,《开发研究》,2015年第5期。

政府逐步调整了对西部地区投入方式,并积极探索内涵式发展道路。在经济与社会权利实现方面,中国政府逐步改变过去那种发放物质和增加财政投入的简单做法,出台相关政策和支持措施,提升西部地区经济发展水平,从而增强当地人民自身改善生活水准的能力。

再次是强调西部地区经济与社会权利发展的自治权。西部地区是中国少数民族地区聚居较多的地区,因自然、经济、历史和文化等方面的原因与东部地区存在较大差异。这也就意味着西部地区经济与社会权利的发展有强烈的地方性色彩。中国政府充分意识到了这一点,并认为经济与社会权利的实现与当地地理条件、客观物质基础、文化状况、宗教和风俗习惯密切相关。因此,中国政府不断提升西部地区经济与社会权利发展的自治性。《中共中央国务院关于深入实施西部大开发战略的若干意见》就将"充分发挥西部地区积极性、主动性、创造性,立足自身努力推进经济社会发展"作为西部大开发坚持的一项基本原则。① 在这一意见的指引下,西部地区政府通过制定具体的实施细则的方式,因地制宜地促进当地经济与社会权利发展。

最后是优先发展西部地区的受教育权。中国政府在西部大开发的过程中,充分认识到了受教育权对于提升当地经济与社会权利,乃至整个人权水平具有重要的意义。国家发展和改革委员会在《西部大开发"十二五"规划》就进一步明确了优先发展西部地区的受教育权的重要性,并提出具体的实施方案。

2. 财政转移支付与经社权利的发展

从义务履行来讲,经济与社会权利的实现需要政府积极履行财政投入的义务。没有中央和地方政府的财政投入,经济与社会权利就会成为"水中月""镜中花"。自 1994 年开始,中国就进行了分税制改革。在这次改革中,中央政府除了将极为重要的税种划归国税之外,还通过压缩地方政府可控的"征管空间",即集中税收征管权,由国税系统逐步

---

① 《中共中央国务院关于深入实施西部大开发战略的若干意见》,http://nx.people.com.cn/n2/2016/0413/c375866-28140414.html,2019 年 3 月 18 日。

"蚕食"地税系统的征管范围来限制地方政府的横向税收竞争行为。①这次改革在事实上也确实提升了中央政府的资源汲取能力,但是,它极大地限制了地方政府的资源汲取。而且,分税制改革并没有对事权进行明确划分,省级以下政府仍然要承担绝大部分地方公共物品的支出责任。② 因此,地方政府在履行经济与社会权利方面的义务的能力不足。为了弥补地方政府的这种不足,中国就进一步加大了财政转移支付的力度。尽管既有的财政转移支付制度广受诟病,但是,它还是在一定程度上促进了经济与社会权利的发展。

方式一:一般性财政转移支付

中央政府往往基于地方政府在经济与社会权利方面的实现能力,会通过一般性转移支付的方式来弥补地方政府的能力不足。具体来讲,这种一般性财政转移支付会覆盖义务教育,基本养老金和低保,新型农村合作医疗,革命老区、民族和边境地区等具体领域。从1994年到2014年,一般性转移支付由214亿元增长到27217.87亿元,20年间增长了127.19倍,占地方总财政收入的比重也由4.55%增长到21.31%。③ 2012年,《西部大开发"十二五"规划》提出进一步加大中央财政均衡性转移支付向西部地区倾斜,2016年,李克强在《政府工作报告》中进一步提出要增强一般性转移支付规模增加,并在2016年增长一般性转移支付规模12.2%。通过这种方式,经济与社会权利发展地区差距得到了一定的缩小,从而促进了经济与社会权利的均衡化发展。

方式二:专项性财政转移支付

中央政府充分意识到经济与社会权利发展的地域性差异,将社会保障和就业、住房保障支出、地震灾后恢复重建支出、教育、农林水事务

---

① 谢贞发,范子英:《中国式分税制、中央税收征管权集中与税收竞争》,《经济研究》,2015年第4期。

② 陈硕:《分税制改革、地方财政自主权与公共品供给》,《经济学》,2010年第4期。

③ 吴强,李楠:《我国财政转移支付及税收返还变动对区际财力均等化影响的实证分析》,《财政研究》,2016年第3期。

等支出列为专项性财政转移支付。从1994年到2014年,中央专项转移支付也增长了50多倍,总量上达到19569.22亿元。① 尽管专项性财政转移支付有助于明确资金使用方向,限定使用范围,从而促进经济与社会权利的发展,但是,"由于社会保障制度之间存在贫富差距、专项资金管理带来诸多事务性工作、专项资金不一定能够提高资金使用效益等问题的存在。"② 2015年,财政部下发了《中央对地方专项转移支付管理办法》。该办法将专项性转移支付分为委托类、共担类、引导类、救济类、应急类等五类。其中救济类和应急类与经济和社会权利的发展与实现密切相关。在这一办法的指引下,中央政府从严控制对地方的专项转移支付,极力解决过去经济与社会权利保障方面专项性财政转移支付的随意性较大、专项性转移支付体系复杂、地方政府的公共支出责任缺乏、经济与社会权利均衡发展无法实现等问题。③

结　论

正如美国学者霍勒曼所说:"争取普遍人权的运动至今仍未能达到其目的。"④之所以如此,是因为人权发展不仅在理论上存在诸多争议,各种理论资源的竞相论证为人权实现提供了各种可能方案和多种可能性,而实践中作为人权义务主体的各主权国家也在不断调整和摸索适合本国实际情况的人权道路。由此看来,以人性尊严和人类本质为基础、以尊重生命、向往自由、追求幸福为内容的抽象人权观念是普遍存在的,但其实现路径和发展道路却是多元、多样的。作为世界上最大的发展中国家,中国政府在谋取经济发展、社会进步的同时,高度关注本

---

① 吴强,李楠:《我国财政转移支付及税收返还变动对区际财力均等化影响的实证分析》,《财政研究》,2016年第3期。

② 范文杰,王彤,吴文彪:《加大社会保障类资金专项转移支付力度》,《人民政协报》,2015年3月31日。

③ 鲍曙光:《我国财政转移支付财力均等化效应研究》,《财政税收》,2016年第3期。

④ 霍勒曼著,汪晓丹译:《普遍的人权》,成都:四川人民出版社,1994年,第308页。

国的人权状况并致力于本国人权的改善和发展。新中国成立70多年来，中国政府在中国共产党的领导下，实事求是的立足于中国国情，结合自己的经济发展、文化传统和政治体制的客观情况，在人权发展过程中采取优先发展经济社会权利的人权策略，通过实行社会主义市场经济、分税制改革和西部大开发战略，在逐渐破除城乡二元体制的基础上实现了人权发展的普惠化和均衡化，逐渐摸索出一条中国特色的社会主义人权发展道路。中国人权发展的事实表明，普适性的人权在各主权国家具体政治法律实践中永远是以相对性的方式表现出各具特色和风格的方案和步骤，不存在"放之四海皆准"的标准模式和唯一模板。中国的人权道路是用东方话语讲述的人权故事，它是中国政府和人民在不断的反思、调整和提升的基础上运用东方智慧来诠释和演绎普遍人权的结果和产物。在全球化时代的今天，只有东西方智慧彼此包容、相互借鉴学习，形成思想的合力共同致力于人类的自由、平等、安全和幸福，才能共同推动国际人权理想愿景的最终实现。

原载于《河南大学学报（社会科学版）》2020年第1期，《中国社会科学文摘》2020年第6期全文转载

公民权利质量的意义之维

任瑞兴①

中国特色社会主义新时代"更加凸显法治在社会主义现代化建设、在实现中华民族伟大复兴中国梦中的地位和作用"②。随着全面依法治国的深入推进,法治的意义已经被前所未有地提升到法治"事关人民幸福安康"的崭新高度和美好境界。③ 法治的意义提升需要法治的质量提升。这意味着法治中国建设质量的全面提升已经成为当前中国社会发展中的一个重要时代课题。在法治中国建设质量提升的丰富内容中,公民权利质量的提升占有重要的地位。④

在一定程度上讲,我国法治水平不断提高的过程就是我国法学界对于公民权利质量研究不断深化的过程,也是我国公民权利质量不断提升的过程。20世纪80年代末以来,我国法学界逐渐成型的权利本位论及其与义务本位论的学术争鸣,深入分析了公民权利的理论根据、本

---

① 任瑞兴,法学博士,河南大学法学院副教授。
② 张文显:《以人民为中心:法治体系的指导理念》,《北京日报》,2018年4月23日。
③ 本书编写组编著:《〈中共中央关于全面推进依法治国若干重大问题的决定〉辅导读本》,北京:人民出版社,2014年,第1页。
④ 任瑞兴:《法治中国建设中的公民权利质量》,《中国社会科学报》,2018年4月24日。

质及价值；①近年来的新兴权利研究深化和拓展了公民权利的内涵与外延。② 这为我国公民的权利质量保障提供了理论基础。20世纪90年代以来，我国法学界对公民权利的发展、权利的实现、权利的法律救济与保障、权利冲突的解决、权利滥用的规制、法治指数中的公民权利保障等问题，运用多种方法进行了不同程度的研究。③ 这有力推动了我国公民权利质量的提高。当前，我国公民权利的类型和数量在不断增加，同时维权困难、权利冲突及权利滥用等问题也日益显现，如何进一步提升公民的权利质量已经成为我国法治实践中一个非常重要的问题。对此，近年来有学者明确提出权利质量的概念，将权利作为公共决策的产品，探讨权利所应满足的符合性质量标准和适用性质量标准，以此尝试为公民权利质量的研究确立一个初步的分析框架。④ 这显然是对公民权利质量研究的深化。整体而言，我国的公民权利质量研究取得了较大进展，但仍有不小的学术空间需要拓展。根据笔者的理解，现有研究成果主要是在一般的功用层面上研究公民权利质量问题的，而对公民权利质量的内在价值层面尤其是权利之于公民寻求生活意义的问题着力不足。

---

① 郑成良：《权利本位说》，《政治与法律》，1989年第4期；张文显：《"权利本位"之语义和意义分析：兼论社会主义法是新型的权利本位法》，《中国法学》，1990年第4期；张恒山：《论法以义务为重心：兼评"权利本位说"》，《中国法学》，1990年第5期；张文显、于宁：《当代中国法哲学研究范式的转换：从阶级斗争范式到权利本位范式》，《中国法学》，2001年第1期；《张文显法学文选卷三·权利与人权》，北京：法律出版社，2011年。

② 姚建宗，等：《新兴权利研究》，北京：中国人民大学出版社，2011年。

③ 夏勇主编：《走向权利的时代：中国公民权利发展研究》，北京：社会科学文献出版社，2007年；郝铁川：《权利实现的差序格局》，《中国社会科学》，2002年第5期；程燎原、王人博：《权利及其救济》，济南：山东人民出版社，1998年；刘作翔：《权利冲突的几个理论问题》，《中国法学》，2002年第2期；钱玉林：《禁止权利滥用的法理分析》，《现代法学》，2002年第1期；黄凯：《法哲学视野中的权利滥用》，《湖北社会科学》，2007年第7期；彭诚信：《论禁止权利滥用原则的法律适用》，《中国法学》，2018年第3期；钱弘道：《余杭法治指数的实验》，《中国司法》，2008年第9期；钱弘道：《法治指数：法治中国的探索和见证》，《光明日报》，2013年4月9日。

④ 胡成蹊：《权利质量之探析》，《厦门大学法律评论》，2013年第1期。

有鉴于此,本文在既有研究成果的基础上力图从现代哲学的意义理论视角对我国公民权利质量进行研究,尝试拓展公民权利质量的内涵,揭示权利之于公民的多重意义,突出公民之于权利的主体性地位,从而彰显人民之于法治中国的主体地位。

一、公民权利质量的内涵与意义向度

(一)公民权利质量的问题指向

但凡探讨权利问题,似乎都会涉及权利质量,那是否还有必要单独讨论公民权利质量?这是我们首先必须直面的前提性问题。作为一个相对独立的概念,公民权利质量指向的是"权利对于公民实际生活需要的满足程度和对于公民寻求生活意义的保障程度"①。这一概念的提出意在更为深入地研究公民权利问题,同时也旨在整合既有权利研究成果、凝练权利研究的问题意识以及明确权利之于人的意义向度。进而言之,本文的问题关切与其说是公民权利的保障问题,不如说是以下问题:权利之于人、之于公民为什么重要?权利对于公民到底意味着什么?难道权利对于公民仅仅是一种工具性的功用满足吗?权利之于公民是否还具有主体价值性的意义体现?而恰恰是对于后者,其已经成为当前法治中国建设中的重要问题,目前学界关注较少且有待深化,②这正是笔者所要讨论的重点所在。

(二)公民权利质量的基本含义

在明确了公民权利质量的问题指向之后,我们需要对公民权利质

---

① 任瑞兴:《法治中国建设中的公民权利质量》,《中国社会科学报》,2018年4月24日。
② 张文显:《"权利本位"之语义和意义分析:兼论社会主义法是新型的权利本位法》,《中国法学》,1990年第4期;刘日明:《现代性与权利的意义问题》,《天津社会科学》,2012年第5期;张鹏:《论权利之于尊严的意义》,《法学论坛》,2013年第4期;汪太贤:《权利泛化与现代人的权利生存》,《法学研究》,2014年第1期。

量的基本含义予以澄清。如前所述,虽然关涉公民权利质量的学术成果不少,但胡成蹊较早明确地提出了权利质量的概念,而且这里的权利主体被限定为公民。他通过分析经济学、质量管理学等学科领域的质量概念,总结出质量包括"'符合性'质量标准——评估产品是否符合其本质性特征或是基本制造标准和'适用性'质量标准——评估产品满足顾客需要程度的标准",认为权利作为一种公共产品可以适用于质量概念,权利质量也包括符合性质量与适用性质量。① 胡成蹊进一步认为,权利的符合性质量标准关涉权利的质的规定性,其需要"体现国家意志和符合社会物质生活条件";权利的适用性质量标准涉及权利满足权利使用者的程度,具体包括权利对公民的生理需要、安全需要、归属和爱的需要、自尊需要及自我实现的需要之满足程度。② 在某种程度上,胡成蹊对于权利质量的讨论尽管涉及公民的自尊和自我实现之需要等价值方面但其主要是在功用层面上对公民权利的一种细化分析,这有助于推进学界对公民权利问题的研究。但是,这种分析对权利之于公民的生活意义寻求方面显得薄弱。笔者受此启发曾提出:"公民权利质量是指法定权利符合公民对于生命、安全、财产、尊严、自由等基本价值需求的品质供给程度(即构成性质量),以及这些品质在法定权利转化为实有权利的过程中实际上满足公民上述需求的程度(即调适性质量)。"③现在看来这种对公民权利质量的界定仍然停留于权利之于公民的功用层面上,还是未能呈现权利之于公民寻求生活意义的主体价值层面。

据此,本文所论及的公民权利质量至少包括权利满足公民生活需求的工具性质量和权利之于公民寻求生活意义的目的性或者价值性质量。这两种公民权利质量彼此相对独立,同时又紧密相关。无论是公民权利的构成性质量还是调适性质量,既体现出较大程度的公民权利

---

① 胡成蹊:《权利质量之探析》,《厦门大学法律评论》,2013年第1期。
② 胡成蹊:《权利质量之探析》,《厦门大学法律评论》,2013年第1期。
③ 任瑞兴:《法治中国建设中的公民权利质量》,《中国社会科学报》,2018年4月24日。

的工具性质量,又在一定程度上能够促进公民权利的价值性质量。在现代哲学的视域下,公民权利的工具性质量和公民权利的价值性质量都与意义理论相关,两者均有一定的意义向度。

(三) 公民权利质量的意义向度

意义是现代哲学所关注的重要议题。在一定程度上讲,意义是主体意识与客观对象之间的关联,是"意识与对象各自得以形成,并得以存在于世的理由"①。通常的意义言说总是与符号联系在一起,"符号本身由两部分组成,即能指(意义载体)和所指(概念或意义)"②,这里存在"符号学的'三意义'问题",即"符号发出者的意向意义,符号文本的意义,解释者得出的意义"③。以弗雷格、早期维特根斯坦、戴维森等为代表的哲学家对意义的关注主要是通过逻辑分析的方法来探究语言与外在世界之间的客观真值关系,④即分析符号文本的意义;以奥斯汀、后期维特根斯坦、塞尔等为代表的哲学家则聚焦于语言的社会层面之意义问题,重视"人类共同体对语言和意义的形塑或建构作用"⑤,以胡塞尔、海德格尔、伽达默尔等为代表的现象学-解释学的传统更为关注意义的本体论和价值论层面,⑥显然,后两者比较看重符号发出者的意向意义和解释者得出的意义。可见,意义牵涉认识论、价值论和本体论等多个领域,这种意义形态的多重性是由"人与世界的多重关系"所决定的。⑦ "意义既内在并展现人化的实在,也取得观念的形式。前者意味着通过人的实践活动使本然世界打上了人的印记,并体现人的价

---

① 赵毅衡:《哲学符号学:意义世界的形成》,成都:四川大学出版社,2017年,第3页。
② 丁尔苏:《符号与意义》,南京:南京大学出版社,2012年,第1页。
③ 赵毅衡:《哲学符号学:意义世界的形成》,成都:四川大学出版社,2017年,第53页;赵毅衡:《符号学:原理与推理》,南京:南京大学出版社,2015年,第45页。
④ 王路:《意义理论》,《哲学研究》,2006年第7期。
⑤ 陈波:《语言和意义的社会建构论》,《中国社会科学》,2014年第10期。
⑥ 杨国荣:《论意义世界》,《中国社会科学》,2009年第4期。
⑦ 杨国荣:《意义世界的生成》,《哲学研究》,2010年第1期。

值理想;后者(意义的观念形态)不仅表现为被认知或被理解的存在,而且通过评价而被赋予价值的内涵并具体化为不同形式的精神之境"①。

据此,我们可以说,公民权利质量的意义向度同样也涉及认识论、价值论和本体论等领域。本文主要分析公民权利质量的认识论意义向度和价值论意义向度。认识论意义向度的公民权利质量关涉对权利的认知与理解,主要指向权利的可理解性,这主要体现在学界对于权利的构成性质量和工具性质量关注上;价值论意义向度的公民权利质量涉及权利之于公民的目的与价值,其指向的是公民权利的价值性质量,即权利之于公民的生活意义世界构建的问题。

二、公民权利质量的认识论意义向度

公民权利质量的认识论意义向度触及的是权利的思维意义世界②。权利,作为一种人造的关于法律的符号,是由能指与所指构成的结合体。公民在权利的意指关系中通过权利能指寻求权利所指的活动所获得的意义,③构成了一个独特的思维意义世界。在这个思维意义世界中,公民权利质量的认识论意义包括关于权利的认知、范畴与筹划三个环节。④

权利认知是人的意识建构权利的思维意义世界的基础性环节。在这一环节中,权利的能指似乎比较清楚,而对于权利的所指即权利所承载的内容则需要甄别。基于支撑衔接从能指到所指的意义生成媒介即

---

① 杨国荣:《论意义世界》,《中国社会科学》,2009年第4期。
② "人的意义世界可以分成两大部分:实践意义部分,思维意义部分。"赵毅衡:《哲学符号学:意义世界的形成》,成都:四川大学出版社,2017年,第53页。
③ 黄华新,徐慈华:《论意义的"生命"历程》,《哲学研究》,2004年第1期。
④ 笔者对于权利思维意义世界的内涵分析,主要参考了赵毅衡教授对于思维意义世界的论述,但又有所不同。赵毅衡教授认为,思维意义世界包括幻想部分和筹划部分,而筹划部分又包括范畴和筹划。赵毅衡:《哲学符号学:意义世界的形成》,成都:四川大学出版社,2017年,第27—35页。

意指过程的理据之不同,①权利的所指即权利的概念会得出不同的理解。根据自然法理论,权利主要是指道德层面上的权利,权利的"自由说"得以更大程度上的证立;根据实证主义法律理论,权利就是法定权利,权利的"利益论"得到更多的支持。② 即使是法定权利,其所指到底为何,这在司法实践中也并不清晰。对此,霍菲尔德将有关法定权利的八个法律概念(权利、特权、权力、豁免;义务、无权利、责任、无权力)组合成相反关系、相关关系和矛盾关系,③从而较好地澄清了法律实践和法律学说中的权利之所指,这有利于提升权利用语的准确性和清晰度,进而形塑人们的法律思维能力,为建构权利的思维意义世界提供了有效的认知工具。

与权利认知相伴而生的是权利的范畴。范畴在意义世界中承载着思维的想象力之重要功能,支撑着人的认知实践。④ 同样地,权利的范畴在权利和法律的思维意义世界中担负着法律思维的想象力之重要功能,支撑着相关主体的法律认知实践。在我国法学界,以张文显先生为代表的学者所提出的权利本位论⑤比较典型地体现了权利的范畴意识,令人信服地论证了权利构成法学的基石范畴。⑥ 范畴不仅是源于意识中先验部分的认知"先见"⑦而且也是"理论思维和理性认识的一

---

① 黄华新,徐慈华:《论意义的"生命"历程》,《哲学研究》,2004年第1期。
② 夏勇:《权利哲学的基本问题》,《法学研究》,2004年第3期。
③ 刘杨:《基本法律概念的构建与诠释:以权利与权力的关系为重心》,《中国社会科学》,2018年第9期。
④ 赵毅衡:《哲学符号学:意义世界的形成》,成都:四川大学出版社,2017年,第29页。
⑤ 权利本位论的核心观点可表述为:"在整个法律体系中,应当以权利为起点、核心和主导。"在权利与义务的关系之中和权利与权力的关系之中,贯穿着权利本位的精神旨趣。参见张文显:《二十世纪西方法哲学思潮研究》,北京:法律出版社,2006年,第427页。
⑥ 张文显:《张文显法学文选卷三·权利与人权》,北京:法律出版社,2011年,第1—122页。
⑦ 赵毅衡:《哲学符号学:意义世界的形成》,成都:四川大学出版社,2017年,第29页。

种形式"①。权利范畴反映和规范权利的现实,是对权利和法律现象的抽象认知和理论把握。②促使权利的范畴能够得以形成的根本动力在于:"用形而上的方式进行抽象,给予个别的事物以统一的内在本质,或许源自人类本性对超越性的向往,即追求超越直观的概念范畴式把握。"③这种权利的范畴化思维更新和拓展了我国法学界对于权利和法律的认知框架,促进了人们对权利和法律问题的理解,推动了法治实践中的权利保障。显然,权利的范畴化思维是对权利认知环节的深化与拓展,这为建构权利的思维意义世界提供了整体性、系统性的理解框架,同时也为建构权利的实践意义世界提供了认识论基础。但毕竟"范畴与概念对于实践意义世界是半透明的,因为必须在实践中行之有效,才是'适用'的范畴"④。

权利筹划是权利的思维意义世界中更为重要的环节和最为接近权利实践的区域。⑤权利筹划乃是公民对未来权利实践活动中取效的预判。这种预判呈现为权利能指与所指构成的意指关系经由范畴化的运思而在未来权利实践中形成整体性的意义指向。进一步而言,权利筹划实际上是公民在对权利认知和范畴化理解的基础上把零散无序的权利感知予以规整和有序化的过程,是一种对权利之思维意义世界的统合性建构。由此,公民不仅可以使之前模糊的权利认知清晰化,而且也使片面的权利范畴化理解整全化,进而形成清晰而整全的权利思维意

---

① 张文显:《张文显法学文选卷三·权利与人权》,北京:法律出版社,2011年,第1页。

② 张文显:《张文显法学文选卷三·权利与人权》,北京:法律出版社,2011年,第2页,第7页。

③ 赵毅衡:《范畴与筹划:思维对意义世界的重要作用》,《人文杂志》,2017年第7期;赵毅衡:《哲学符号学:意义世界的形成》,成都:四川大学出版社,2017年,第30页。

④ 赵毅衡:《范畴与筹划:思维对意义世界的重要作用》,《人文杂志》,2017年第7期;赵毅衡:《哲学符号学:意义世界的形成》,成都:四川大学出版社,2017年,第30页。

⑤ 赵毅衡:《哲学符号学:意义世界的形成》,成都:四川大学出版社,2017年,第31页。

义世界,为公民的权利实践提供具有较高适用价值的操作参照系。权利思维意义世界的有效建构能够减少权利实践中因其复杂性而带来的不确定性。具体的权利实践往往涉及主体、客体、环境、成本等诸多方面的因素,这些因素通常并非确定不变而是时有变化的,这意味着权利实践具有一定的不确定性。对此,权利筹划可使权利主体尽可能地扩大有关权利实践因素的认知范围,形成一个较为立体的权利实践取效的评估框架,依凭这一评估框架,权利主体可以有效地预测其权利实践的诸多环节,进而为其权利实践目的的实现提供有力的预判机制,以尽可能减少其中的不确定性,最终为生成价值论意义向度的公民权利质量和创建权利的实践意义世界提供实践方案与操作方法。

综上可见,公民权利质量的认识论意义向度实际上论及的是"权利是什么"的问题。该意义向度所指向的权利思维意义世界,不仅关涉个体层面的权利之认知、范畴和筹划环节所构成的意识链条,而且涉及社会层面的权利之集体意向性,即一个文化社群对于权利所具有的"意欲""相信""接受"等的意向状态。① 需要指出的是,这种权利的个体意识链条和集体意向性涉及权利心理问题。中西方不同的权利心理在一定程度上影响着中西方的权利之认识论意义向度。在不同的历史文化传统中孕育出不同的自我意识,不同的自我意识导致不同的权利心理,②不同的权利心理生发出不同的权利思维意义世界。在西方,主张"个体内在价值"的自我意识较为突出,这使得权利的个人价值取向明显而有走向"自我主义"之危险;在中国,强调诸多关系中的自我意识,加之脸面文化和差序情境的影响,使得国人更趋向于权利的"和谐""平衡"维度以及工具化理解。③ 这种中西方的权利认识论意义向度之差异,反映的不仅仅是双方在构建权利思维意义世界上的不同,而且透射着双方在公民权利质量的价值论意义向度上的差异。

---

① 陈波:《语言和意义的社会建构论》,《中国社会科学》,2014 年第 10 期。
② 王霞:《自我、脸面与关系:中国人的权利心理图谱》,《法制与社会发展》,2016 年第 6 期。
③ 王霞:《自我、脸面与关系:中国人的权利心理图谱》,《法制与社会发展》,2016 年第 6 期。

三、公民权利质量的价值论意义向度

公民权利质量的价值论意义向度乃是指"权利对于公民意味着什么"的问题,触及的是公民权利的实践意义世界,指向的是权利之于公民生活意义构建的价值蕴涵和精神意境。申言之,价值论意义向度的公民权利质量关注的是权利对于公民的人生意义追求之价值问题,这也正是全面推进依法治国的突出问题之一。

如果说公民权利质量的认识论意义向度构成公民权利实践意义世界的起点,那么对于权利的改造取效则是价值论意义向度的公民权利质量之核心内容,其构成公民权利实践意义世界的具体呈现。权利的改造取效是指公民在权利实践中基于自身的价值观念和价值理想对作为对象的权利进行评价以获得价值内涵与价值意义的活动。这种评价活动包括关于权利的价值意识形成与所获取的价值内涵向公民生活意义世界的渗入两个方面。① 权利的价值意识形成,不仅依凭于权利本身能够满足公民的某种现实需要,而且也有赖于该权利在公民生活的价值目的指向和价值理想样态中的角色定位。同时,权利的价值内涵向公民生活意义世界的渗入,不仅依凭于权利对于公民现实需要的满足程度,而且也取决于公民基于其价值目的和价值理想对权利之于自身生活意义世界构建的评价能力与意义赋予程度。例如,作为公民基本权利的财产权,其价值意识形成和价值内涵向公民生活意义世界的渗入,不仅有赖于财产权能够满足公民对于财产的需要程度,而且依凭于财产权在公民生活价值目的指向和价值理想样态中的角色定位及公民对该定位之于自身生活意义世界构建的评价能力与意义赋予程度,即财产权不仅能够满足公民生活基本需要而且财产权的保障程度对于公民过上自由而有尊严的幸福生活具有基础性的价值,由此我们能够对财产权给予这样的评价和意义赋予:财产权是现代社会中公民的一项基本权利,财产权的保障程度事关公民生活的幸福安康。在一定程

---

① 杨国荣:《论意义世界》,《中国社会科学》,2009年第4期。

度上,这种意义评价和意义赋予,既反映了现代社会发展的必然要求也体现出公民生活的主观体验及意义关切。由此我们可以说,权利对公民能够呈现什么样的价值意义,是与公民具有什么样的价值目的和价值理想分不开的。① 诚如赵毅衡教授所言:"取效中的目的与价值,的确是人类实践之最重要的意义,是人与物关系的终极。它们与认知的不同,在于人类的意义评价主导了意义的生成。这时候的'意义',并非人对事物的获义意向性,而是要求事物转换,以符合意识的价值观。"②

由此进一步而言,在中西方不同的历史文化传统中,基于不同的体现着"人"之观念的理据,人们所具有的价值目的和价值理想呈现出不同的样态,这使得中西方公民权利质量的价值论意义向度也有所差异。

在西方,尤其是近代以来的西方,伴随着启蒙运动、资产阶级革命和工业革命等社会诸领域的深刻变革,强调个人自主、个体理性和个人自由的主体性哲学成为支配性的社会思潮。这种主体性哲学,虽有欧陆与英美之别,也几经流转演变,③但其对于个人自由理念的秉持并未发生根本性的变化。具体而言,主体性哲学主张个人具有至高无上的价值与尊严,突出个人的独立性与自主性,强调个人的平等与自由,认为个人构成社会的首要组成单位。④ 德国哲学家康德极为深刻地论证了主体性哲学与公民权利之间的内在逻辑勾连。康德基于每个人具有自由意志的理性之道德律令,提出"每个人都应当被允许按他自己的意志行动,只要他按可普遍化的行为准则行事"⑤,这就是权利法则。同

---

① 杨国荣:《论意义世界》,《中国社会科学》,2009 年第 4 期。
② 赵毅衡:《哲学符号学:意义世界的形成》,成都:四川大学出版社,2017 年,第 24 页。
③ 段德智:《主体生成论——对"主体死亡论"之超越》,北京:人民出版社,2009 年,第 62—165 页。
④ 史蒂文·卢克斯著,阎克文译:《个人主义》,南京:江苏人民出版社,2001 年;吕克·费雷著,李月敏,欧瑜译:《期望少一点,爱多一点》,上海:复旦大学出版社,2009 年,第 82—104 页;郭湛:《主体性哲学:人的存在及其意义》,北京:中国人民大学出版社,2011 年,第 62 页。
⑤ 黄裕生:《为什么需要权利形而上学?》,《学海》,2018 年第 4 期。

时,立基于人的自由意志,康德认为,每个人可以去使用理性,"理性是自由的工具",由此提出人之尊严根源于人之自由意志。① 黑格尔也认为:"现代世界是以主观性的自由为其原则的,这就是说,存在于精神整体中的一切本质的方面,都在发展过程中达到它们的权利的。"② 而与权利相对应的义务与责任,属于自由意志中的应有之义,只不过权利处于优先地位,有学者称之为权利政治③,或称之为权利主体性。由此可见,这种立基于主体性哲学的权利理论体现的是一种抽象个人观的人之观念,每个人被赋予了"抽象而普遍的人性"④。进而言之,权利之于公民不仅意味着利益的制度化表达,而且是对人的价值之承认、对人的自由与尊严之表征。这是权利在西方文化传统中所体现出来的人之价值目标与精神意境。这也正是笔者所说的公民权利的价值性质量之体现。不过,需要指出的是,在西方的这种权利观念主导下,每个人都依据自己的理性来主张权利,这极易导致权利的泛滥和诸多权利项之间的冲突,由此,权利的增加反而加重了人们之间的分歧与矛盾,⑤公民权利的价值性质量反而逆转为工具性质量,出现了权利悖论现象。

在我国历史文化传统中,儒家学说是社会中的主流思想,其以"'天

---

① 贺念:《对"人的尊严"的追问与保障:从康德到德国宪法精神》,瓦尔特·施瓦德勒著,贺念译:《论人的尊严:人格的本源与生命的文化》,北京:人民出版社,2017年,译者导言第22—23页。

② 黑格尔著,范扬,张企泰译:《法哲学原理:或自然法和国家学纲要》,北京:商务印书馆,1961年,第291页。

③ 在权利意识的推动下,西方社会逐步形成了一种权利政治。在权利政治中,权利是本源,责任是基于权利而派生出来的,没有权利就没有责任。参见谢文郁:《自由与责任四论》,上海:华东师范大学出版社,2014年,导言第1—2页、第4页。

④ 科斯塔斯·杜兹纳著,郭春发译:《人权的终结》,南京:江苏人民出版社,2002年,第104页。

⑤ 对此,美国法学家格伦顿指出:"在我们用一种简直毫无约束的方式来表示权利的倾向与当一个人的权利与他人发生冲突时必须为之施以限制的常识之间,人们的分歧显著。"玛丽·安·格伦顿著,周威译:《权利话语:穷途末路的政治言辞》,北京:北京大学出版社,2006年,第27页。

人合一'和'道德价值一元论'的结构"主导着我国传统社会的意识形态。①"'天'是宇宙秩序,它是王权和一体化上层组织的合法性来源。'人'代表家族家庭和社会关系,它对应着一体化结构的中下层组织背后的观念系统。'天人合一'结构是指意识形态把家庭伦理乃至个人道德看成宇宙秩序的一部分,道德伦理从宇宙秩序导出。"②"'道德价值一元论'则为一种把个人道德外推到家庭和社会的思维模式,其目的是达到个人道德、家庭伦理和社会正义之同构。"③进一步而言,儒家学说倡导仁政,追求"成仁成圣"的道德理想境界。儒家仁政体现的是以责任意识为基础的社会结构,这就是责任政治,可称之为责任主体性。"这种社会结构排斥基本权利概念,反而要求每一位社会成员培养自身的责任意识(修身养性),并按照自己的责任意识占据相应的位置,进而在各自的位置上尽其应尽的责任。所有权利都必须建立在责任基础上。没有责任就没有权利。"④即使近代以来我国社会逐渐认识、了解和使用了来自于西方的权利概念,但是其带有明显的儒家思想倾向而与西方人的权利观念有所不同。这种不同主要表现为两个方面:一方面,与强调个人之自主性的西方人的权利不同,由于近代受西方列强的侵略而将群体和国家作为权利的主体以争取国家的独立自主,曾一度在较长时间里将权利与权力混用而不加区分;另一方面,一如前述,西方的权利源出于人的自由意志,其正当(right)的价值意蕴浓厚而道德(good)色彩较淡,但在国人看待权利时,"更多地想到在某种前提下才

---

① 金观涛,刘青峰:《中国现代思想的起源:超稳定结构与中国政治文化的演变》,北京:法律出版社,2011年,第20页。
② 金观涛,刘青峰:《中国现代思想的起源:超稳定结构与中国政治文化的演变》,北京:法律出版社,2011年,第20页。
③ 金观涛,刘青峰:《中国现代思想的起源:超稳定结构与中国政治文化的演变》,北京:法律出版社,2011年,第19—20页。
④ 谢文郁:《宗教问题:权利政治和责任政治》,《世界宗教研究》,2014年第2期;谢文郁:《自由与责任四论》,上海:华东师范大学出版社,2014年,第105页、第109页。

可享用的利益和权力",其权利意识中的正当性往往与道德相关联。①在笔者看来,这较多地体现出公民权利的工具性质量,权利的功利主义倾向明显,也是导致当前我国社会中出现权利泛化问题的一个重要原因。② 当然,我们应当看到,儒家思想主导的我国传统社会意识形态已经被马克思主义所取代,前文所述的20世纪80年代末以来逐渐成型和发展起来的权利本位论,其权利的范畴化理解有力地推动了我国公民权利意识的增强,③整个社会的权利主体性观念进一步得到加强,浸染于儒家文化的责任主体性观念得到一定的规整与调适,公民权利的价值性质量得到一定程度上的提升。但是,我们也要清晰地认识到,时下国人更多的还是将权利视为自身的利益诉求,而较少地将其看作是人之为人的尊严与自由所在,④离视权利为正当性乃至神圣性的价值目标与精神意境尚有不小差距。⑤

---

① 金观涛,刘青峰:《中国现代思想的起源:超稳定结构与中国政治文化的演变》,北京:法律出版社,2011年,第347页。

② 所谓权利泛化,是指当事人就自己在法律规定之外的认为是正当的利益诉求,向法院主张为自己的某种权利,如"亲吻权""养狗权"等。(唐先锋:《试析国内"权利泛化"现象》,《人大研究》,2004年第7期)这包括将无涉于法律与道德的事项、被法律及道德所禁止的事项和于法无据但符合道德的事项,以权利之名提出诉求之情形。(汪太贤:《权利泛化与现代人的权利生存》,《法学研究》,2014年第1期)权利泛化现象不仅浪费并不充足的司法资源而且挑战和冲击现有的法制安排与权利理论。(陈林林:《反思中国法治进程中的权利泛化》,《法学研究》,2014年第1期)

③ 权利本位论的主要倡导者之一的张文显先生,比较详细地分析了权利本位论的主体意义。他认为,"权利更准确地反映了法的主体性"。"作为法的实践主体和价值主体,人在法律生活中具有自主性、自觉性、自为性和自律性,具有某种主导的、主动的地位。"张文显:《张文显法学文选卷三·权利与人权》,北京:法律出版社,2011年,第59—60页。

④ 张鹏:《论权利之于尊严的意义》,《法学论坛》,2013年第4期。

⑤ 杨国强:《脉延的人文:历史中的问题和意义》,北京:北京师范大学出版社,2017年,第177—179页。

四、公民权利质量的意义向度之完善

综上所述,无论是指向权利思维意义世界中的公民权利质量之认识论向度,还是指向权利实践意义世界中的公民权利质量之价值论向度,都是公民权利质量意义向度的重要内容,两者之间的区分具有相对性,彼此之间存有交叉并相互影响。因为权利思维意义世界与权利实践意义世界的界分也是相对的,两者之间往往呈现出多层面的关联样态。如果说公民权利质量的认识论向度主要体现的是权利的理论层面,那么公民权利质量的价值论向度主要体现的则是权利的实践层面。而权利的理论层面与权利的实践层面同样具有多维度的关系样态。权利本位论就是典型例证,其既属于认识论向度的公民权利质量中的权利范畴化理论,又体现出价值论向度的公民权利质量中的价值主体性之意境。透过中西方的公民权利质量在两种向度上所存在的差异,我们可以更清楚地看到其共同的问题和各自的不足,这些问题和不足不仅涉及权利能指与所指的关系而且牵涉权利理论与权利实践的关系,其总体上就是一个如何完善公民权利质量的意义向度问题。下文主要就如何完善当前我国公民权利质量的意义向度问题予以分析。

如前所述,当前我国公民权利质量的意义向度上存在的问题主要是:权利的价值意识尚未完全形成,权利的意义赋予程度不高,权利之于公民生活的价值意境和精神境界呈现不足。换言之,这些问题可归结为:权利能指的"形"即权利的法律规定与权利所指的"神"即价值意义认同之间呈现割裂状态,而未能融合起来。当然,这些问题也牵涉权利理论与权利实践的关系问题。具体而言,权利之"形"与权利之"神"的分离问题,包括以下情形:现在我国公民权利的基本制度和法律规定已经确立起来,权利的"形"有了,但因公民行使权利的渠道不畅,①加之侵权成本低而维权成本高,使得权利的意蕴难以展现出来;公民行使权利的实际意图有时偏离了权利设置的初衷,比如权利滥用等,由此,权利的价值取向与意义指向未能体现出来,权利的"神"丢失了;尽管目前我国借鉴于西方的法律制度包括权利制度这些"形"的要素已经具备,但是这"形"中的"神"却是较少中国文化的责任主体性②而较多西方文化中的权利主体性③;或者这"形"中的"神"主要是源自于西方文化中的权利主体性,而国人们却对这位外来的"神"敬而远之,法律实践中还是自觉不自觉地信奉中国文化中的"神"——责任主体性。由此,我国法治建设中的权利之"形"与权利之"神"呈现分离状态。

目前我国法治建设中权利之"形"与权利之"神"之所以分离,乃是因为这"形"来自西方文化之中,与此"形"匹配的"神"是一种处于权利政治中的推崇个人自由和欲望的权利主体性即权利意识,而这位权利主体性的"神"在中国的历史文化和现实中实难被人们所膜拜,因为在国人们的心目中供奉着另一尊"神",即责任政治中的责任主体性,也就是责任意识。这种责任意识深深地植根于中国的儒家仁政传统之中。如前所述,虽然儒家学说已经不是我国社会的意识形态,但其影响仍流淌在国人的血脉之中,所谓"日用而不自知"。儒家仁政的秩序原理是,基于合适的社会关系,制定社会规范,确立有秩序的社会。④ 根据这一秩序原理,儒家将诚、孝、信、尊作为人际纽带而形成网状的社会关系结

---

① 比如,当事人起诉难的问题依然存在。参见张卫平:《起诉难:一个中国问题的思索》,《法学研究》,2009年第6期。当然,鉴于近几年社会各界也在着力解决起诉难的问题,特别是2015年最高人民法院发布了《关于人民法院推行立案登记制改革的意见》,实施立案登记制度改革,着力解决"立案难",这对于充分保障当事人的诉权具有重要意义。参见刘强:《立案登记制:司法重视诉权的理性回归》,《社会观察》,2015年第5期。
② 谢文郁:《宗教问题:权利政治和责任政治》,《世界宗教研究》,2014年第2期。
③ 谢文郁:《自由与责任四论》,上海:华东师范大学出版社,2014年,导言第4页。
④ 谢文郁:《儒家仁政和责任政治》,《原道》,2013年第2期。

构,每个人在这种社会结构中各居其位,接受仁义礼智信的社会规范与教化,形成儒家仁政的秩序社会。① 社会成员在这种儒家仁政的秩序格局中,需要修身养性,接受礼教的教化,担当起自己应尽的责任乃是其立身之本,有责任方有权利,为了履行责任,权利可以放弃。由此形成了中国文化中的责任意识即责任主体性。这也就是胡水君教授所说的中国人文主义是一种道德人文主义,"人的道德精神、主体精神和责任精神构成了中国人文主义的精神实质"②。对此,张中秋教授也认为,在传统中国的法理观中,"道德是人作为主体存在的正当性所在"③,个体对群体的责任而非权利构成了传统中国法的逻辑起点,责任—权利乃是传统中国法的基本结构,在这一结构中责任本位是传统中国法的特点。④ 而西方社会浸染于悠久的自然法思想传统,经由社会契约论的论证,个人权利神圣不可剥夺,权利为本为源,责任为末为流,权利意识浓厚,权利主体性彰显。可见,这两位源自于不同文化传统的"神"的确差异显著,上述的"形""神"分离实为难免。而之所以造成此种分离的时代原因,主要可归于近代以降中国文化受西方文化的强烈冲击,而被动地接受西方文化继而为救亡图存又功利性地主动学习西方文化,由此承载着西方价值精神的制度包括法律制度不断地被引进移植到中国。在这一过程中,救国心切的学者们对于西来的权利政治无暇进行深入研究和批判便匆匆使用起来。自此,这种"形"与"神"的分离状态就开始出现。当然,事物是在不断变化着的。近代以来国人学习西方文化中的权利观念、法治理念已经逐渐形成为一种所谓的新传统,我国民众的权利意识之加强已是不争的事实,但人们内心深处的那尊责任意识的"神"仍挥之不去,在此意义上讲,国人们自近代以来多少都有点儿精神分裂了,因为国人们在这西来的权利主体性之

---

① 谢文郁:《儒家仁政和责任政治》,《原道》,2013年第2期。
② 胡水君:《中国法治的人文道路》,《法学研究》,2012年第3期。
③ 张中秋:《概括的传统中国的法理观:以中国法律传统对建构中国法理学的意义为视点》,《法学家》,2010年第2期。
④ 张中秋:《概括的传统中国的法理观:以中国法律传统对建构中国法理学的意义为视点》,《法学家》,2010年第2期。

"神"与祖传的责任主体性之"神"之间总是踯躅徘徊、举棋不定。时至今日,我国的法治建设已经到达了一个新的历史阶段,《中共中央关于全面推进依法治国若干重大问题的决定》及党的十九大报告标志着国人们要在这种精神分裂的挣扎中做出一个决断来,在笔者看来,这种决断就是要把法治建设中的"形""神"分离状态终结掉,实现法治的"形"与"神"的有机融合。但必须马上要指出的是,这种有机融合的"形"和"神"已经不是之前的要么是中国之"形"和中国之"神",要么是西方之"形"和西方之"神",而是对这些"形"和这些"神"进行多层面复杂的衔接、再造、创新之后,所形成的新的法治之"形"和"神"。显然,这种新的法治与权利之"形"和"神"的融合需要诸多工作的支撑。而实现我国法治建设中的权利之"形"与"神"的融合即是其中的一项重要工作。那么,到底如何实现我国法治建设中的权利之"形"与权利之"神"的匹配与统一呢?

其一,我们需要认识到,尽管西来的权利主体性之"神"与祖传的责任主体性之"神"存在明显不同,但其亦有可衔接和沟通之处。一方面,西方的权利政治、自然权利并非与道德、宗教义务无涉,而是两者在近代之前原本紧密结合着的,只是在西方近代以来作为权利主体的人与作为道德主体的人才开始分裂。① 也就是说,权利政治曾经有与道德政治结合的历史经验,两者之间的重新结合在理论上并非不可能。另一方面,"责任意识是人的生存的原始动力。它始终在生成过程中,缺乏稳定性。以责任意识为基础的政治(问责政治)完全依靠领袖的责任意识,并随着领袖的责任意识的改变而改变,因而缺乏稳定性"②。在西方,近代以来权利意识之所以与道德理性分离,乃是因为权利意识的稳定性,这种稳定性保证了西方现代政治的稳定性;同时,西方的权利意识之中也有责任意识,只不过这种责任意识经由规范化的法律形式

---

① 胡水君:《中国法治的人文道路》,《法学研究》,2012年第3期。
② 谢文郁:《自由与责任:一种政治哲学的分析》,《浙江大学学报(人文社会科学版)》,2010年第1期。

已经转化成了权利意识。① 由此可见,权利意识与责任意识并非如此泾渭分明,两者之间存有相关性。在一定的意义上说,权利意识可谓是责任意识中的一种比较特殊的表现形式,权利意识无法涵盖也无法取代责任意识。权利意识以法定的形式将人们的可欲愿望确定为权利,而当公民对法定的权利缺乏认知时,则对公民进行法制宣传教育就成为必要了。深刻把握到权利意识实为责任意识的转化方式,对于我们协调两者的关系至关重要。②

其二,在公民权利质量的认识论意义向度上,我国的权利本位论者需要提升其在权利之范畴思维方面的广度与深度,推动权利本位论向法治实践的应用领域转化,以提高人们在权利筹划方面的能力。由此,通过丰富权利思维意义世界来促进价值论意义向度的公民权利质量提升,使我国公民的权利主体性得到强化,以有助于实现权利之"形"与权利之"神"的匹配与统一。如前所述,权利本位论极大地推动了我国学界对于权利思维意义世界的探索,开放出了广阔的法学理论研究空间,为我国的法治事业提供了不可取代的法治思维工具。但是,随着法治中国建设不断走向深入,权利泛化、权利滥用等权利观念的功利化问题日益突出,权利冲突问题也引人关注,这需要权利本位论给出有效的回应。对于权利观念的功利化问题,我国的大多数权利本位论者长期以来关注不够,"未能在权利与功利的关系维度上展开权利本位的理论逻辑"③。这需要我国权利本位论者借鉴欧美学者对于权利与功利关系的思考成果,运用多学科研究方法,深入检视和省思我国的权利观念功

---

① 谢文郁:《自由与责任:一种政治哲学的分析》,《浙江大学学报(人文社会科学版)》,2010年第1期。
② 谢文郁:《自由与责任:一种政治哲学的分析》,《浙江大学学报(人文社会科学版)》,2010年第1期;谢文郁:《自由与责任四论》,上海:华东师范大学出版社,2014年,第35—36页。
③ 黄文艺:《权利本位论新解》,《法律科学》,2014年第5期。

利化问题,确立起"权利先于功利"①的权利本位思想,推进权利主体性理念在我国社会中的真正确立。对于权利冲突问题,我国权利本位论者需要在秉持权利的价值论立场的基础上进一步"从理论体系转变为实践方法论"②,注重从权利范畴理论向权利筹划领域的转化,深入研究权利实践领域中的"权利发现""权利解释""权利推理""权利论证"等方法论问题,③以更好发挥权利本位论在权利思维意义世界和权利实践意义世界中的作用。

其三,我们需要加强权利立法,改善普法教育,增强公务人员和民众的公民意识和权利意识。基于上述的权利意识与责任意识的相互关系,以及西方现代政治的发展经验,当前我们应当将通过责任意识所甄别出的人们公认的一些可欲选项规定为宪法或者一般法律上的权利,从而以稳定的权利意识推动社会的进步,当一些社会成员对于这些权利缺乏认知时,则需要政府或者社会对其进行必要的普法教育。如果说当前将社会民众的正当利益诉求法定化的工作做得还不错的话,那么当下一些公务人员和民众对法定权利与义务的认知程度尚有不小的提升空间。据此,笔者认为,应当大力推动普法教育的改革,培养公务人员和民众的法律素养,提高其权利意识。具体而言:在普法教育的目的上,需要将提高国民法律素质、增强公民的法律意识作为目标。为此,当前我国普法教育的理念需要予以转变,即由长期以来的消极守法型普法教育转变为体现现代法治理念的积极守法型普法教育。在这一理念转变的过程中,着力培养公民的法律意识,引导人们发自内心地对国家法律的自觉遵守与真诚认同,塑造其公民意识与法治精神;同时推动现代法治理念与中国法律文化传统的创造性衔接,从而构建具有中国文化精神气质与人类法治共通理念的中国公民之法律意义世界。在

---

① "权利本位论者把功利原理视为是权利保障的最大威胁,强调权利的神圣不可侵犯性,反对在权利保障上进行功利计算。权利先于功利的命题是由英美权利本位论者在批判功利主义的过程中提出来的。"黄文艺:《权利本位论新解》,《法律科学》,2014年第5期。
② 黄文艺:《权利本位论新解》,《法律科学》,2014年第5期。
③ 黄文艺:《权利本位论新解》,《法律科学》,2014年第5期。

普法教育的内容上,要重视对法律基本价值理念、原则的宣传教育,实体法与程序法知识并重,公法与私法知识并举;在教育方法上要以通俗易懂、生动活泼、多种多样的形式为特点,注意广泛的可接受性。

其四,我们要直面权利曲解和滥用问题,理性审视西方的权利之"神"的局限,以本土传统的责任主体性之"神"化解这一局限。西方传来的权利意识虽未在人们的心目中牢固地树立起来,但一些人的确已经在片面地运用这种权利意识,出现了诸如滥用权利、恶意诉讼、虚假诉讼等情形。这些情形说明了一些人对权利的片面认识与曲解,以为既然是自己的权利那怎么行使权利就是自己的事情而与他人无关,这根本就没有认识到西方传来的权利意识之中的责任问题,即有权利就有责任的问题。同时,我们必须承认,来自于西方的立基于个人主义之上的权利意识,也确实蕴含着权利主体可能随意随性地行使自己的权利而不计后果的危险倾向。美国学者格伦顿在评论美国的权利方言时就指出:"我们倾向于用权利术语来讲述所有对我们至关重要的事务,偏好夸大我们主张之权利的绝对性,每天的报纸、广播以及电视节目都在证明着这样的趋势与偏好的存在。而我们对于责任的习惯性缄默却不那么引人注意。"①因此,我们祖传的责任意识恰好能够纠正和防范这种片面的权利意识和权利意识本身所潜藏着的不负责任的可能性。因为我国文化中的责任意识主要就是强调个人对他人、集体、家庭、社会等的责任,重视个人的行为所可能产生的诸多社会影响与后果。在此处,我们也可以发现权利意识与责任意识之间的相关性与互补性。近些年有关在诉讼法学、诉讼制度和诉讼实践中引入诚实信用原则的讨论,实际上就反映了立基于权利意识之上的诉权观需要引入像诚实信用这样的道德责任意识的问题。由此我们可以说,当今时代权利主体性之"神"与责任主体性之"神"已经处于彼此深度互补与融合的状态之中。

通过采取上述举措,我们相信能够在一定程度上解决我国法治建

---

① 玛丽·安·格伦顿著,周威译:《权利话语:穷途末路的政治言辞》,北京:北京大学出版社,2006年,第101页。

设中的权利之"形"与权利之"神"分离的问题,从而促进形成我国公民权利的价值意识,提高公民对权利的意义赋予程度,推动呈现权利之于公民生活的价值目标和精神意境,最终使公民权利质量的意义向度得以完善。由此彰显公民之于权利的主体性地位和人民之于法治中国的主体地位。

原载于《河南大学学报(社会科学版)》2019年第2期,《人大报刊复印资料·法理学、法史学》2019年第8期全文转载